教育部人文社会科学研究项目"理论心理学发展与进路"（14YJA190009）

理论心理学发展与进路

麻彦坤 著

商务印书馆
创于1897　The Commercial Press

图书在版编目(CIP)数据

理论心理学发展与进路/麻彦坤著.—北京：商务印书馆，2020
ISBN 978-7-100-18512-7

Ⅰ.①理… Ⅱ.①麻… Ⅲ.①心理学理论—理论研究 Ⅳ.①B84-0

中国版本图书馆 CIP 数据核字(2020)第 088842 号

权利保留，侵权必究。

理论心理学发展与进路

麻彦坤 著

商 务 印 书 馆 出 版
(北京王府井大街36号 邮政编码100710)
商 务 印 书 馆 发 行
北 京 艺 辉 伊 航 图 文 有 限 公 司 印 刷
ISBN 978-7-100-18512-7

2020年9月第1版　　开本 787×960 1/16
2020年9月北京第1次印刷　印张 17¾

定价：78.00元

序　　言

呈现在读者面前的这本《理论心理学发展与进路》是作者申报的教育部人文社科项目的主要结项成果，也是目前国内第一本研究理论心理学发展历史的学术专著，凝聚了作者多年的心血。作者邀请我为书作序，作为作者的博士生导师，我一直在关注理论心理学的发展，愿意与读者分享我的几点看法和体会。

首先，从选题来看，本书选题新，视野广，价值大。1879年，科学心理学诞生以来，这门年轻的学科获得了广泛关注，取得了丰硕成果，不同取向的心理学流派粉墨登场，层出不穷，学派林立。从宏观取向来看，主要可以分为自然科学取向与人文科学取向；从中观理论来看，行为主义、精神分析、人本主义心理学三大势力各占鳌头；从微观理论来看，归因理论、多元智力理论等更是举不胜举。各分支学科的发展异常活跃，如教育心理学、发展心理学、咨询心理学、管理心理学等已经深入社会生活的各个领域，极大地提高了相关领域的活动效率。每一种流派都提出了自己的核心观点，都有相应的理论支撑，也都能获得相应的经验支持。有学者甚至认为当前的心理学还处于前范式阶段，还没有一种理论能够像物理学的牛顿定律那样得到学术共同体的一致认可，也有学者呼吁当前的心理学发展处于危机与分裂状态。如何看待今日心理学的发展现状，透过现象看本质，每一种流派都有相应的理论支撑，分析蕴含在各种流派背后的理论发展脉络，有利于透视心理学的当代发展。发现学派纷争背后的理论演进，有助于更深入地洞察心理学的发展历史，检视心理学的发展不足，展望心理学的发展未来。

本书以独特的分析视角、宽广的学术视域，敏锐地把握住了理论心理学发展的历史脉络与逻辑线索，找准了心理学史研究的一个核心环节，抓住了心理学历史发展分析的"牛鼻子"，丰富了心理学史研究的内涵，补强了理论心理学研究的薄弱环节，具有较大的学术价值与较高的学术水准。

其次，从结构安排来看，本书思路清晰，结构完整，逻辑严谨。处于主流地位的心理学如行为主义、认知心理学等深受经验主义的影响，其基本观点和精神实质都受到经验主义的指导与支配。主流心理学受到的质疑与批评，发展过程中遇到的困境与难题，以及后现代心理学、社会建构主义等研究取向的兴起，究其深层原因，是经验主义的衰落与后经验主义的兴起。因此，本书将经验主义与后经验主义作为指导心理学发展的宏观元理论，作为理论心理学发展分析的逻辑起点与核心线索。经验主义支配下的主流心理学如行为主义、认知心理学等构成了自然科学取向心理学的发展线索，后经验主义支配下的非主流心理学如建构主义、文化心理学等形成了人文科学取向心理学的发展景观，两者相互作用构筑起心理学大厦的框架与基石。

最后，从出版时机来看，本书的出版正逢其时。理论心理学的发展一波三折，经历了旁落—复兴—发展—式微的复杂历程。在西方主流心理学中，实证主义作为一种方法论一直左右着心理学的发展方向。依据实证主义的"经验证实"原则，一切不能以观察或实验来证明的概念和理论都是虚假的及没有意义的，因而不能为科学所接受。在上述思想的指导下，心理学家抛弃理论的探索，执着于实证性的研究，理论心理学成为一个被人忽视的领域，理论心理学的发展由此陷入了低谷。随着实证主义的衰落，许多心理学家认识到实证主义那种狭隘经验主义的弊端，以非经验的观点重新开始了心理学的理论探索，这导致了理论心理学的复兴。

20世纪80年代至90年代中期，理论心理学进入发展壮大时期。进入21世纪后，人文精神再次呈现隐退的迹象。反映到心理学研究中，理论心理学的地位应声下降，认知心理学成为心理学研究的绝对主流。一个学科的发展，理论发展是基础，是先导，失去了理论的指导与滋养，心理学的发展也就失去了根和魂。此时，出版这本《理论心理学发展与进路》，正当其时，对于梳理理论心理学的发展脉络，振兴理论心理学的学术研究，突出理论的价值与意义会发挥一定的作用，引起学术界对理论心理学的高度重视。

不可否认，虽然作者长期致力于理论心理学的研究，对理论心理学的发展历史有比较深刻的思考，提出了一些有价值的观点与见解，但是，理论心理学的发展历史比较复杂，可以从不同的视角进行解读与理解，这本书对理论心理学发展历史的分析难免会出现一些遗漏，对理论心理学发展历史脉络的把握也许还有偏颇。但瑕不掩瑜，本书应该能够为理论心理学的历史研究起到抛砖引玉的作用。

叶浩生

2019年9月5日

目　录

序言

第一章　理论心理学发展回顾 ··············· 001
 第一节　什么是理论心理学 ··············· 001
 第二节　理论心理学的发展 ··············· 005
 第三节　理论心理学的学科地位与发展趋势 ··············· 009

第二章　宏观元理论之一：经验主义 ··············· 025
 第一节　经验主义的理论蕴含 ··············· 025
 第二节　经验主义的哲学蕴含 ··············· 033
 第三节　经验主义的心理科学观与方法论原则 ··············· 051
 第四节　经验主义的研究方法 ··············· 057
 第五节　受经验主义支配的心理学流派 ··············· 066

第三章　宏观元理论之二：后经验主义 ··············· 077
 第一节　后经验主义的"理论"蕴含 ··············· 077
 第二节　后经验主义的哲学基础 ··············· 080
 第三节　后经验主义的心理科学观与方法论原则 ··············· 104
 第四节　后经验主义的研究方法 ··············· 110
 第五节　以后经验主义为元理论的心理学流派 ··············· 119

第四章　经验主义与后经验主义元理论的对比分析 ··············· 125
 第一节　经验主义与心理学的发展 ··············· 125
 第二节　后经验主义对经验主义的批评 ··············· 133
 第三节　两种元理论的共存与互补 ··············· 148

第五章 实体理论分析 ································· 165
第一节 心理学中的信息加工理论 ····················· 165
第二节 神经网状结构理论 ··························· 175
第三节 社会建构论心理学 ··························· 189
第四节 心理学中的具身认知 ························· 197
第五节 实体理论的发展分析 ························· 206

第六章 以子学科为例剖析微观实体理论的演进 ··········· 212
第一节 实验心理学理论假设的演进 ··················· 212
第二节 发展心理学理论假设的变化 ··················· 222
第三节 社会心理学理论假设的发展 ··················· 230

第七章 理论心理学的发展趋势 ························· 242
第一节 注重实体理论的整合分析 ····················· 243
第二节 后基础论运动的兴起 ························· 247
第三节 研究方法的突破是理论心理学发展的新亮点 ····· 254
第四节 加强跨文化心理学理论研究 ··················· 258

参考文献 ··· 264
后记 ··· 273

第一章 理论心理学发展回顾

理论心理学是一门既古老又年轻的学科。说它古老，是因为1879年德国心理学家冯特创建实验心理学之前，心理学蕴含在哲学之中，属于哲学心理学，心理学思想是由哲学家表述的。这时的心理学是思辨的、非经验的，因而这种哲学心理学是一种初始的理论心理学，它同哲学一样古老而悠久。说它年轻，因为冯特创立实验心理学之后，它就遭到处于主流地位的实验心理学家的排斥。直到20世纪70年代之后，它才开始复兴，90年代之后，呈现出繁荣的景象。

什么是理论心理学，是理论、领域还是学科？它在心理学学科发展中居于什么样的地位？具有什么样的功能？其发展历史、现状与未来趋势如何？我们为什么要学习理论心理学？带着这一系列问题的思考，我们开始本章内容的学习。

第一节 什么是理论心理学

一、理论心理学的界定

什么是理论心理学？古今中外，人们对此发表的意见虽然不多，却也存在一些不同的见解。

潘菽（1980）认为，理论心理学有时也称为系统心理学。系统心理学即对心理学进行系统的了解。如何能把零碎知识系统化起来，就要讲理论（并非完全是理论，但大部分是理论）；朱智贤（1989）提出，理论心理学是研究心理现象发生、发展的一般规律，以作为应用心理学和其他学科的理论基础；研究关系到整个心理学的最有根本性质的理论问题的一个心理学分支，又称体系心理学。它以揭示各种心理现象与现实之间相互联系的规律为任务（中国大百科全书总委员会，1991）；以心理学的学科性质、研究对象、方法论和涉及全学科范围的理论问题为研究领域的心理学分支（荆其诚，1991）；理论心理学从非经验的角度，通过分析、综合、归纳、类比、假设、抽象、演绎或推理等多种理论思维的方式，对心理现象进行探索，对心理学科本身发展中的一些问题进行反思（叶浩生，2001）。

叶浩生的观点得到了不少学者的赞同，具有一定的代表性。他对理论心理学的界定，明确了我们非常关心的几个问题：其一，理论心理学是非经验的，这与坚持经验证实的实验心理学有明确区分；其二，理论心理学的研究方式是分析、综合、归纳、类比、假设、抽象、演绎或推理等多种理论思维的方式，这与实验心理学的实验法、测量法区分开来；其三，理论心理学关注的核心是对学科本身发展中的一些问题进行反思。

二、理论心理学的研究内容

理论心理学应该研究哪些内容？换言之，理论心理学的研究对象与研究任务是什么？中外学者表达出了不同的意见。

《中国大百科全书·心理学》将理论心理学的研究内容界定为：①心理学的对象与学科性质；②心理活动范畴；③心理学的任务；④心理学方法论和心理学研究的具体方法；⑤身心问题和心脑问题；⑥意识问题；⑦心理的能动性问题；⑧心理的因果关系问题；⑨心理的起源问题及知行问题。

叶浩生认为，就理论心理学的范围来说，理论心理学包含两个大的方面：元理论和实体理论。元理论是学科的基础理论，它是心理学学科性质的高度理论概括，是心理学的实体理论和心理学研究方法的指导思想与指导原则。任何一门学科都必须具有元理论的部分，否则就是一个缺乏核心的松散联盟，不成其为科学。实体理论不同于元理论之处在于它的研究对象不是心理现象或心理科学的整体，而是一些特殊的和具体的心理现象或问题。如果说元理论的探讨主要依赖于抽象思辨的方法，那么实体理论的探讨则更多地依赖逻辑推理和数学演绎的方法，心理学恰恰处在这样一种阶段，需要理论心理学发挥其在理论思维方面的优势，为建成统一的心理科学而发挥自己的作用（叶浩生，1999b）。

有研究者对理论心理学研究中的元理论研究和实体理论研究进行了如下的界定。心理学的元理论研究应该包含如下的问题：一是心理学的学科问题，涉及心理学的学科性质、心理学的研究对象、心理学的学科发展、心理学的未来趋势、心理学与其他学科的关系、心理学与社会发展的关系、心理学研究的社会意义和伦理意义，等等；二是心理学的方法问题，包括心理学研究的方法论、心理学研究的指导原则、心理学选择方法的依据、心理学理论的评价标准、心理学研究的哲学基础、心理学研究的指导原则、心理学研究中方法与对象的关系、心理学研究中理论与方法的关系，等等；三是心理学的基本框架，包括关于心理行为的基本分类，心理学分支学科的内在联系，联结不同分支学科、不同研究方式、不同理论学派等的理论框架，等等。心理学的实体理论则包括两个方面的内容：一是一般性的理论，例如心理学研究中的混沌学、系统论、信息论、决定论、意识论等；二是具体化的理论，例如感觉理论、知觉理论、学习理论、情绪理论、人格理论、能力理论等（叶浩生，2003b）。

有学者将理论心理学的内涵界定为理论反思与理论建构。前者是以心理学科作为反思对象的心理学哲学的反思研究，后者则是以心理行为作为研究对象的心理学理论的建构过程。理论反思与理论建构是理论心理学的两个彼此关联的基本内容。理论反思的研究是学科体系建构的指导原则，也是理论心理学的思想核心。这影响到整个学科体系的理论框架，其研究成果将有助于心理科学的统一与整合。因此，理论心理学在更根本的意义上是理论的反思，探讨心理学研究的哲学基础、心理学研究的指导思想、心理学学科的科学性质等基本问题。理论反思应该涉及三个方面的问题：一是心理学的学科问题；二是心理学的方法问题；三是心理学的基本框架。心理学的理论建构应该包括三个方面的内容：一是整合性的理论，如心理学研究中的混沌学、系统论、信息论、决定论等；二是分类性的理论，如感觉理论、知觉理论、意识理论、学习理论、情绪理论、人格理论、能力理论等；三是具体性的理论，如特定生活情境中的特定心理行为的解说理论。这些心理学的理论建构的共同点是，理论的思维同实证的研究是相互结合的，即从实证研究中获取数据和资料等，从中抽象概括出一般的规律和特点（葛鲁嘉，2011）。

也有人主张理论心理学就是元理论。每个研究者都采取了某种理论范式，因此，每个心理学家都是理论心理学家。作为一种元理论学科，理论心理学是一种哲学的和反身的学科。因此，理论心理学应该关注心理学的认识论和方法论、本体论和主体问题以及伦理—政治和实践问题（霍涌泉、梁三才，2004）。

综合以上学者的观点，可以得出如下结论。理论心理学有广义与狭义之分，广义的理论心理学既包括以心理学科作为反思对象的元理论，也包括以心理行为作为研究对象的实体理论。元理论是说明理论性质的，它讨论理论效度或理论力的构成要素，如理论的可验证程度、适用范围、公理化、经济性程度，概念是否严谨清晰，理论组织是否科学合理等问题。心理学的元理论不仅包括人的心理活动规律、心理学的学科性质、发展历史、未来前景、心身问题、心物关系和方法论等传统的宏观问题，更为重要的是对中观理论核心问题进行反思和概括，例如在认知心理学中，物理符号论的信息加工观点便可以称之为认知心理学的元理论。单元网络论的联结主义观点可以说是当前认知科学的元理论。心理学元理论的最终发展目标是，试图寻求一套对心理学知识普遍有效的最终判定方式，重新整合自身并形成统一的理论。心理学的具体理论是有关人的心理和意识特性以及各种具体行为活动模式、规律的理论。西方学术界公认在实体理论上做出主要贡献的是行为主义、格式塔心理学和精神分析学派。各种不同的学说流派和理论体系，都是心理学实体理论的研究对象。理论心理学是心理学的元理论与实体理论的有机结合（霍涌泉、安伯欣，2002）。狭义的理论心理学只包括以心理学科作为反思对象的元理论研究，重点关注心理学的认识论、方法论、本体论等问题。

第二节 理论心理学的发展

理论心理学的发展一波三折，经历了旁落—复兴—发展—式微的复杂历程，在心理学独立之前，以理性主义和经验主义为代表的哲学心理学研究曾经对心理学的理论组织与学术品质的提升做出过历史性的贡献。但在实验心理学诞生之后，心理学的理论研究和理论心理学因为不符合经验证实原则被不少学者视为非科学的领域。伴随着经验实证主义的衰落与后经验主义的兴起，理论心理学得以复兴并快速发展。

一、理论心理学的旁落

在西方主流心理学中，实证主义作为一种方法论一直左右着心理学的发展方向。依据实证主义的"经验证实"原则，一切不能以观察或实验来证明的概念和理论都是虚假的及没有意义的，因而不能为科学所接受。在这种科学观的指导下，心理科学成为收集经验事实的操作活动，理论思维成为第二位的、次要的，有时甚至成为不必要的和被禁止的。在上述思想的指导下，心理学家抛弃理论的探索，执着于实证性的研究，理论心理学成为一个被人忽视的领域，理论心理学的发展由此陷入了低谷。

实证主义对心理学的影响主要通过下述两条方法论原则：一是经验证实原则，即强调任何概念和理论都必须以可观察的事实为基础，能为经验所验证，超出经验范围的任何概念和理论都是非科学的；二是客观主义，这一原则强调认识过程中主体和客体的分离，主体的知识应该绝对反映客观事物的特点，不掺杂个人的态度和情感、信念和价值等主观因素，换句话说，在主体的概念和理论与外在客体之间必须有一种一一对应的关系，否则这些概念和理论就不是科学的知识。

实证主义的这两条原则给理论心理学的发展带来毁灭性的结果。因为理论心理学是从非经验的角度探讨心理学科的自身问题的，这些问题的非经验属性使它既不可能符合经验证实原则，也不可能体现客观主义的精神，它只能是一种理论的探索，或像某些排斥理论研究的人所称的，是"哲学思辨的""形而上学的"。实证主义的原则排斥了理论探讨在心理学中的合法地位。

二、理论心理学的复兴发展

近年来，随着实证主义的衰落，许多心理学家认识到实证主义的那种狭隘经验主义的弊端，以非经验的观点重新开始了心理学的理论探索。这导致了理论心理学的复兴。

理论心理学的复兴首先得益于科学哲学的变化。进入20世纪中期之后，西方科学哲学界出现了一股重新认识理论的方法论价值意义的新运动，涌现出像逻辑实证主义、历史主义范式论、多元方法论、科学研究纲领方法论等流派。这些众多新科学哲学的一个共同点，是强调科学知识并非始于经验，而始于问题。理论先于经验观察，一切观察都是在一定理论指导之下进行的，观察与实验也只有在一定的理论关系中才具有实际的意义。这些科学哲学家们的许多新科学观点，极大地影响了心理学界对学科领域内重大理论问题的重新认识和思考，推动了理论心理学的复兴。

其次是现代心理学现实发展的需要。"二战"以后西方心理学取得了公认的成就。但心理学在繁荣的过程中也存在着许多突出问题：学科分裂危机日益加剧，极度膨胀的实证资料和极度虚弱的理论基础之间的反差日益增大；许多学者对实证研究极度迷恋而排斥理论性研究，致使心理学陷入了研究课题破碎、科学观与方法论对立、学术研究者与实践应用者相割裂的尴尬局面。当其他自然科学和社会科学的主流研究进一步走向体系化与理论化深入及发展的时代时，经过100多年研究积累的心理学却依然处于分崩离析的状态。针对心理学的分裂现状，安娜斯塔西（Anastasi）在美国心理学会（APA）成立100周年大会上提出，现代心理学发展的两大新任务：第一是重新重视心理学理论的地位；第二是综合性的运动。在这样一种新的发展形势背景下，加强对心理学理论问题的研究，体现出其独特的价值和时代使命（霍涌泉、魏萍，2010）。

随着当前西方心理学研究中实证主义的衰落和后实证主义思潮的兴起，心理学的理论研究又出现了复兴和繁荣的景象。美国学者库克（Cook）主持出版了六卷本的理论心理学著作《心理学：一门科学的研究》，对一个世纪心理学的宏观理论和一些具体的理论问题做了深入的理论总结与探索。作为一门独立的学科分支的理论心理学发展较晚。学术界普遍认为，标志着这门学科的制度化的重要事件是1967年在加拿大成立的"理论心理学高级研究中心"，这被誉为"作为一门独立的分支学科开始恢复它在心理学中的合法地位"。1975年，美国学者罗伊斯（Royce）出版的《心理学的多元方法论：理论类型、特征与普遍观点、体系和范式》一书，率先提出理论心理学是由元理论和实体理论两部分组成的命题。此外，20世纪70年代相继问世了一批有影响的理论心理学专著，像马克斯（Max）的《理论心理学文选》、查普林（Chaplin）等人的《心理学的体系和理论》、罗宾逊（Robinson）的《心理学的理论体系》等，受到各国心理学家的好评。当然，20世纪60~70年代西方的理论心理学研究还不够系统，尚没有形成统一的研究势力。

20世纪80年代至90年代中期，理论心理学进入发展壮大时期。20世纪80年代中期以后，北美、欧洲等国的心理学界才可以说真正进入了一个"理论研究热潮"时期。最为突出的特点是，形成了比较统一的研究力量，出版了专门的理论学术刊物，建立了理论心理学的国际组织。1985年国际理论心理协会（ISTP）在英国建立并召开了第一届理论心理学的国际学术会议，以后又相继在美国、加拿大、澳大利亚、德国、法国和日本等国举办了多次大型的国际学术会议。许多国际心理学组织也相继成立了理论心理学分会，像英国的心理学会1985年设立了

"哲学与心理学分会"，欧洲建立了理论心理学会，瑞典、挪威等国创立了"理论心理学研究中心"，美国这一时期也成立了"理论心理学与哲学分会"。在专业出版领域，除了主流刊物如《心理学年鉴》《美国心理学家》等权威杂志登载理论心理学的文献之外，专业性的理论心理学杂志在80年代中期也先后创刊，如《理论心理学与哲学杂志》《理论与心理学》《哲学心理学》《理论与心理学评论》等。这批专业学术期刊的问世，有力地推动了理论心理学研究良好氛围的形成，也极大地带动了理论心理学整体学术势力的提高。进入20世纪90年代中期以来，北美一些著名大学，如伯明翰大学等，是目前理论心理学研究的重要阵地。这些大学纷纷建立理论与哲学领域的研究中心，培养理论心理学方向的高级人才。在学术方面，这一时期理论心理学研究也进入了一个新的发展阶段：后现代主义心理学异军突起，文化心理学、社会建构主义日益活跃，有关心理学分裂与整合问题研究也逐渐有所深化，加强了与人文科学、自然科学的互动关系的研究，同时，对许多中介理论问题进行了广泛讨论（霍涌泉、魏萍，2010）。

三、理论心理学的式微

正当理论心理学发展最迅速的时候，科学与人文精神的力量对比再次发生了戏剧性的变化。人们发现，人文学者指出并批判了科学的不足，但并未比科学做得更好。它也许是一个合格的批判者，却不是一个富有创见的建设者。解决当代"风险社会"的主要途径，仍然只能依靠科学。因此，进入21世纪后，人文精神再次呈现隐退的迹象。反映到心理学中，理论心理学的地位应声下降，认知心理学成为心理学研究的绝对主流。更令人忧心的是，在上一波理论心理学的发展过程中，一些理论研究者对实验心理学的批判过于严厉（有些甚至有失公允），导致两者之间"积怨甚深"，进一步恶化了整个国际理论心理学的生存环境。原本弱小的理论心理学，面对日趋恶化的国际环境，发展更是举步维艰（杨文登、叶浩生，2012）。

第三节 理论心理学的学科地位与发展趋势

理论研究是科学研究中的重要组成部分，不同的学科中也都存在专门从事理论研究的分支，如物理学中有理论物理学，化学中有理论化学，生物学中有理论生物学。这些理论学科区别于实验或应用学科，它们不是以观察、实验等经验方法研究自然现象，而是以数学演绎和逻辑推理等非经验的或思辨的方法探讨问题。在上述这些学科中，理论学科分支从未因它们的思辨性质而受到排斥或轻视，事实上，这些理论学科成为整个学科发展的基础，科学家给予它们以足够的重视。这些学科分支也为科学的发展做出了重要的贡献，如在理论物理学中，爱因斯坦（Einstein）的相对论对整个物理学乃至自然科学都产生了革命性的影响。

一、理论心理学的学科地位

理论心理学在心理学中的地位就像理论物理学、理论化学在物理学和化学中一样，是心理学学科体系中不可缺少的一个部分。理论心理学也不同于以观察、实验为基本方法的实验心理学、儿童心理学、犯罪心理学等实证学科或实证心理学。理论心理学使用理论思维的方法，从性质上讲，它不是一种经验学科；而实证心理学以观察、实验等经验方法为主，与理论心理学的性质是不同的。但是两者的关系并不是对立的，而是相辅相成的。前者为后者提供理论指导，后者为前者提供素材。一切实证研究皆以一定的理论和假设为基础，同时，理论的构建又必须建筑在一定的事实基础上。两者相互依存、不可分割，两者的分工只是为了心理科学的发展和深化，而不是永远的分道扬镳、互不相涉。离开了实证心理学，理论心理学就成了纯粹的主观臆测，离开了理论心理学，实证心理学就会见木不见林，变成没有思想的操作。当代心理学的破碎和分裂，正是轻视理论心理学的必然结果（叶浩生，2003b）。

理论心理学对心理科学的作用集中体现在以下几个方面。

首先，理论心理学具有提出假设或做出预测，为实验心理学提供研究课题的功能。科学哲学家波普尔（Popper）早在 20 世纪 60 年代就阐发了理论对于科学研究的先行指导作用。他指出，科学知识并非始于经验，而是始于问题；理论先于经验观察，指导经验观察，因为科学观察具有目的性和选择性，科学研究者总是以一种预想的理论去观察事物，一切观察与实验都是在一定理论指导下进行的，而理论心理学正具有这种功能，它提出一种理论或假设，或对某种实验的结果做出预测，这些假设和预测本身也是实验心理学的研究课题。

其次，理论心理学所采用的逻辑分析方法具有判断和鉴别概念、命题、理论真伪的功能。对理论概念的判断和鉴别并非时时处处需求助于实验验证，我们可以采用逻辑分析的方法去判断理论概念的真伪。科学哲学家劳丹（Laudan）曾提出对理论体系的逻辑检验可从两个方面进行：一是理论内部的逻辑一致性；二是理论内部的命题与一个该理论赖以建立的外部命题的逻辑一致性。对于任意一种错误，理论心理学家只需坐在扶手椅上就可以做出判断，不必劳神经验的检验（叶浩生，2003b）。

最后，理论心理学还具有抽象和综合功能。抽象和综合是寻求真理的重要方法，由于心理现象的复杂性和多样性，对于心理本质的了解不能仅靠零零碎碎的经验材料，而必须对来自经验的材料进行去粗取精、去伪存真、由此及彼、由表及里的制作和改造，舍去次要的、偶然的因素，发现心理生活的本质和一般特点，这种抽象和综合的过程是理论心理学的重要功能。心理学发展到今天仍处在分裂和破碎状态，在很大程度上是由于缺乏理论心理学的抽象和综合作用，没有把具体的经验发现和研究结论上升到一般性的理论高度。

有学者对理论心理学研究的方法论意义进行了研究，指出理论心理学作为一门新兴的分支学科，经过 20 多年的发展，不仅已逐渐在西方取得了正式的学术合法地位，而且在方法论意义上也日益体现出了许多重要价值（霍涌泉、魏萍，2010）。

首先，试图丰富并扩展现行的科学评价标准，这对于心理学的学科建设发展具有一定的科学本体论意义。长期以来，科学心理学形成了一种根深蒂固的经验观察标准，即实证的本体方法论评价体系。这一标准对推动心理学的科学化进步曾经起到过重要作用，但也存在对人心理现象的理解过于简单和狭窄的问题。在西方理论心理学研究者看来，心理学的研究从实证主义传统评价标准中解放出来是十分必要的。随着现代心理学家对行为研究的深入和尝试开辟新的研究路径，他们中的许多人发现实证主义的信条是狭隘的和束缚性的。甚至有学者提出，实证研究只有在精心选择的狭小范围内才有效。因为实证的研究标准并没有考虑与之相关的两个重要问题：第一是科学知识的内容和标准是什么以及它们的普遍程度和深度如何？第二是科学知识的意义是什么，或者说这种意义是如何确立的？实证的研究范式并没有解决这些重大的科学问题，而只是一味地拒斥理论陈述而赋予观察事实以特别的认识论和方法论优先地位。

为了保证理论研究的正当性、合法性和合理性，推进理论研究的科学性、约束性和解决问题的标准水平，理论心理学研究者选择了后实证主义的方法论立场重建心理学的本体论基础。科学本体方法论主要涉及科学评价标准和发展规划等重大理论问题。有学者认为，近几年来，理论心理学的最重大成就之一就是提出如何取得统一的规划和评价标准。理论心理学重视非实证意义问题的探讨在一定程度上补充和完善了心理学研究内涵，为理论研究的发展开辟了更为广阔的空间。同时，对于解决心理学研究方法中的本体失常问题也具有一定的学术意义。

其次，积极引入新的视角对理论研究进行新的价值定位，力图将理论研究从消极被动中解放出来，这有助于我们更好地理解和把握心理学理论研究的科学认识论意义。现代心理学同许多学科的观点一样，普遍赞同理论来源于实践，同时实践也需要理论的指导。理论是经验材料的归纳和概括，因而理论是或然的，没有必然的普遍意义。虽然也承认"理论也是实验假设的来源"，但其核心观点则强调理论是被动的、消极的，是为经验观察所决定的。按照这样的方法论立场，便不需要有独立的心理学理论研究领域，更没有必要存在"理论心理学"这样一个专门的分支学科。因为从具体的研究中产生的理论，只不过是研究者对研究结果的合理推演。在这样一种框架中，心理学的理论研究和理论心理学的合法性必然会受到质疑。

理论心理学研究者基于新的科学方法论立场，积极引入科学实在论、社会建构论等新的视角，力图对理论研究的价值进行新的定位并赋予新的标准。从观察视角而言，他们认为理论先于经验观察，因为观察具有目的性和选择性，而目的性和选择性是理论观念的作用，且观察中有理论假设，有理论观念的指导。科学知识并非始于经验，而始于问题。理论心理学研究者从一个全新的视角看待理论，将理论研究置于观察活动、建构活动与社会实践活动之中，这对于解决心理学理论研究方法的被动性状态具有积极的科学认识论意义，有利于促进理论的健康发展。

最后，理论心理学方法论研究的日益深入发展，对于克服心理学理论研究的虚弱化痼疾问题，具有实质性的方法论意义。研究方法的不确定性是多年来制约心理学理论研究的一大"瓶颈"。虽然心理学的研究从一开始就免不了同理论打交道，但理论心理学分支学科的发展还是落后于心理学的其他领域，其中一个重要原因是缺少具体的研究方法程序。随着理论心理学研究的日益展开，理论研究作为一种分析战略，一种方法论的形式，补充及丰富了心理学的研究方法。

二、理论心理学的发展趋势

理论心理学的发展并非一帆风顺，在与处于主流地位的实验心理学的博弈中始终处于边缘与被动地位，经常被实验心理学家误解，遭遇主流心理学的忽视与排斥。在这样的背景下，理论心理学发展步履维艰，试图调整发展方向，寻求自身的功能定位，努力为整个心理学科的发展做出应有的贡献。

1. 理论心理学面临的问题

首先,要面对实证心理学的诘难与挑战。理论心理学与实证心理学的分离、争论开始于约翰·华生(John Watson)的行为主义。受行为主义的影响,许多人误解理论心理学空泛无物,没有实际内容,不能做出任何科学发现。在心理学独立成为实证的科学之后,心理学家就一直矫枉过正,在反对哲学思辨的同时,强烈地反对所有形式的哲学研究进入心理学的研究领域,认为这种形式的研究没有任何科学的意义和价值。这在某种程度上维护了心理学的实证科学的性质,为心理学摆脱哲学思辨而成为一门科学有着不可磨灭的作用,使心理学往更严谨的自然学科不断靠近。但由于实证主义对心理学的完全客观化和确定化也在相当程度上使心理学放弃了对理论基础的探索,一直缺乏对自己的理论基础或理论前提的反思。这导致心理学实证研究的资料得到了迅速增加,但理论根基和理论建树却一直十分薄弱。具体体现在心理学缺失统一的理论根基,缺少多样的理论创造。

实证主义把科学局限于经验的范围内,认为只有观察与实验才是科学发现的途径。事实上,科学哲学和自然科学的发展早就否定了实证主义的经验原则,昭示了理论研究的必要性和重要作用。爱因斯坦是通过思想的实验发现了广义和狭义相对论。利用这一理论上的发现,天文物理学家推测出宇宙"黑洞"的存在。尽管人们并不能从经验上证明宇宙"黑洞"的存在,但是从没有人怀疑这一发现的科学性。被心理学视为"规范"科学的物理学况且能把理论上的发现看成是科学的进展,为什么心理学要把理论发现排斥在科学之外呢?西方理论心理学者多年来一直在苦苦思索一个问题:为什么在哲学领域已被批判得千疮百孔的实证主义在心理学中却"阴魂不散,挥之难去"?长期以来,实证主义认为理论心理学主观性的研究方法影响了心理学的科学水准。而理论心理学则讽刺定量心理学的研究是"悲剧性的欺骗者",心理学研究水平的低下、学科的分裂破碎、社会效益的不明显,恰恰是心理学自然科学研究方法的必然结果。

相对于研究具体问题的实证心理学来说，理论心理学确实有它的"空泛"特点。因为理论心理学重整体概观、逻辑思辨、抽象综合，而不像实证研究那样重经验观察、实验取证、分解检测。但这属于科学分工的不同，两者各有所长，各有偏重。实证的研究主要在感性分析和细微之处下功夫，精益求精，察微知著；而理论的研究以理性思维和高度抽象见长，把具体的事实和结论升华为一般性的理论。两者的歧义并不形成根本的对立，两者的相互补充和相互依存才是心理学的统一之路。

其次，理论心理学自身的定位与突破。理论心理学经常受到指责的一点就是所谈论的都是一些与哲学相关联的问题，哲学色彩太浓，难以为科学所接受。的确，理论心理学，特别是元理论部分，同哲学息息相关。它探讨科学哲学问题，研究方法论的原则，同心灵哲学一样也讨论心身关系、决定论与意志自由等理论概念。但是两者的出发点是不同的：哲学探讨宇宙万物的普遍本质和规律，当然也包含心理现象的本质和特点，它探讨心理现象是为了了解宇宙的本质和整体性；而理论心理学中有关哲学问题的探索是为了借鉴哲学的方法论，寻找适合心理研究的方法和指导原则。它利用哲学的成果，但它本身并不是哲学。科学的发展与哲学是相互依存的，任何一门科学都有其基础的理论和基本的方法论原则。这些基础理论和方法论原则就是一个学科的哲学基础。

一个我们不得不面对的核心问题是理论心理学能否取得实质性的理论成果和研究成果？西方理论心理学者经过20多年的艰苦努力和学术积累，使心理学的理论性研究从传统心理学的边缘地带逐渐进入心理学研究的主流中心性视域。心理学中的理论研究势力和学术队伍群体正在兴起。尽管目前西方理论心理学发展的前景还不明朗，然而理论心理学研究热潮的兴起及繁荣却是不争的事实。西方理论心理学取得了许多学术进步与成就，但是还没有实质性的理论成果与研究结果的问世。理论心理学研究走过了开创阶段，需要进一步向纵深领域发展，否则难免将心理学推向"哲学化"的境地，当然会被主流心理学所排斥。

然而更为艰难的问题是，理论心理学究竟应该依靠什么样的有效范型和工具进行元理论与实体理论的统一及整合？当前层出不穷的新知识、新模型、新方法不断地在本质上影响着心理学的理论组织形态。传统及现行的心理学主题、学科分支和亚理论还不足以承担建构统一的、"大心理学观"的时代发展重任。

最后，怎样通过自身的努力，解决心理学的分裂。心理学从诞生之日一直到目前为止，始终处在四分五裂的境地。无论是对心理学的学科性质和学科发展的理解，对心理学的理论概念和理论学说的建树，对心理学的研究方式和研究方法的确立，对心理学的应用手段和应用技术的实施等等，都没有统一的和普遍的认识、理解及采纳。

20世纪90年代以来的国际心理学进入了一个新的快速发展的高峰时期，心理学知识呈爆炸式增长，学科划分越来越细，研究技术方法越来越多，而心理学的研究队伍和学术组织不是趋向统一，相反地却是分裂和分化的离心趋势日益明显。最为突出的标志是美国主流心理学组织APA的分裂以及第三世界国家中学术心理学研究的衰弱与应用心理学的繁荣，因为在市场经济条件下，包括理论心理学在内的学术心理学研究难以与应用心理学相竞争，政府和社会各界更为关注的是如何解决实际应用问题。

越来越多的学者也认识到，理论心理学的研究与实证心理学一样，对心理学的发展具有不可替代的功能。任何一个学科的发展都是理论与实证相辅相成的，比如作为自然科学代表的物理学，理论物理学也是物理学科中不可或缺的部分。对学科理论建设的忽视必将导致一门学科的破碎与分裂，会使得学者专注于某一小部分的研究而忽略掉学科整体，且研究与研究之间难以互相交流和促进。有了实证研究的大量经验材料，就更需要发展理论来将所有实证研究的结果整理和加工，形成各个领域的内在联系。

2. 理论心理学的发展趋势

理论心理学研究的复兴是近年来西方心理学发展的新特点。西方理论心理学研究的重点，并不是通过理论化的简单转向来克服心理学发展中的困难，或以总体的、一般的抽象术语重新发明元理论，而是力图在提高理论研究方式的科学化水平基础上，加强对具体的、中等水平的亚理论问题的整合性学术探讨，进一步寻求心理学理论研究走向繁荣的学科内在发展机制（葛鲁嘉，2011）。

葛鲁嘉认为，西方理论心理学的发展，主要体现为以下几个方面。

首先，实体理论的整合研究成为理论心理学发展的重点。从注重元理论研究向实体理论的整合探讨的转变，是目前西方理论心理学发展的重点。心理学的元理论研究在一段时期中曾经被认为是理论心理学的发展重心。理论心理学本应属于一种新的知识形态，其长远目标当然应该是建构统一的元理论，形成所谓的"大心理学观"。但是就理论心理学的近期和中期发展目标而言，其研究重点应该是加强对实体理论及亚理论的整合，以便为实现长期的学科发展目标做好科学理论上的准备。今后理论心理学的研究有五个方面的任务：一是关于心理学方法论的研究；二是关于心理学学科分裂和学科统一的研究；三是关于心理学的后现代主义思潮的考察；四是关于心理学全球化的考察；五是关于心理学理论学说和模式假设的应用研究。

其次，后基础论运动汇成了当前西方理论心理学发展的新潮流。后基础论运动是伴随后现代主义的思潮，而对心理学研究中的基础主义的反叛和摧毁。当前，西方理论心理学研究的后基础论运动趋势日益高涨。后基础论运动研究势力的主要代表是社会建构主义、解释学、女权运动、后认知主义、后实证心理学和推论心理学。有研究者指出，基础主义（foundationalism）首先是一种哲学信念、一种哲学共设，确信存在或必然存在某种在确定理性、知识、真理、实在、善良和正义的性质时，能够最终诉诸的永恒的、不变的基础或框架。那么，哲学家的任务就是去发现这种基础并确立这种基础。基础主义有三个基本的前提：第一，任何一种文化都有一个理论基础；第二，该基础由一系列处于优先地位或具有真理意义的内容构成；第三，学术研究的目的就是揭示和探讨先在的基础。对基础主义的批判，就其程度、内容和做法来说，大致可分为以下三种类型：第一种类型可称之为"非基础主义"，并未彻底抛弃基础主义，主要是对其信念和做法有所修正和更新；第二种类型可称之为"温和的反基础主义",对基础主义的基本信念和做法持否定态度,想要彻底抛弃基础主义并提出自己的解决方案,但因根深蒂固的"哲学乡愁"及其自身局限,最终从某种意义上又回复到了基础主义信念;第三种类型可以称之为"彻底的反基础主义",对基础主义的信念和做法进行彻底的批判与摧毁,彻底抛弃基础主义,宣布传统哲学死亡,强调哲学只有作为普通学科才能发挥应有的功能。对基础主义的批判彻底与否及其最后走向,是与哲学家及所属的学派对"基础"的把握、依赖或消解的情况息息相关的。反基础主义破除了传统形而上学的同一性、先验性、在场性,更多地强调差异性、经验性和不在场性。

最后,积极探索理论心理学的研究技术方法。理论心理学的基本任务之一就是寻找把主观性转变为客观性的途径,也就是要运用新的知识、方法和技术去阻止心理学的解体。近些年来,西方的理论心理学在研究方法方面做出了许多积极的探索。例如,社会建构主义者提出要将话语分析的方法作为心理学研究的基本方法。与此相关的方法还有现场访谈、叙述描写、介入观察、协调理解、争论研究等。理论心理学的研究在方法上的另一个突出成就是元分析技术的大量运用。此外,质性或质化研究运动的日益勃兴,也为理论心理学重新认识人的心理活动规律提供了新的方法工具。

赵晓凤(2009)认为,西方理论心理学的发展具有如下四个特点。

(1)加强理论心理学与实证心理学间的融合。理论心理学和实证心理学对峙的局面会趋于缓和,表现出一些相互学习、相互促进交融的迹象。历史的经验告诉心理学家们,理论与实证心理学长期的对立与争论并不利于心理学的发展和建设。

心理学家们似乎逐渐意识到,没有事实基础的理论是沙堆上的建筑物,而没有理论的事实则是一堆杂乱无常的资料,不能用于建设井然有序的科学大厦。心理学家已经能够承认理论心理学与实证心理学对立与统一、相辅相成的辩证关系,即理论心理学为实证心理学提供理论指导,实证心理学又为理论心理学提供素材。一切实证研究都以一定的理论和假设为基础,同时,理论的建构又必须建立在实证的基础上。离开实证心理学，理论就成了纯粹的主观臆测，离开了理论心理学，实证心理学就会见木不见林，变成没有思想的空壳。目前，心理学工作者们倾向于从以下两个方面提高自己的业务素质：一是加强心理学理论的修养，特别是对心理学元理论的把握；二是加强心理学科学技术学的严格训练和实证操作的规范化。有了心理学工作者这两方面的训练，就有可能实现理论心理学与实证心理学的有效结合。

许多心理学家已经意识到，相当一段时期重实证轻理论的研究导向造成心理学头重脚轻、摇摇欲坠的严重后果，并开始关注理论心理学的建构。心理学家们开始了对心理学分裂局面的反思。诸如库恩（Kuhn）认为，现代心理学之所以呈现一种分裂的、不统一的局面，就是因为心理学缺乏一个统一的理论框架，缺乏支撑这门学科的元理论。想必在今后的心理学研究中，对元理论的研究应该是各心理学派共同关注的问题。

（2）加强对实体理论、分支理论的整合研究。理论心理学的各实体理论或亚理论趋于整合。实际上从心理学的发展历史来看，心理学不缺乏理论，而是缺乏心理学理论的整合。从构造主义、机能主义、行为主义、格式塔学派、精神分析学派，到近代的人本主义、认知学派，各家都有自己的理论。只是这些理论只局限于自己的框架里，没有形成统一的普遍适用的、整合的心理学理论。在心理学的整合上，叶浩生（2003b）认为可以通过以下途径：在各分支心理学的实证研究和理论研究的基础上，对其所建立的分支理论进行分析，找到各分支心理学理论之间的共同点，并在此基础上进行归纳综合，以形成一种能对各分支心理学均起指导作用的新的心理学理论体系。各心理学理论研究出现的汇合与交融，正是心理学分支理论整合趋向的一种表现。各种心理学理论由对立趋于协调、互补。心理学家们不再坚持用独家理论来解释所有的心理活动与行为事实，而是博采众议，兼容并蓄，相互承认。这样的趋向，当然有助于理论心理学理论的整合与发展。各心理学家可以心平气和地对心理学的一些共同问题，统一范式进行共同探讨。

（3）采用新的科学的元分析技术和质性研究方法。探求研究方法的科学性和有效性将是理论心理学建构的一个重要方面。寻找合理有效的方法将是理论心理学焕发生机的又一途径。现代理论心理学从传统的主观的、思辨的方法寻找更为客观、科学的方法。近年来，元分析技术和质性研究方法是心理学理论研究探索的富有成效的研究方法。元分析技术就是对已有研究结果的总结分析。元分析使用测量和统计分析技术，对一些研究或实验进行定量化的总结，并寻找出相同内容的研究结果所反映的共同效应。这已成为理论心理学总结和评价研究的有效手段，是研究方法的重要革新。元分析步骤包括对以往研究文献的检索、对研究的分类和编码、对研究结果的测定、分析与评价效果四个部分，这为理论心理学的研究提供了严谨、规范的研究程序。此外，质性研究方法也是当前理论心理学研究的新方法。质性研究方法不同于旧的以思辨推理和经验的常识性描述为主的定性研究方法，而是从研究对象的内在意义来定义抽象的概念，从中分析出结构性的一般关系，然后再来建构理论。目前，质性研究已经在计算机上设计出了研究程序的软件，建立了效标。这种质性的研究方法使理论心理学的研究进入规范和科学化的轨道。对理论心理学研究科学的和行之有效的元分析技术及质性研究方法正在推动着理论心理学迈向新的台阶。

（4）呈现跨学科和多学科的理论整合研究的走势。理论心理学沿袭传统，继续吸收与借鉴多学科和跨学科的研究成果。为了将心理学持续积累的相关知识有效地整合在一起，理论心理学要有全面系统的科学认识视角。重视多层面的研究成果的科学综合与整合，是推进当前理论心理学发展的重要的认识论和方法论。

在论述中国理论心理学的发展前景时，有学者做了新世纪展望，认为中国理论心理学可以在五大实践领域大有作为（杨文登、叶浩生，2012）。

（1）开展核心的元理论研究。在传统元理论研究的基础上，中国理论心理学有必要重点强调以下两个方面。第一，发挥心理学史对元理论研究的促进作用。心理学史与理论心理学有着复杂的关系，中国学者经常将其并列起来进行称谓。心理学史总是以某种理论为精神统帅，理论规定着它选用材料的类型及组织材料的方式。除了严格的编年史，心理学史基本上都是理论史、逻辑史、思想史。理论心理学在研究时很难撇开心理学史，它总要从历史中引经据典，借以论证自己的观点。理论与历史研究有很大交叉，经常难以明显分开，很多心理学史大家本身就是元理论研究的大家。因此，如何处理好心理学史与理论心理学的关系，让两者相互促进，是心理学元理论研究的重要领域。第二，关注影响心理学发展的伦理、政治因素。对心理学自身命运及其对公众利益影响的研究，也是心理学元理论研究的重要内容。心理学研究会在哪些方面、在多大程度上对社会伦理、政治产生影响，它需要在哪些方面注意迎合、规避政治的干预，将来的命运如何，心理学该向何处去，等等，这些问题都需要心理学在元理论层面加以注意，因此，也是理论心理学的重要实践领域。

(2) 协助实验心理学开展研究。在国际上，实验与理论曾经有过一段"恩怨"。理论心理学在 20 世纪 60 年代复兴以后，与实验心理学开始了长达数十年的争辩。理论心理学曾经严厉地指责实验心理学，比如：①实验条件控制得越严格，实验心理学离真实的情境越远；②犯有"方法中心"的错误，将是否运用实验方法当作判断心理学是否科学的标准，把不能用实验方法进行研究的问题排除在科学心理学研究之外；③认知神经心理学犯有"还原论"的错误，即使有一天知道了大脑里每个细胞的活动，我们仍然不知大脑到底在想什么；④主流的实验心理学是以西方文化为中心的，研究的主要是白人中产阶级大学二年级的学生，获得的知识不具有普遍性；⑤心理学的知识不只是从经验中获得的，它还是一种社会的建构，是研究者共同信仰的一种契约；⑥实验心理学没有考虑到心理学研究的伦理、政治意蕴；等等。客观地说，这些指责并非没有道理，实验心理学也一直在认真反思并进行了一定改进。但实验心理学研究者经常会抱怨两者并没有在同一平台上讨论问题，他们反驳道：①理论心理学似乎也没找到比实验心理学更好的方法来进行研究；②实验方法在不断发展、更新，随着技术设备、统计方法的发展，当前无法研究的课题，在不久的将来就能得到很好的研究；③实验心理学欢迎针对它研究过程本身进行的批判,但难以接受单纯对它研究结论的批判;④实验心理学欢迎有建设性的批评,但不能容忍别人从根本上对自己的存在价值进行否定;⑤实验心理学并不轻视理论与应用研究,它也创建、验证理论,认为实验只是检验理论的方法与手段。

实验心理学有着自己的"套路",它很快便厌倦了理论心理学喋喋不休的、让它根本无法改进而自身又无法做得更好的建议。正所谓"道不同,不相为谋",两者在"空对空"地交锋了一段时间后,实验心理学发现争论难有收获,因此再度专心于自己的实验而疏于回应,留下理论心理学在一旁"自说自话"。

事实上,批判功能是理论心理学的重要功能之一,但这种功能不宜过分夸大。理论与实验更多的是一种天然的合作关系,是共同推进心理学事业的协作者。实验心理学在很多具体事务上需要理论心理学的协助。理论心理学也不能只做"思想实验",实验心理学是其真诚、可靠的盟友。实验的结论是理论建构的来源,理论的正确性也需要实验来证明。理论与实验之间有一种天然的张力。在现实中,很少有真正看不起理论的实验心理学家,他们更多只是对晦涩难懂、"神秘化"的理论不感兴趣。同样,也很少有看不起实验的理论心理学家。他们即使严厉地批判实验心理学,也更多是出于专业信仰,而并非体会不到实验设计的巧妙与美感。理论与实验是心理学前进的两根拐杖,两者完全可以"捐弃前嫌",组建研究团队,各司其职,共同推进心理学事业的发展。

(3)架设沟通心理学与邻近学科的桥梁。事实上,从心理学与邻近学科成功交流的经典事例来看,理论心理学在其中扮演的角色可谓"居功至伟"。比如,哲学里的身体现象学,原本只是一种探讨身心关系的哲学观点。经理论心理学引入心理学后,立即在心理学中掀起了一股具身认知的研究热潮,至今已被实验心理学纳为重要的研究课题,成为第二代认知科学诞生的重要标志。又如,社会学、哲学中的社会建构论观点,经理论心理学引入心理学后,引发了心理学方法论及实践方式的变革,促成了话语分析方法及叙事心理治疗的诞生。同样,心理学也通过理论心理学向其他学科输出理论,比如,马斯洛(Maslow)的需要层次理论是管理学的支柱理论之一；弗洛伊德（Freud）的精神分析学说、詹姆斯（James）的意识流学说对文学等产生了重大影响；卡尼曼（Kahneman）将心理学理论与经济学理论结合起来，获得了诺贝尔经济学奖。

（4）架设沟通心理学与社会大众的桥梁。社会大众不但需要理论，而且时刻在运用理论。科学心理学没有主动占领的领域，往往会被常识心理学、伪心理学甚至反科学的心理学所占领。比如，在大型书店里，打着心理学旗号的成功学、占星术、人际关系宝典等书籍往往摆在大厅中最显要的位置；在各种报刊、电视台等媒体中，一些文学、艺术工作者占据着本来属于心理学家的位置。心理学的理论正在由非专业的人士所传播。如果说实验心理学家生产知识，对知识的普及与应用缺乏关注，这是情有可原，那理论心理学家在这一领域的长期缺位，则着实令人奇怪。

理论心理学家长于理论思维，对心理学的历史、理论及实验心理学的最新进展均有较为系统的了解；对时代脉动、社会实践的需求有着本能般的敏感；相比实验心理学家，他们较少做具体的实验研究，更有时间、有条件从事心理学的科普工作。因此，理论心理学研究者应该是从事心理学科普工作的一股重要力量。他们有责任将科学心理学的知识以通俗易懂、喜闻乐见的形式传递给社会大众；与此同时，也有义务将社会大众特别关注的实践内容，以学术研究课题的形式反馈给科学心理学进行研究。

（5）架设沟通国内外文化心理学的桥梁。在当代跨文化心理学与多元文化心理学运动的背景下，我们了解到，西方心理学与苏俄心理学、东方心理学、阿拉伯心理学等，实质上只是多元"文化心理学"中的一元，只是世界心理学的一个维度。西方心理学已经开始对自己的文化局限进行反思，一些西方心理学家，如荣格（Jung）、马斯洛等，很早就将目光转向东方文化，并从中获取营养，创建了自己独具特色的理论体系。

文化交流是当代心理学国际交流的重要形式。一方面，国外心理学家非常渴望了解中国文化，但像荣格这样直接翻阅中文文献的心理学家并不多见；另一方面，中国的实验心理学家大都紧跟国际前沿，从事的研究与文化关系不甚密切。沟通国内外文化心理学的重任，历史地落在了中国理论心理学家的身上（当然，实验心理学也可以做这样的工作）。事实上，中国理论心理学也的确有这方面的能力与优势。一方面，中国理论心理学有长期引进、介绍国外最新流派与理论的经验，对国外心理学理论方面的情况比较熟悉；另一方面，中国理论心理学研究者中有一部分对中国文化心理学有着深刻的了解，能在现代知识体系内将中国古代心理学思想系统地介绍到国外。因此，中外文化心理学的交流是中国理论心理学的又一重要的实践领域，也是今后中国理论心理学发展的重要方向。

综上所述，可以找出几位学者对理论心理学发展趋势的共同理解。

（1）实体理论的整合研究成为理论心理学发展的重点。从注重元理论研究向实体理论的整合探讨的转变，是目前西方理论心理学发展的重点。目前的心理学研究正处于一个发现与偏离、知觉与认知、实证主义与现象学、心理学与自然科学、历史与后现代主义等等的充满中度水平的理论的世界，因此，对心理学主题不断地重新思考，并不意味着用总体的、一般的和抽象的术语进行思考或者重新发明元理论。这也就意味着新世纪的理论心理学研究将转向具体的小范围的问题的反思上，转向实际的和可能的问题以及心理学如何能认识到这种差别的理论整合性学术探讨。强调多样化、连贯性和贡献的冲突性是理论心理学的新任务。心理学理论中最为迫切的问题是要拒绝那些总括的、整体性的研究，因为这一类研究对于心理现实只有微量的参考作用。如果企图通过理论化的一个简单转向来克服现代心理学发展中的所有困难与危机，是不现实且有害于理论心理学的科学形象的。

（2）后基础论运动方兴未艾，引领了当前西方理论心理学发展的新取向。当前西方理论心理学的另一个重要发展变化特点是，理论研究的后基础论运动趋势的日益高涨。其中社会建构主义的心理学观点尤为引人注目。最近几年，以格根（Gergen）为代表的后现代心理学观点——

社会建构主义，不仅在对现代心理学的认识论、方法论基础领域的批判方面颇有建树，而且在其建设性上也相当富有成效。社会建构主义者在认识论上提出了社会认识论这一新的理解方式。他们认为，心理学的概念、理论完全是社会建构的产物，心理学不是知识的客观性的积累过程，而是一种社会建构的结果。知识的建构过程是通过语言实现的，因此，语言规则是科学事实产生的语言前结构。语言本身是社会现象，其意义依赖于语境，语言规则包含着"文化生活的模式"。另外，当前心理学中的解释学、女权运动以及推论心理学等研究势力的日益扩大，也以间接的方式为西方理论心理学带来了有关学科的认识论和本体论方面的一系列重大问题，这些基础问题与心理学的实践和研究之间的关系形成了当前西方理论心理学研究的一个重要组成部分。

（3）研究方法的突破是理论心理学发展的新亮点。当前西方理论心理学虽然是以反思与批评心理学的"方法中心论"而起家的，但是其并非否定心理学实证方法的应用，而是主张理论与方法的契合性和多样性，同时也以方法来训练自己。近10年来，西方理论心理学在研究方法方面做出了许多积极的探索。例如，社会建构主义者提出要将话语分析方法作为心理学研究的基本方法。解释学心理学也以其独特的"解释的循环"研究程序而格外引人注目。理论心理学的研究在方法上的另一个突出成就是元分析技术的大量运用。此外，质性研究运动的日益勃兴也为理论心理学重新认识人的心理活动规律提供了新的方法工具。

（4）加强跨文化心理学理论研究。跨文化的心理学研究近些年来成为研究的热点，而西方理论心理学一直重视跨文化问题的研究。理论心理学的跨文化研究是西方心理学跨文化心理学研究热潮中的一部分，重点是探索不同文化包括不同国家、民族、宗教等背景下心理学之间的联系、沟通及其一般规律。作为理论心理学，其特殊的使命决定其应该加大对跨文化理论的研究，形成不同心理学理论并进行有机整合，从而建立一种大心理学观。随着世界一体化的加速，随着国际间政治、经济、文化、思想等交流的进一步加深，对于跨文化理论心理学的研究必将出现迫切的需求。

第二章 宏观元理论之一：经验主义

心理学的元理论是理论心理学的两大方面之一。关于宏观元理论的研究，有助于建立有影响力的整个心理学理论框架，实现心理学的统一和整合。在西方心理学史的研究中，回顾心理学的发展历程，经验心理学在心理学成为一门独立的学科之前曾享有很大的理论权威，经验主义（empiricism）曾是心理学的元理论基础。尽管经验主义存在一定的局限性，推动理论心理学陷入发展低潮，但不可否认，经验主义对心理学的发展影响深远，直接影响到科学心理学的研究领域、研究方法和基本理论问题。

在本章中，我们将了解经验主义的理论蕴含和哲学蕴含，认识经验主义的心理科学观和方法论原则，掌握经验主义的研究方法，以及清楚受经验主义支配的心理学流派等。

第一节 经验主义的理论蕴含

一、经验主义的思想主张

经验主义诞生于古希腊，是一种认识论学说，自它诞生之后，便不断地与另外两种学说发生时而激烈、时而缓和的冲突：一种学说是天赋论，认为知识是与生俱来的本性之观念；另一种是理性主义，认为一些基本真理是通过先验方式获得的，并主张只有理性推理才能建立最准确可靠的理论知识体系。经验主义则认为知识不是天生的，而是来源于经验，感觉又是经验的唯一来源，所以感觉经验才是知识的最终来源。

古希腊哲学家恩培多克勒（Empedocles）是倡导经验主义的第一人。他声称，人们是通过观察现实而认识现实的，并主张借助感官来证实常识的可靠性，由此引发感官机能的心理学理论。到了13世纪，亚里士多德（Aristotle）关于经验主义的思想主张逐渐获得关注，开始动摇新柏拉图式理性主义的统治地位。他认为人类认识的对象是客观外在的实体，需要依赖感觉经验才能完成这种认识，即知识源于感觉。这些思想体现了经验主义的主张和朴素唯物主义的倾向。

随着17世纪40年代英国资产阶级革命的爆发，欧洲进入了近代社会。英国资本主义不断发展壮大，促使自然科学取得突破性的发展，进而也影响了哲学的发展。近代哲学企图将最新的自然科学成果概括进来，并开始注重实验和归纳，以形成相应的认识论和方法论，进一步指导自然科学的发展。作为近代哲学心理学思想的主要理论形态之一的经验主义，尤其指近代英国经验主义，就是在这样的背景下形成和发展的，其主要代表人物有英国的弗兰西斯·培根（Francis Bacon）、托马斯·霍布斯（Thomas Hobbes）、约翰·洛克（John Locke）、乔治·贝克莱（George Berkeley）和大卫·休谟（David Hume）。

1. 弗兰西斯·培根

弗兰西斯·培根是英国近代唯物主义哲学家，经验主义哲学早期代表人物，近代归纳法的创始人，现代实验科学的鼻祖。培根强调经验观察对建立科学知识是至关重要的，科学来源于对事实中立的观察，从观察和实验获得的经验材料基础上，主张用科学归纳法认识自然界并形成规律的认识。

2. 托马斯·霍布斯

托马斯·霍布斯是近代英国经验主义和联想主义心理学的先驱。他继承和发展了培根的唯物主义经验论，坚持人的"观念""知识"来源于感觉经验，而感觉又是由于外物作用于人体感官的运动产生。当该外界物体停止作用、不呈现时，人体内仍然保留一些残余的运动，这就是记忆表象（memory images）。霍布斯认为，在人的大脑中起初是不存在概念的，这些概念是完全或部分地由感官产生。突出了经验主义的第一个标志思想：经验是知识的来源。经验主义第二个重要的思想就是联想。霍布斯对其进行了初步的描绘，他认为从感官获得的"观念""思想"并非杂乱无序，而是相互联系在思想的行列中。这些思想或观念之间的联系反映出最初感觉经验的联系。想象和思想的"序列"，也取决于外界刺激引起的感觉经验的顺序。霍布斯还清楚地区分了两种联想：一种是无指引、无计划、非持久的；另一种是有计划、稳定的，即自由联想和控制联想。

3. 约翰·洛克

约翰·洛克是英国近代唯物主义经验论哲学的集大成者，英国经验主义心理学的主要创立者，联想主义心理学的主要倡导者。他在其主要著作《人类理解论》（An Essay Concerning Human Understanding）中阐述了对天赋观念论的批判。洛克坚持"人类的一切观念或知识最终来源于经验"这一观点，对以勒内·笛卡尔（Rene Descartes）为代表的天赋观念论和以戈特弗里德·莱布尼茨（Gottfried Leibniz）为代表的唯理论提出质疑，并表明"天赋观念"是无法被证实的。某些观念由于很早就出现在生命中，以至于被误认为是天赋的。例如，人们均知道"2＞1"这个显而易见的事实，但不能证明人们对数字的观念就是天生的，只是人们在很早之前就已经习得。于是，为了说明人的观念是如何产生，洛克提出了"白板说"，认为人的心灵在出生时就如同一块"白板"，上面没有任何天赋的印记和观念，人们需要在后天经验的基础上获得知识，来不断填充、丰富这块"白板"。人的全部知识归根结底源于经验。

洛克认为，经验作为观念的来源可划分为两种类型：一种是外部经验，即由外界事物作用于人的感官而产生的感觉；另一种是内部经验，它是通过反省、反思自身的心理活动而产生的。外部经验是经验或观念的首要来源，其出现先于内部经验，人在出生后的初期，首先通过感官来体验和感受外界事物，形成外部经验，然后在感觉经验的基础上，才逐步对自己的心理活动进行反省，获得内部经验。总而言之，一切观念由感觉和反省产生，人的心灵包含感觉观念(ideas of sensation)和反省观念（ideas of reflection）。

　　洛克把一切知识归结为观念，为了阐释知识的构成，将观念划分为简单观念（simple ideas）和复杂观念（complex ideas），认为一切观念最终均可分解为若干简单观念。简单观念是非复合的、不可再分的最基本观念。来自感觉的简单观念有如黄、白、热、冷、软、硬、苦、甜等可感知的属性；来自反省的简单观念包括大脑的基本活动和过程，例如知觉、思维、怀疑、相信、推论、认识、意志以及人心灵的一切作用。而复杂观念则是由若干简单观念组成，是这些简单观念的混合物。例如，"树"是一个复杂观念，它可以被分解为树干、树叶、颜色、基本形状等简单观念。与简单观念相比，复杂观念是主动创造的，且不一定与真实存在的客观事物相对应，如"一个马头人身的生物"。这其中也涉及"联想"一说。在西方心理学史上，洛克首次提出"联想"（association）的概念，认为联想是观念的联合。复杂的观念是由人能动地将简单观念进行组合、比较和抽象，最终联合而成。

　　此外，洛克还从物体性质方面将观念分为两类：第一性质观念（ideas of primary qualities）和第二性质观念（ideas of secondary qualities）。二者区别在于是否对应客观事物中真实存在的特质。第一性质，指的是物体本身固有的属性，如体积、广延、形状、运动、静止和数量等，其观念与物体的第一性质的原型相似；第二性质，则非物体本身固有的，而是当客观事物作用于人的感官时，在头脑中产生的感觉或经验，是一种纯粹的主观现象，随主体的变化而变化，如颜色、声音、味道等。

　　综上所述，洛克的经验主义心理学思想对心理学发展起着重要作用，促使欧洲心理学从关注灵魂到关注经验，强调了经验是知识的源泉，观念作为知识的载体是经验的直接对象。

4. 乔治·贝克莱

乔治·贝克莱是近代西方主观唯心主义哲学的创始人，英国唯心主义经验论心理学思想的主要代表。他因提出"非物质论"和"视觉理论"而在思想史上知名，于1709年和1710年相继发表了两部著作：《视觉新论》（*New Vision*）和《人类知识原理》（*A Treatise Concerning the Principles of Human Knowledge*），均具有强烈的经验主义色彩。

在论及知识起源问题时，贝克莱仍继承了英国经验主义的传统，主张知识起源于感觉经验，也赞同洛克的观点，认为人的一切观念来自经验，是感知的直接对象。他以此作为探讨认识论的出发点，但却得出与洛克截然不同的结论，开辟了一条不同于洛克的唯物主义经验论的道路，即唯心主义经验论。首先，贝克莱将物和观念等同起来，他认为事物就是各种观念的集合。正如他所说的，事物本身具有许多性质。例如一个苹果通常具有圆形、红色、硬度、香气、甜味等性质，这些性质被人感知后形成观念，当这些观念相互联合一同出现时，人们便给予这组观念"苹果"这个名字。同样，当别的一些观念形成组合又可以构成一棵树、一本书等可感觉的事物。因此，贝克莱坚持认为事物的本身就是一组被感知的特质和观念，忽视了感觉与感觉对象、观念与事物之间的差别。其次，他还反对洛克将物体的性质区分为两类的做法，主张除了洛克所划分的第二性质的观念如颜色、声音、气味等是主观外，由于第一性质和第二性质是不可分割的统一体，则第一性质的观念如形状、体积、广延、动静等也同样是主观的，均存在人们的心中，所以根本没有所谓的第一性的质，所有的性质都是主观的。这进一步表明，贝克莱否认有独立于感知的客观事物的存在，即否认心理的客观来源，于是提出了"存在就是被感知"这一著名的哲学论断。对于贝克莱来说，我们除了自己的经验以外，其他什么都不知道。例如，当我们说"那里有只猫在地毯上"时，谈论的是已有的感觉经验，并非经验之外的神秘事物。实际上，"猫"只是我们拥有的某一组感觉经验的名字，而"地毯"是另一组感觉经验的名字。至于经验之外的客体，什么也不是。总而言之，外部世界是感知经验的集合，不是经验之外独立存在的物质。

贝克莱的视觉原理是知觉研究中的一个重要贡献，突出使用经验主义思想和联想主义的观点来研究空间知觉，尤其是研究深度知觉（也称距离知觉），阐明了复杂的知觉事实。就深度知觉而言，人们是如何判断事物的远近的呢？视网膜给人们提供的是一个平面的二维图像，有"上""下""左""右"，然而人们无疑是在三维空间中感知世界的，显然，单靠视觉无法直接获得第三维度，即深度。贝克莱认为，"距离"是经验的结果，深度知觉需依赖于经验，即依赖于视觉、触觉和运动觉的联合。人们通过伸手触及，使距离的概念逐渐与视网膜提供的因素相联系，当人们看到某物时，视觉印象和触觉记忆相结合，于是获得了该物体的第三维度。另外，人们在注视较近的物体时，两眼瞳孔间的距离会缩小；相反，注视较远的物体时，两眼瞳孔间的距离会增大。因此，人的心灵通过经验获知眼睛转动产生的动觉总是与物体的不同距离相对应，逐渐形成了习惯性联系。类似的，在看远近不同的物体时，水晶体会通过调节其形状使物像聚焦到视网膜中，这些调节变化伴随的眼肌活动感觉也与物体的距离形成了联系。除此之外，一个较远的距离与较近的距离相比，需要更大、更持久的身体运动才能到达，这种差异在肢体运动感觉中是很明显的。因此，人们可以依据这些感觉经验与视觉联合，形成深度知觉。

总之，贝克莱主张用联想的原理来解释心理现象的形成过程，强调学习和经验对形成观念的联合起至关重要的作用。

5. 大卫·休谟

大卫·休谟是唯心主义经验论心理学思想家，近代英国不可知论的著名代表。他注重研究"人的科学"，其代表作为《人性论》（*A Treatise of Human Nature*）（1739~1740）。休谟坚持在人的一切认识都根植于经验的基本假设上建立起自己的思想理论体系。他是贝克莱哲学的继承者，但同时又从贝克莱的主观唯心主义走向了不可知论。

休谟在研究人的经验时，受到物理学界原子论的影响，认为人的心灵由两个基本元素构成：印象和观念。二者在进入人的思想或意识时，存在生动程度和强烈程度的区别。相较于观念，印象是强烈、生动的知觉，也是经验的原始材料；而观念则是来源于印象的比较微弱、不生动的知觉，被称作是印象的"微弱摹本"。说明观念并非先天产生，体现经验主义的基本立场。休谟还采用了洛克对观念划分的方式，将观念进一步分为简单观念和复杂观念。面对诸如"印象是如何与观念形成联系？""如何形成复杂观念？""一种观念怎么引起另一种观念的产生？"等问题时，休谟在洛克和贝克莱描述了联想的事实作用基础上进一步探讨联想形成的机制与法则，他试图通过阐述联想过程来回答这些问题。

于是，休谟提出了三条联想形成的法则：相似律、时空接近律和因果律。相似律，指的是一个观念容易使我们联想到与它相似的观念，两个观念越相似，越容易形成联想。比如，我们在看一张照片时，会自然而然想起照片中的原物。时空接近律，指的是两个观念在时间或空间上存在连续性和接近性时，往往会形成联想。例如，我们谈到故宫，就会想到北京，因为故宫位于北京市中心。因果律，指的是如果某一事件（因）总是有规律地引起另一事件（果）的跟随，则人们会在两者间形成联想。比方说在我们受伤时，伤口让我们感觉到了疼痛，即使后来伤口痊愈了，当我们看到旧伤口或者想到伤口时，也会想起疼痛的感觉或疼痛时的情境。

然而，休谟认为一件事情发生的原因是无法绝对确定的，人们只能够通过总结有限的经验来获得某一事件发生的规律。他总结出，A引起B往往需要以下条件：第一，当A出现时，B会有规律地出现；第二，A先于B出现；第三，若A不出现，B也不会出现。A和B所谓的因果关系是人们经验到的时间先后接近的习惯性联想，不具有客观必然性。于是，休谟最后还是决定将因果律归并到时空接近律中，联想律由三条改为两条，构成观念联合的普遍原则。除了认为事件的原因无法绝对知晓外，休谟还强调外部世界是否客观存在也是无法解答的，人们只知道自己的感觉。人的认识、一切观念来源于印象，印象便是唯一的实在，而知觉是认识的唯一范围，知觉范围以外的一切是不可知的，所以我们无法断定感觉之外是否存在物质实体或如"上帝"等的精神实体。这便是休谟的怀疑论或不可知论的思想。

综上所述，休谟将经验主义贯彻到底，进而提出了不可知论的哲学主张，向以往哲学中的独断论发起挑战，也促使康德建立"批判哲学"。此外，休谟揭示了联想形成的规律，促进了联想主义心理学的发展，也直接影响着实证主义等一些西方心理学派的发展。

以上是经验主义的主要代表人物及其思想主张。经验主义在西方心理学的发展史上占据着主导地位，影响着西方主流心理学的发展方向。那么，我们如何理解经验主义的理论蕴含呢？

二、经验主义的理论蕴含

在经验主义盛行的年代里，经验观察是检验真理的唯一标准，一切理论都必须还原为经验命题，而受到经验观察的最终检验。理论概念本身没有任何意义，其意义在于证实的方法，依据逻辑实证主义的经验证实原则，所有的命题、陈述和理论观点都必须依据经验，从经验观察中提炼和抽取，任何理论概念表述的都必须是经验观察获取的事实和内容，只有能被经验观察证实和证伪，才是有意义的，否则就是无意义的和非科学的。行为主义排斥心理、意识等概念，强调概念的操作定义，所依据的正是这样一种经验主义的观点（叶浩生，2007a）。

在上述的经验主义思想体系中，心理学家对理论的理解是非常狭隘的。第一，理论是对事实的归纳和抽象。这是心理学家对理论最流行的看法。依据这种观点，理论不是独立存在的，它依附于事实，是心理学家在经过长期艰苦的事实收集之后的归纳整理工作。心理学家对所得到的经验事实进行分析和综合、归纳和抽象，从中概括出概念、定律和思想观念等一般性的原理，这些一般性的原理组合起来的体系就构成了理论的雏形。但是，由于理论是经验材料的归纳和概括，因而理论是或然的，没有必然的普遍意义。第二，理论是对事实的解释。科学的首要活动是经验事实的收集，但是经验事实是零散的，有时事实与事实之间存在矛盾与冲突，因此需要理论家来做"勾缝"的工作，找出经验事实之间的联系，解释矛盾与冲突的事实。在这里，理论成为艰苦的事实收集之后的"弥补性的"工作。第三，理论是实验假设的来源。实验作为经验观察的最高和最科学的形式，是经验主义最推崇的研究方法。但是心理学家在实验进行之前，总是首先具有某种假设，然后通过实验去验证这个假设，如果这个假设通过了实验验证，则成为某种真理性的认识，如果不能通过，假设则被抛弃。行为主义者克拉克·赫尔（Clark Hull）的假设—演绎理论体系所体现的正是这样一种观点。在这里，虽然理论假设在实验的设计中扮演了某种积极的作用，但是由于理论假设仍然是被经验证实左右的，因而同其他两种观点一样，都限制了理论本应发挥的能动作用，是对"理论"的狭隘理解（叶浩生，2007a）。

总而言之，上述观点的核心在于认为理论是被动的、消极的，是为经验观察所决定的。以这种观点作为研究的指导，必然轻视理论心理学的工作。

第二节 经验主义的哲学蕴含

受经验主义科学观的影响，西方心理学一直崇拜观察、实验等经验方法，并效仿自然科学的法则，极力争取成为一门自然科学，通过排斥或超越历史文化等因素来保证自己研究的客观性和普遍的适用性。那么，经验主义是如何影响西方心理学的研究取向的呢？这不得不从经验主义的哲学蕴含入手，其中包含主客二元划分、个体主义、元素主义、价值中立和实证主义。

一、主客二元划分

在经验主义盛行的岁月，西方心理学十分信奉经验主义，重视科学价值，并以自然科学作为自己的楷模。它在贯彻经验主义的过程中表现出了主客二元划分的观念。二元论是西方哲学的基本理论，也是现代科学心理学的根本性哲学基础，其中就包括了主客体二元划分的主张，即"主客二分"。主客二元划分，顾名思义就是在认识过程中主体和客体的截然分离。那么，什么是主体，什么是客体呢？叶浩生（2004b）在介绍主体和客体的二分法时指出，既然经验是一种精神的实体，那么在经验之外必然存在一个物质的客观实体，经验是对这一客观实体的反映、表征、描述或复制，通过经验实证方法，我们可以了解有关这两种实体的真实知识。彭运石认为，在心理学的研究中，心理学的研究对象，即人、人的心理和行为就被视为如同自然物一样的认识客体，而主体便只是反映客体的一面镜子（彭运石、谢立平，2006）。"主客二分"在主、客体相互区分和分离的基本立场上，强调主体的知识或经验应该绝对反映客观事物的特点，保证主体的概念和理论与外在客体之间存在一种一一对应的关系，并且无论是实验操作还是理论建构，均应彻底排除研究者的主观因素的影响，避免掺入个人的态度和情感、信念和价值等主观因素，做到价值中立，然后用观察、实验等客观研究方法，探寻现象背后的普适性规律。如此主张，是为了确保主体的概念和理论是科学的知识，期望在研究中获得的是具有普适性的客观真理。

与"主客二分"相对立的是"主客同一"，它主张心理学的研究对象（人及其心理和行为）有着不同于自然物的独特本质，倡导研究主体对研究客体的渗透、融合，并且使用与人的本质相适应的心理学研究方式，从而显现出心理学真理的人性本质。

显然，"主客二分"本质上是一种以"物"为中心的科学主义心理学方法论，根据上述内涵，可以归纳出如下七个特点。第一，表现出物理主义的世界观，或称作自然主义的世界观。"主客二分"认为人、人的心理和行为是自然世界或物理世界的一部分，表明研究客体具有"物性"以及有着某种先定的本质或运动规律。人类认识的基本任务就是通过揭示自然世界的本质与规律，以实现对自然物的预测和控制。第二，具有方法中心论的科学本质观。方法中心论认为，对科学而言，最重要的是它所使用的方法，而非它要研究的问题。为了在认识过程中获得客观真理，"主客二分"强调采用客观实证的方法获得自然世界或现象的本质和规律。可以看出"主客二分"对研究方法的重视以及对科学主义的追求，将客观、实证的科学研究方法奉为圣典。纵观科学心理学的发展，心理学从独立之日起，在走向成熟过程中，从只研究意识，到只研究行为，再到综合研究意识和行为等，心理学的研究对象和内容是有所改变的，而心理学的科学地位得以维护，是由于研究拥有了合乎自然科学要求的实证方法，并一直追求更为完善的科学研究方法。第三，坚持自然科学的研究取向。"主客二分"坚信人像自然物一样，是自然世界的一部分，坚持用自然科学方法研究人及其心理和行为，企图在超越历史和文化的完全客观的条件下发现心理、行为的普遍规律，以达到预测、控制人的行为的目的。显然，"主客二分"为了确保心理学能成为一门自然科学，于是以成熟的自然科学模式来规范心理学。第四，遵循逻辑主义原则。它认为知识总是存在某种必然性联结，知识活动本质上是逻辑思维的活动。对心理现象或外显行为的研究，不过是研究其逻辑结构和模式，以便揭示心理和行为等客观事物的逻辑规律。第五，遵循还原主义的原则。心理学研究的根本途径是将人的心理、行为分解为一些基本的元素，即有"物"的属性的客体；或将人的心理、行为归结为诸如物理、化学、生物过程等等的低级运动形式，接着通过元素来说明整体的性质，借助低级运动形式的规律来说明人及其心理、行为的规律。第六，遵循客观主义原则。首先，心理学的研究对象应该是客观、可操作的，即使将人的意识作为研究对象，也应从可观察和操作的外部刺激、外显行为着手；其次，研究的方法和程序也确保是客观实证的，并且采取价值中立的立场。坚持客观性是科学的唯一尺度，发现事物的客观真理乃科学的唯一追求。而心理学对客观性的追求，就是为了实现成为自然科学的理想。第七，基于因果决定论的理论解释框架。因果决定论相信自然界和人类社会中普遍存在因果关系与客观规律。"主客二元"认为，要找到人的心理、行为产生、发展的原因，就要确定刺激或事件（自变量）与心理、行为反应（因变量）之间的联系，找到背后的因果关系，实现对心理、行为的描述、预测与控制。总体看来，"主客二分"的七个特点其实是相互呼应的,都是服务于对科学主义的追求。

由于"主客二分"存在明显的科学主义取向,于是它在西方心理学的发展中始终引领心理学的主流,巩固心理学的独立地位,并积累了大量的事实材料。尽管如此,"主客二分"也存在一些弊端,值得心理学研究者考究。首先,由于人是复杂的个体,其本质是他自己活动的产物,具有实践性,除了拥有人的共同特点外,还具有个体身上多样化的个性特点,而自然事物一般是具有先天的自然规定的,所以将人看作是"物"未免有些不妥;其次,人的主观能动性、社会历史文化等因素未能纳入心理、行为的解释框架之中。另外,人和自然物既然不能简单随意地画上等号,那么适于人的特性的心理学研究原则和方法就不该遭到忽略甚至排斥。

二、个体主义

西方心理学中的个体主义认为,心理学的研究就是对个体心理的探究,强调个体心理的自主性和独立性,主张把人作为一个独立存在的个体去看待,忽略个体心理与社会文化的内在联系。在心理学的研究中,研究者只从个体本身出发去分析人的意识和行为,通过从有机体的内部或仅从直接的环境刺激去探寻个体的心理或行为的动因,而不考虑个体所处环境背后的政治、经济、文化、历史等社会因素,即忽视社会历史文化因素的影响。也就是说,个体主义是在无文化、反文化和超文化的情景下研究人的心理或行为的现象和规律的。

从德国心理学家威廉·冯特(Wilhelm Wundt)创立实验心理学之日起,这种个体主义思想倾向就已经存在了,并且一直伴随着西方心理学的发展。即使是社会心理学,也摆脱不了个体主义的思想倾向。叶浩生认为,西方的社会心理学在本质上只是一种放大了的个体心理学。社会心理学所关心的并非宏观的社会历史文化因素对人心理的影响,而是关注小群体、群体中的人际互动(叶浩生,1998b)。所以,社会心理学在研究群体时忽视了政府、政治体系、意识形态、生产力和生产关系、教育制度、宗教势力、风俗习惯等社会历史因素的影响，符合个体主义倾向的特点。而且西方实验社会心理学之父、美国心理学家高尔顿·奥尔伯特（Gordon Allport）认为，"从本质和整体上讲，没有一种群体心理学不是个体心理学"（Allport，1924）。

西方主流心理学在其基本观点和研究方法上大多显现了个体主义倾向。冯特在构建心理学理论体系时，把心理学分成个体心理学和民族心理学两部分。其中，个体心理学是以个人意识过程为对象，以科学主义为价值取向的心理学，即实验心理学，又称"内容心理学"。在实验心理学中，冯特考虑的是如何以实验条件控制内省，运用实验内省法寻找组成个体意识的心理元素。而民族心理学则以人类共同生活方面的高级精神过程为对象，他试图采用分析语言、神话、宗教、艺术、社会风俗、法律和伦理等社会历史产物的方法进行研究，体现了人文主义的价值取向。尽管冯特的心理学体系中包含了个体主义和非个体主义两种倾向，但体系中的两大部分向来是彼此孤立的，而且由于受到实证主义哲学的影响，人们更希望心理学能成为自然科学，迫使冯特把他的精力和研究的重点放在可以进行实证研究的个体心理上，以心理物理学的方法和生理学的模式来建构其个体心理学体系，使得个体心理学体系对日后心理学的发展产生重要的影响。到了后来，构造主义心理学家爱德华·铁钦纳（Edward Titchener）继承和发展了冯特的实验心理学的主要思想，坚持心理学的实验研究方向，把实验法应用于高级心理过程的研究中，探索意识经验的元素及其结合的方式和规律。其研究关注的是心理或意识内容本身，而非其意义或功用，对于文化的影响作用也丝毫不感兴趣，非个体主义思想倾向逐渐被泯灭。

行为主义心理学的个体主义倾向表现得更加明显。华生在构建自己的行为主义理论体系时，主张心理学的研究对象是行为，而行为又可被归结为两个最简单的要素，即刺激（S）和反应（R），以便进行客观的实验研究，因此，华生的行为主义又称为"刺激—反应心理学"，即S-R心理学。"刺激"指的是引起有机体行为的内、外部变化，具有物理和化学的属性；而"反应"是指构成行为的最基本的成分，即肌肉收缩和腺体分泌，显然也具有物理和化学的性质。所以，包括身体活动和心理活动在内的行为，只不过是由一些物理、化学变化引起的另一些物理、化学变化而已，于是华生的行为主义心理学就成为研究体内和体外物理化学变化的"自然科学"。这种"自然科学"在致力于分析刺激和反应时，往往会把社会文化背景作为无关因素加以控制。新行为主义者伯尔赫斯·斯金纳（Burrhus Skinner）认为，心理学应当是一门直接描述行为的科学，不研究行为的内部机制，主张从经验性资料着手，采用归纳法逐步进行科学的概括。对于在复杂的社会因素影响下形成的意识，斯金纳将其看成是"发生于有机体皮肤之内的私有事件"，这些私有事件同外部行为一样具有同样的物理维度。显然，以上行为主义心理学的研究均脱离了社会文化历史等背景，表明了行为主义是彻头彻尾的个体主义。

认知心理学也同样带有个体主义的烙印。它把个体的内部认知过程作为研究的焦点，使意识和行为统一起来作为心理学完整的研究对象。它着重分析认知操作，却把社会历史文化因素对认知操作的影响置于其关注的视野之外。总而言之，个体主义的思想倾向就是排斥对社会历史文化因素的考虑，只关注个体本身的意识和行为。

西方心理学中的个体主义倾向是心理学以物理学为楷模，追求自然科学化的必然结果。心理学自独立之日起，就出现了对自然科学的殷羡。为摆脱哲学的束缚，早期的西方心理学家对哲学一直存在着抵触情绪，总是试图以自然科学的模式建立心理学。而在摆脱哲学的过激情绪中，哲学与社会文化的广泛联系也被心理学家一同抛弃了。心理学家虔诚地以自然科学为楷模，力图以客观实验的方法取代主观思辨的内省；以公开的、可观察的行为取代复杂的心理和意识，或者以个体内部的生理中介物、生物本能冲动解释行为，或者以个体内、外部的物理化学变化分析行为反应，唯独置复杂的社会历史文化因素于不顾。心理学家不是把人当成活生生的、处在复杂社会影响下的人，而是模仿自然科学，把人当成"物"来进行研究，心理学因而成为一种个体主义的学科（叶浩生，1998b）。

那么，为什么心理学在研究中会将复杂的社会历史文化因素弃之不顾呢？一方面，可从心理学的哲学基础方面来考虑。心理学追求的自然科学模式是以实证主义作为哲学基础的，而实证主义是一种极端的经验主义，强调一切科学知识均必须建立在观察和实验的经验事实的基础上，于是西方心理学十分推崇客观实证的方法，尤其是实验法。实验法对实验条件要求严格，要求必须控制所有的变量，强调在严格控制的实验室条件下进行客观研究和实证分析。然而，社会文化等因素在实验室中是无法被控制和操纵的，更加无法被操作化和量化，为了保证科学研究的可信度和效度，在进行研究时只能将其弃之不顾。另一方面，自然现象是自然科学的研究对象，具有稳定性的特点，但心理现象则会因社会历史、文化条件的不同而改变。心理学研究在效仿自然科学模式时，对于自然现象和心理现象的特性差异欠缺考虑，把心理现象当作自然现象加以控制，由此把一切社会文化等外界因素的影响排除在研究之外。所以，西方心理学必然表现出了个体主义的倾向。

个体主义虽然有利于确立心理学的科学地位，但同时也导致了西方心理学中还原论观点的泛滥，例如构造主义的化学元素还原论、行为主义的生物还原论和认知心理学的机器还原论等。还原论主张把高级的运动形式还原为低级的运动形式，科学心理学坚持将复杂的心理现象还原为物理、化学和生物过程，试图用生物的、生理的或机械运动形式解释人的复杂的心理现象。若盲目进行还原分析，高级社会化的人就容易被视为低级的动物或机械的机器，并且使心理学的研究脱离了社会文化的现实，呈现表面化和低级化的结果，阻碍人们对心理和行为产生本质的正确认识。

三、元素主义

元素主义主张将研究对象分析成小的单位，用小的单位即元素来描绘研究对象，通过理解组成整体的元素来了解整体。元素主义的思想早在古希腊罗马时期就出现。亚里士多德运用"元素"这一概念概括了早期自然哲学中的一派理论，该学派的哲学家认为世界的本原应该是组成事物的不可分割的物理单元，这一学派就是古希腊早期自然哲学学派中的元素论学派，其代表人物正是提倡经验主义的恩培多克勒。恩培多克勒提出"四根说"，认为万物的本原是"四根"，多姿多彩的万物均由四种不变的物质构成，即水、火、土、气。该学派的思想从属于古希腊罗马时期的原子论心理学思想，原子主义者们主张一切物体均由无限小的原子构成，这一思想被物理学证明有巨大成果和贡献。随后，元素主义的思想主张在近代的哲学心理学中也有所体现。英国近代经验主义哲学家洛克认为，由感觉和反省得来的观念均是人们被动接受的简单观念，这些简单观念是基本的、不能分析的，而复杂的观念则是简单观念经由综合、联系和分离等作用联合而成。另一位英国近代经验主义哲学家贝克莱在此基础上认为，现实世界的知识本质上是简单观念（心理元素）的复合。总而言之，他们都认为复杂观念可以分析成一个个单位小的、基本的简单观念。

随着自然科学日益发展，心理学效仿自然科学的倾向也日益突出。在科学心理学建立时期，由于在当时自然科学中居于主导地位的是牛顿力学和元素化学，所以机械力学的"累加"观和化学元素的"化合"观成为科学研究的一种范式。自然科学始终坚持，丰富多彩的物质世界在本质上是由共同的元素组成，分析和发现这些元素，并确定其组合规律则是各门自然科学的一个主要任务。那时的心理学欲摆脱哲学的思辨，想加入自然科学的队伍中，于是接纳了自然科学的科学观和方法论，与此同时，心理学也接纳了上述元素论的基础假设，将分析心理或行为的元素，确定心理元素或行为元素的结构和组合规律纳入现代心理学的任务中。

实证主义对促成科学心理学的建立起着重要作用。作为西方心理学的一种主要方法论，实证主义为了贯彻经验证实原则，以实现对心理学的影响，它极力地主张原子论的思维模式，即把整体还原为部分，把理论还原为命题，把命题还原为可观察的事实。在这一思维模式里面蕴含着元素分析的原则，实证主义坚持将观察到的东西分析为最小的元素。

对于那些科学概念，恩斯特·马赫（Ernst Mach）主张把这些概念还原为它们的感觉基础，即感觉要素，以除去这些科学概念在发展过程中增生的形而上学的成分，便于对概念的发展进行研究。

　　许多心理学家也接受并遵循了这种元素分析的原则。元素主义在心理学的研究传统中源远流长，传统的心理学家们坚信人的心理是由许多共同的元素组成的，寻找出这些元素及其组合的规律就能发现心理活动的规律。实验心理学之父、德国心理学家冯特最早在现代心理学中提倡元素分析，他受原子论的思维方式的影响，把意识分析为元素，试图以意识元素的实验分析取代意识整体的哲学思辨。冯特还认为："既然一切科学始于分析，那么心理学家的首要任务就是把经验的内容分解成它们的基本成分"（车文博，1987）。他在创建心理科学时，就受到了当时自然科学中所残留的形而上学观点的影响，主张把心理现象分解为各个部分，孤立地对待和处理心理现象。于是，在开始研究心理学时，冯特便对心理学规定了研究任务：元素分析。他认为人的心理是可以而且必须进行分析，分析到最后不可再分解的部分或成分，便是心理元素，即感觉和简单的情感。在他看来，这些元素是构成一切复合观念、复杂心理的独立的要素（高峰强，2001）。

　　构造主义心理学家铁钦纳继承了冯特的元素主义的分析模式，他主张心理学的首要任务是把意识经验分析为最简单、最基本的元素。冯特认为基本的元素包括感觉和情感两种心理元素，而铁钦纳在此基础上再添加一个新的意识元素，即意象。换言之，人的一切意识经验或心理过程均由感觉、意象和情感三种基本元素构成。其中，铁钦纳最重视、研究最多的是感觉。感觉是知觉的基本元素，包含了由当时环境的物理对象引起的声音、光线、味道等经验。他还把冯特的注意及统觉也简化为感觉。铁钦纳声称，他发现了 44 000 种以上的感觉元素，其中包括 32 820 种视觉元素、11 600 种听觉元素、3 种消化道感觉以及肤觉、味觉和动觉各 4 种。另外，意象是观念的基本元素。铁钦纳认为意象也是一种基本的心理过程，与感觉相似，却明显和感觉分开，这种心理过程一般出现在感觉刺激出现前或消失之后。再者，情感是情绪的基本元素，表现在爱、惧和忧愁等经验之中。总体上，在铁钦纳的思想主张中可看出，意识作为整体的性质消失了，意识元素的分析完全取代了整体心理现象的探讨。

尽管行为主义抛弃意识心理学，反对冯特和铁钦纳关于研究对象与研究方法上的主张，但是却赞同他们的元素主义的观点，坚持元素主义的立场，在方法论上沿用过去的元素分解、归并还原的思维模式，强调对心理现象进行元素分析。华生主张将行为简化为元素，以更加清楚地了解和研究人的行为。他认为，在任何一个心理学问题上要做实验的研究，必须首先把它减缩到最简单的形式。如果把人类行为中的问题和我们实际的事例浏览一遍，我们将发现人类动作的一切形式中都有些共同的元素存乎其间，而每个适应里永远有一个反应或动作和一个引出那个反应的刺激或情境（雷玉琼、许康，2002）。显然，华生将行为分析为刺激和反应，而反应可以进一步被分解为肌肉收缩和腺体分泌，似乎肌肉收缩和腺体分泌的物理化学性质可以解释复杂的社会行为。不管对简单的反应还是复杂的行为，华生要做的工作就是用条件反应"S-R公式"对其加以分解或解释。

现代认知心理学可谓是科学主义心理学史上的第二次革命，它将"意识"重新拾起，并纳入心理学的研究范围里面，这使得现代认知心理学与行为主义相互抵触，格格不入。但是，现代认知心理学赞同行为主义心理学的元素主义观点，依然继承了元素分析的传统，其代表人物赫伯特·西蒙（Herbert Simon）曾指出，认知心理学也认为复杂的现象总要分解成最基本的部分才能进行研究（雷玉琼、许康，2002）。现代认知心理学同意行为主义范式中的一个重要方面——原子主义、联想主义和经验主义的假定，其原子主义的假定反映的是元素分析的主张。

纵观上述现代西方心理学的思想主张及其发展可知，在实证主义方法论的影响下，心理学家皆以研究的客观性为追求的目标，把意识和心理现象分解、归并、还原为某种低层次的、易于把握的可观察的事实和资料；或进行元素实验分析；或把高级心理过程归结为某种生理的、生物的、机械的附属物，对于意识整体的研究却被忽略了。心理学家首先把意识还原为某种低层次的活动，然后割取意识的一个小块或碎片，从事着互不相关的研究，其结果是：一方面，心理学积累了大量的事实和资料；另一方面，这些事实和资料缺乏一个整体的框架和联系，以至于心理学处在一种恶性分化和破碎分裂的危机之中。而造成这种危机的罪魁祸首当推原子论的思维方式（叶浩生，2003a）。机能主义心理学、格式塔心理学和人本主义心理学根据心理现象的整体性被忽略的弊端，批判了科学主义心理学的原子论思想或元素主义的主张。

四、价值中立

"价值中立"，顾名思义就是强调在研究中确定了研究对象之后，必须以客观、中立的态度进行观察和分析，坚决抛弃任何主观的价值观念，从而保证研究的科学性和客观性。早期经验主义者、现代实验科学的鼻祖弗兰西斯·培根曾提出这样的一个观点，"科学始于对客观事实的中立观察"。对于培根来说，科学调查中最重要的早期步骤就是需要从研究者的头脑中移除一切预先存在的信念和期望，以便于科学家能够做到仔细和没有偏见地观察，确保观察到的东西是真正看到的、纯粹的和未受污染的。另外，在近代经验主义哲学家休谟的哲学理论中也可以找到"价值中立"的影子。休谟主张"事实与价值二分"，严格地区分这两类命题。第一类是事实判断或事实陈述，它只关心事实的真相，回答的是"是不是"问题，有真伪之分，非真即假，所以，通俗地讲，这类命题就是"是"与"不是"的命题，其表达形式诸如"事情是这样的"或"事情不是那样的"。第二类是价值判断或价值陈述，它只在乎价值的问题，关心事情应该如何，回答的是"该不该"问题，即"应该"与"不应该"的命题。价值判断可用以规范人们的道德行为，其表达形式如"你应该这样做"或者"你不应该那样做"。休谟认为，在价值领域中没有真伪可言。总之，事实判断从属于精确的科学领域，指明观念与事实是否相符；而价值判断则相对应的是内心的情感、意志和动机，指向人文领域。休谟认为，这两类命题并没有逻辑联系，事实与价值之间存在难以跨越的鸿沟，事实判断不可能独立地推导出价值判断。顾名思义，在进行事实判断时，不应掺入价值判断，事实与价值应是对立的。

　　属于现代西方哲学学派之一的实证主义受到近代经验主义哲学，特别是贝克莱和休谟的唯心经验主义的影响，沿袭着休谟的"中立"立场，进一步把"感觉"本身中立化，发展了世界感觉经验化方面的内容。例如，实证主义哲学必须遵循的实证原则由奥古斯特·孔德（Auguste Comte）首先提出，他强调经验是知识的唯一来源和基础，主张一切科学知识都必须建立在来自观察和实验的经验事实的基础上。从实证原则出发，他认为科学研究的任务应该是客观地、精确地描述一切可能观察到的事实，通过探寻不同现象之间的稳定关系，指出支配事物运动变化的一般规律，达到合理预测和控制自然的目的。尽管孔德从未提及"价值中立"这一术语，但他在阐述实证主义原则的过程中，强调科学研究应避免主观偏见，而保持"价值中立"的信念，同时也为"价值中立"创设了一定的前提条件。接着，马赫的"中性要素说"在主张"感觉经验是认识的界限和范围"的基础上，强调了人的经验应该是中性的感觉要素，既非物理（客观）的，也非心理（主观）的。然后，逻辑实证主义者石里克（Schlick）认为，一个思想家在进行哲学研究时，应该只对追求真理满腔热忱，否则他的思想就容易陷入被感情引入歧途的危机中。他指出，一切严谨求实的科学研究的首要前提就是客观性，而研究者的意欲、希望和顾虑将会把研究的客观性破坏。也就是说，私有的主观体验有损于科学的自主性和客观性发展。为了摆脱"自我中心的困境"，石里克主张有一种"无主体的""中立的"经验存在。总而言之，实证主义极力提倡科学研究的价值超越性，并且其研究方法明显是在效仿自然科学。为了追求客观性，实证主义必然会提出"在研究中要保持价值中立"的要求，主张研究者应该是超然的，运用中性的语言，以及不以价值系统为转移的研究方法，不带价值判断地揭示社会现象和行为的规律。

　　在经验主义盛行的年代，经验主义哲学中，"价值中立"的态度和立场在心理学领域有所体现。心理学中的"价值中立说"突出表明了为获取客观真理，探究意识、行为的事实和规律，心理学必须保证其研究的客观性，包括研究方法、程序和结论等。所谓的事实与规律具有一般、普遍和抽象的特征，并且不受社会政治、经济、文化和历史等因素的影响，因而为达到获取真理的目的，心理学的研究应排除个人的任何情感、态度、价值观和主观倾向，不作价值判断或价值评价。例如，艾宾浩斯（Ebbinghaus）打破前人研究的限制，最先用实验法来研究记忆。由于记忆是一种高级心理过程，受多种因素影响，在研究记忆的实验过程中，更是存在诸如意义联想等各种人为影响因素，于是，艾宾浩斯创造性地利用无意义音节作为实验材料，试图找到记忆的一般机制，排除了人为因素的干扰，这无不体现了艾宾浩斯对"价值中立"的信奉。构造主义心理学派的代表人物铁钦纳坚决认为心理学是一门纯科学，研究的内容应该只针对心理或意识内容本身及其实际存在，不应涉及其意义或功用，他明确表示，科学仅涉及事实，而非价值、意义和功用。也就是说，科学本身的任务仅在于发现事实、确定真理，科学中不存在好与坏、有病与健康、有用与无用之分。可见，铁钦纳将心理学看作是纯科学，突出表现了心理学在研究中不含个人主观倾向、价值观念和价值判断的客观性特征。华生的行为主义将心理学的研究对象指向客观行为，认为人的行为也是客观的自然现象，反对用主观的内省法进行研究，代之以客观的研究方法，即对行为进行客观的严格的实验研究，要求实验者秉持价值中立的态度进行外在观察，并据此描述其经验事实，以期将心理学改造成一门自然科学。斯金纳的立场比华生更激进，他坚持极端客观的行为主义立场，遵循科学的描述原则，坚持描述行为而不解释行为的原因，主张只研究那些可以被客观观察和实验证实的东西，其追求的客观性使得"价值中立"的倾向贯彻在整个心理学的研究过程中。信息加工认知心理学在否定行为主义的研究对象的基础上，又对其追求实证性和价值中立的研究方式表示认同，继承和发展了行为主义在研究方法上的客观性原则。信息加工认知心理学家将人的内部心理过程和行为统一起来进行实证考察，还创造性地使用最具时代意义的计算机模拟法进行研究，促进心理学的科学化进程。高峰强认为，现代认知心理学家试图通过计算机模拟，来揭示人脑的信息加工过程的事实与规律及人的认知结构，并以此推演出一般的、抽象的和普遍的定理与结论来，似乎所揭示的事实与规律，不受社会、文化、历史和政治、经济等因素的影响与制约（高峰强，2000）。总之，坚持"价值中立"立场的心理学家为保证研究的客观性，在探索意识、行为的事实和规律的过程中，应避免受到研究者的主观态度、情感和价值观等因素的影响，进而找到不受任何文化影响的一般心理机制。

然而，"价值中立"也遭到了诸如人本主义心理学家和后现代心理学家等人的抨击。他们认为，在心理学的研究中严守"价值中立"的立场，摆脱任何社会历史文化因素的影响，排斥任何哲学信念和价值观的指导作用，只会导致心理学家局限在个体的内部或直接的环境刺激上解释意识和行为，使得人的心理无法被完整地、准确地理解。另外，人的价值追求也得不到科学的论证和支持。叶浩生表示，事实上心理学的研究不仅受到社会文化历史条件的制约，同时也通过其研究成果服务于一定的社会目的，为特定的社会阶层和特定的意识形态服务（叶浩生，1998a）。若一味追求"价值中立"，进行"纯粹"的实证研究，只会扩大研究解释中的欺骗性和不真实性。

五、实证主义

1. 实证主义的基本内涵

随着 19 世纪自然科学不断取得成功，科学被认为具有回答一切问题、解决一切问题的能力，学术界对科学的重视催生了"实证主义"这一哲学思潮。与形而上学哲学相对立，实证主义强调用实证精神来改造或统一各门科学，反对用思辨的方法来研究传统的哲学问题。

实证主义（positivism）源于实证科学，是法国哲学家孔德于 19 世纪 30 年代首创的一种哲学体系。究其思想渊源，它是对 17 世纪以来欧洲哲学中一直存在的经验主义传统的继承。尤其是贝克莱和休谟的唯心主义经验论以及牛顿的机械论哲学,均强调了把人的知识限制在可直接观察的范围以内的认识论,体现一种实证精神,直接促成了孔德创立实证主义哲学。孔德认为,经验是知识的唯一来源和基础,主张一切科学知识都必须建立在来自观察和实验的经验事实的基础上,这是实证主义哲学必须遵循的实证原则。然而,在不同历史时期,实证主义哲学前后表现出三种不同的形态。第一代实证主义是孔德首创的激进实证主义,其强调科学的资料必须是社会的公开的事件,是可证实的事实。第二代是以马赫和阿芬那留斯(Avenarius)为代表的经验实证主义,即马赫主义,强调了主观经验。第三代则是以维也纳学派为代表的逻辑实证主义,其强调直接经验与间接经验、演绎与推理、逻辑与证实相结合。

孔德认为人类思辨的发展先后经过了神学阶段、形而上学阶段和实证阶段。就"实证"一词的词义,孔德揭示了其五层意思。第一,是真实的,与虚幻相反,即注重研究人们智慧真正能及的事物,撇开无法渗透的神秘事物。第二,表示有用的,与无用相对。它在哲学上提示着,一切健全思辨的必然使命均是为了不断改善个人和集体的现实境况。第三,是肯定的,与犹疑相对立,即善于自发地在个体中建立合乎逻辑的和谐,在整个群体中促成精神的一致,而不像古老的精神状态,必然会引起无穷的疑惑和无尽的争论。第四,是精确的,与模糊形成对照。它指的是真正哲学精神的恒久倾向,即处处都要赢得与现象的性质相协调并符合人们真正需要所要求的精确度,而旧的推论方式则必然导致模糊的主张。第五,作为否定的反义词。它表示着现代真正哲学的一个突出属性,也表明了其使命是组织,并非破坏(奥古斯特·孔德,2001)。所谓实证精神,就是按照"实证"词义的要求对自然界和人类社会作审慎缜密的考察,以实证的、真实的事实为依据,找出其发展规律;而所谓的实证科学,就是把实证精神推广到哲学研究上去。实证主义哲学的思维逻辑就在于:可证实的东西一定是相对公众的,非个人的;表现于外的,而非表现于内的;是外部观察经验,而不是内省的(高觉敷,1995)。

孔德倡导的实证主义能够给人们提供精确有用的知识,因为这些知识必须是以可观察、可证实的经验为基础的。他认为,一切科学的知识必须来自外部观察经验,是公众公开的事件,是可证实的事实。个人的意识内省所得来的知识是不可靠、非科学的。而科学的任务在于只描述一切可被观察到的事实,并非解释现象,然后揭示事物的一般规律,回答"怎么样"的问题,而不是"为什么"的问题,从而达到预测和控制自然的目的。显然,孔德极力倡导实证研究,并且否定内省法的价值。总之,实证主义可以看作是一种反西方传统思想的运动,既反对宗教义理,又反对形而上学,主张以具体事实替代抽象观念,其目的在于以科学取代哲学,这是一种超出神学和形而上学的新理论,是一种科学的哲学。

继孔德之后,马赫在遵循实证主义原则的基础上,对实证论进行了改造,并提出了作为科学哲学的激进实证主义观点。他坚持休谟的彻底经验论的立场,把人类的意识看作是一种感觉的集合,超出这个集合进行研究会犯形而上学的错误。也就是说,感觉经验是人类认识的界限,人的认识不能超出感觉经验之外。例如,马赫坚决不相信原子的存在,因为没有人看到过它。除非理论与经验发生联系并用于做出预测,否则应当回避理论。在这点上,马赫比孔德显得更为极端,他认为在现象和经验之外,完全不存有本质和实在。他还指明,世界第一性的东西既不是物质也不是精神,而是感觉经验。人的经验被看作是中性的感觉要素,既非物理(客观)的,也非心理(主观)的。而一切研究就是探究这些感觉要素的联结方式和联系规律。马赫认为,科学的对象是感觉,科学的目的就是对感觉进行经济的整理、联结,除此之外,别无其他。但是,许多科学概念在其发展过程中增加了形而上学的成分,而除去这些增生成分的最佳方法就是把这些概念还原为它们的感觉基础,即感觉要素,以便研究概念的发展。综上,马赫把实证主义看作是一种认识论、一种以澄清科学命题为己任的科学哲学,使实证主义的含义从世界观转向了方法论,由此更容易为心理学所用。与马赫站在同一立场的还有阿芬那留斯。他否认物质世界的存在,宣称:"只有感觉才能被设想为存在着的东西",主张"清洗掉"康德哲学中经验的唯物主义因素,认为科学只是用来"最经济地"描述感觉。他还认为生命系列有两种：一种是独立的系列，它发生在神经系统之内，是物理学的；另一种是非独立的、依存的系列，属于心理学。

逻辑实证主义形成于20世纪20年代，在20世纪30年代开始流行于西方的一个哲学流派，其核心是以石里克和卡尔纳谱（Carnap）为代表的维也纳学派。他们强调以科学为模式、以逻辑为手段、以物理学为统一的语言，彻底改造哲学，使哲学完全成为一种科学的哲学。作为第三代实证主义，逻辑实证主义是在孔德和马赫的实证主义与形式逻辑相结合的基础上形成的。一方面，其基本的经验主义态度和实证精神与前两代实证主义一脉相承；另一方面，逻辑实证主义的产生与20世纪初自然科学的发展，尤其是与物理学、数学、数理逻辑的发展及其重大突破分不开，它深受罗素（Russell）和维特根斯坦（Wittgenstein）的逻辑分析思想的影响。于是，逻辑实证主义相比于前两代实证主义有了新的发展。它同样拒斥形而上学，但却首次把形而上学问题看作是语言问题，而非事实问题，认为形而上学不具有认识意义。逻辑实证主义继承了休谟区分"关于观念关系的知识"和"关于事实的知识"的思想，主张有认识意义的命题只有两类：分析命题和综合命题。前者是一种逻辑命题，其真假取决于它的形式本身，依靠形式逻辑判别；后者是一种对"事实"有所陈述的经验命题，其真假必须依赖经验来确定。然而，形而上学命题并不属于这两类命题，因而被认为是没有意义的伪命题。逻辑实证主义者相信，通过对语言进行逻辑分析，确保命题符合逻辑句法，就可以从一切命题中清除形而上学。此外，逻辑实证主义强调以"经验证实原则"作为判定命题意义的标准，即一个命题的意义就是证实它的方法。该原则表明，一个命题是否有意义取决于此命题是否能被经验证实或证伪。石里克指出，这里所说的"证实"是"可能的证实"，强调命题的可证实性而不是得到证实，即检验命题的意义标准在于是否有被证实的可能，修正了孔德的完全证实的观点。卡尔纳普赞同石里克的"经验证实原则"，并进一步提出两种证实方法："直接证实"和"间接证实"。他认为，一个不能直接证实的命题，可以在直接经验的基础上，通过对已证实的命题进行演绎推理，或者对植根于观察的事实进行推理等间接证实的方法来证实，也是可以接受的。

2. 实证主义对心理学的影响

从19世纪后半叶开始，实证主义作为一种方法论一直深刻影响着西方主流心理学的发展方向，推动心理学自然科学化的进程。其中，冯特的实验心理学或内容心理学最早开始将实证主义精神吸收到心理学中；接着，马赫和阿芬那留斯的经验实证主义影响着铁钦纳的构造主义；孔德和马赫的实证论也影响着包括华生的古典行为主义以及斯金纳的操作行为主义在内的激进行为主义；而维也纳学派的逻辑实证主义则指导着包括托尔曼（Tolman）的目的行为主义和赫尔的逻辑行为主义在内的新行为主义；现代认知心理学研究的客观性和精确性特点同样也符合了实证主义的要求。

叶浩生认为，实证主义对心理学的影响主要通过"经验证实"和"客观主义"这两条方法论原则起作用（叶浩生，1998a）。经验证实原则，即要求所有的概念和理论均必须立足于可观察的事实，能被经验所验证。客观主义原则，则要求在认识的过程中严格区分主体和客体，即认识论意义上的认识和对象的区分，要求主体的概念和理论与客体之间存在对应关系，并能客观地反映客观事物的特性，而不掺杂个人主观因素。此外，实证主义对心理学的方法论意义，主要体现在：它强调研究对象的可观察性，符合科学对象的客观性要求；它还强调以实证方法为中心，追求科学精确性或定量性的目标，由此巩固了心理学的科学地位；它坚持元素分析的原则，通过简化复杂的心理现象，以深化对心理的认识；它主张还原论，有助于了解心理的生理机制；它将心理任务规定为描述，以反映事实前后相继和类似关系。

尽管实证主义对心理学产生了深刻的积极影响，促进了心理学的独立和发展并推动了心理学的自然科学化进程，但与此同时它也使心理学的发展陷入了困境。第一，在实证主义的"经验证实"和"客观主义"原则的指导下，心理学家只关注可外部观察的客观心理现象，而忽略人的主观体验，否定了心理的主观属性，使得心理学的研究与人们的实际需求不相干，从而导致表面化和低级化现象出现在研究中；第二，由于过于强调方法的科学性，致使心理研究忽略了人特有的心理现象；第三，坚持还原论和元素分析不利于从整体上把握人的心理，也容易忽视心理现象特有的性质；第四，实证主义十分重视定量研究，割裂了心理的质和量的统一；第五，鉴于它强调心理学的任务是描述而反对解释，科学的价值便遭到了贬损；第六，它过分强调客观方法，而否定了主观方法，因此背离了心理学对象的特点。总之，在实证主义盛行的时代，重实证研究而轻理论建设，与实证主义的原则相背离的理论心理学面临着衰落的命运。

第三节 经验主义的心理科学观与方法论原则

一、自然科学取向的心理观

心理科学观，即心理学的科学观，是心理学的理论前提和逻辑起点，它实质上是指心理学家对心理学学科的总体理解和把握，包括对"心理学是什么"以及"科学的心理学又是什么"等的基本认识和理解。显然，它决定着心理学的学科性质；决定着心理学家对心理学研究对象的理解以及对研究方式的确定；决定着心理学的干预方式和应用技术。心理学家持什么样的心理科学观，就会具有什么样的方法论或心理学理论。心理学家所制定的研究目标和采用的研究策略均能体现其心理科学观。

1. 自然科学的心理科学观的内涵

那么，经验主义支配下的心理学主张的是什么样的心理科学观呢？西方心理学自摆脱哲学的母体而成为一门独立的科学之后，直接继承了西方近代自然科学的科学观。当然，在心理学成为独立的科学以前，古希腊罗马时期的原子论心理学思想和近代英、法两国的经验论心理学思想均展现了自然科学的价值取向。事实上，自然科学的心理科学观便是科学心理学所主张的经验主义的心理科学观，它以实证主义这一极端的经验主义作为哲学基础，指导着心理学朝客观化、精确化的方向发展。

自然科学的心理科学观，表现为心理学研究的科学主义取向，它强调了心理学的自然科学性质。通过这种心理科学观，心理科学接受了传统自然科学中的物理主义的世界图景，采取了传统自然科学中的实证主义的研究方式。于是，心理学的研究对象——人的心理及行为便被类同于其他的自然现象，也属于客观性和机械式的存在（葛鲁嘉，1996）。此外，自然科学的心理科学观还提倡心理学研究者与其研究对象应保持分离状态，确保研究者以客观的姿态，避免携带主观臆想的成分，采用客观的研究方法对研究对象进行研究，并且进行客观的理论抽象，以期获得心理学家所公认的客观知识体系。在自然科学的心理科学观的影响下，心理学在研究中出现了自然主义的心理科学模式。叶浩生认为，依照这种科学模式，心理学的知识、心理学的原理和规律，应该像自然科学的事实、原理和规律那样，是独立于任何文化和历史影响的。从自然主义模式的角度来看，心理学的研究是一种对"事实"的客观探讨，不掺杂任何主观的价值因素；心理学的任务就是发现不受任何文化历史影响的、一般的、抽象的和普遍的心理机制（叶浩生，2003c）。

根据上述描述，可以归纳出自然科学的心理科学观大致有以下三点内涵。

（1）强调研究对象具有客观性。自然科学只对能够被观察和被实验证实的经验感兴趣，这一原则当然会被一心追求成为自然科学的心理学所看重。于是西方心理学一直把心理现象看作是心理学的研究对象，认为心理现象与自然现象同样是一种客观实在，能够被感官所观察、验证；能分解成若干要素；能把复杂的心理活动还原成简单低级的物理或生理现象。当然，对心理现象的研究需确保两个前提：一是作为观察者和中立者的研究者（主体）与研究对象（对象）是绝对分离的；其二是研究者必须是通过感官来观察研究对象，不加入任何主观思想的推断，由此突出研究对象的客观性。

（2）把研究目标设定为努力把心理学建设成为一门精确的、客观实证的自然科学，并探索出不受任何文化历史影响的、一般的、抽象的和普遍的心理机制。心理学一直以来都十分崇拜自然科学，在研究中极力效仿自然科学的法则，期望能够成为像物理学一样的自然科学。

（3）采用经验实证方法。为了实现心理学的研究目标，研究者们主张采用经验实证的方法对研究对象进行探索。由于科学心理学认为，科学所提供的知识必须能够被人的感官和逻辑所证实，并且坚信从自然科学研究中总结出来的实证科学方法是获得真理的唯一有效的方法，因此，科学心理学主张把实证的方法，如实验的方法、测验的方法、数学的方法、统计的方法等运用到心理学研究中，以树立自己的科学形象，保证心理学的科学性。

2. 自然科学心理学的特点

自然科学的心理科学观具有客观主义、个体主义、平等主义、方法中心和因果决定论等特点。

（1）客观主义。主张把心理学的知识（客体）与拥有这一知识的研究主体分隔开，心理学的研究只是探讨意识和行为的规律和事实，不涉及如个人的情感与态度等任何主观倾向和价值观念，保证心理学研究的客观性。

（2）个体主义。主张把人看作是一个孤立存在的个体，研究意识和行为时，是从个体本身出发，而非考虑个体所在环境的政治、经济、文化、历史等社会因素的影响。

（3）平等主义。即抛开文化、历史、时间、地点的差异性去寻找适合每个人的一般的、普遍的、抽象的心理规律，企图像在自然规律面前"人人平等"那样，在心理规律面前也要做到"人人平等"。

（4）方法中心。强调区分科学与非科学的关键在于研究问题时所使用的方法，并非研究的问题。方法被视为是科学的全部，在心理学的研究中，主张以实验和测量等实证方法为中心。

（5）因果决定论。心理学试图效仿自然科学的因果决定模式，确定心理与行为的因果决定机制，通过控制心理和行为的变量，以达到预测、控制行为的目的。

3. 自然科学的心理科学观对心理学的影响

自心理学独立之日起，自然科学的心理科学观就影响着心理学的发展方向。科学心理学自冯特起，为了反对旧的思辨的形而上学心理学，就以物理学、生理学和化学等自然科学为模板，将心理学打造为自然科学的分支。它遵从17世纪以来流行于物理学等学科中的数学和机械观点，将世界视作遵循物理规律的自然物的世界，力图通过客观的实验研究，来发现自然物的成分以及运转规律。构造主义心理学家铁钦纳将冯特内容心理学的观点推向极致，认为心理学类似形态学，它通过"活体解剖"的工作，来发现心理的元素及其结合规律。行为主义者华生明确宣称："心理学纯粹是自然科学的一个客观实验分支，它将人的活动及产物作为主题"（Watson，1919）。他将研究对象只限定在可以观察的行为范围内，排斥对意识的研究。认知心理学虽然实现了心理或意识的复归，仍然将可客观操作的信息作为研究对象，来发现其中的运转规律（方双虎、郭本禹，2011）。

总的来说，在自然科学的心理科学观的支配下，心理学采用自然科学的模式来规范其研究，促进其成为一门独立的科学，推动心理学朝客观化和精确化的方向发展，以获得实证科学的地位和尊严。但这种心理科学观也存在不足的地方。譬如，由于自然科学的心理科学观本质上是一种机械论的世界观，导致其忽略了人在科学中的地位和意义，不能很好地掌握心理原本的面貌，限制了心理学家的眼界和胸怀，阻碍了心理学的进一步扩展和深入，使心理学研究陷入困境。

二、经验主义的方法论原则

在自然科学的心理科学观的指导下，经验主义心理学的方法论同样采纳了自然科学取向。威廉·狄尔泰（Wilhelm Dilthey）曾在分析"自然科学"和"人文社科"这两个方法论的区别时，对自然科学取向的心理学方法论做出如下描述：自然科学立足于观察；自然科学领域与日常或常识经验领域有不可逾越的鸿沟；自然科学主张进行还原分析并用实验来证实假设；自然科学将发现规律作为自己的首要任务；自然科学对价值判断不感兴趣。而自然科学取向的心理学就是将这些自然科学的研究模式引进心理学中（高峰强，2001）。总而言之，自然科学方法论取向主张把心理现象的自然特质一面视为自己的研究对象，或者相信人是自然的一部分，就像机器或动物一样的客观存在，强调研究对象具有可观察性；采用自然科学实证的方法研究经验要素及其复合，并在一个超越历史与文化的普遍化框架内揭示心理现象的规律和机制，确保学科知识的客观性与精密性。

以上述自然科学方法论取向为基础，科学心理学遵循的经验主义方法论原则包括客观主义和经验证实两个原则。

1. 客观主义原则

客观主义，根据其最基本的主张可知，它实质上是关于"客体"（object）的研究。若想理解客观主义原则的内涵，就需要搞清楚什么是"客体"，什么是"主体"（subject）。"客体"是研究者心灵的"客体"，也就是说，有意识地进行实践和认识活动的研究者是主体，而客体指的是主体认识活动的对象，即研究对象。主体之外存在着不依赖于主体而存在的客体，简言之，客体是独立于主体的存在。在知晓主、客体之后，我们再来关注客观主义原则。

客观主义原则强调认识过程中主体和客体的分离，主体的知识应该绝对反映客观事物的特点，不掺杂个人的态度和情感、信念和价值等主观价值因素，换句话说，在主体的概念和理论与外在客体之间必须有一种——对应的关系，否则这些概念和理论就不是科学的知识（叶浩生，1998b）。具体而言，客观主义原则，表现在把心理学的知识和拥有这一知识的主体分隔开，避免二者相互融合、渗透，明确心理学研究所探讨的只是意识、行为的事实和规律，而主体的意识观念、情感态度和价值偏见均存在于这一研究过程以外，所以，主观因素不能，也不应该对研究结果产生任何影响，由此确保心理研究获得的成果和结论具有普遍性意义。不难看出客观主义原则包含了"主客二分"的主张和"价值中立"的立场。

此外，在遵循自然科学方法论取向的基础上，客观主义原则还强调了心理研究应像自然科学研究那样突出其"客观"的特点，表现在其研究范围和研究对象只限于可观察证实的对象；研究中采用的客观实证方法具有可观察性、共证性、重复性和中立性，可以有效剔除研究者的主观偏见，巩固了价值中立的立场。

2. 经验证实原则

经验证实原则，是科学心理学所信奉的重要方法论原则之一。该原则顾名思义就是指任何概念和理论都必须以可观察的经验事实为基础，能通过观察和实验得以验证，并确保在经验范围之内，否则将被认为是非科学的、虚假的和没有意义的。

作为经验主义的方法论原则之一，经验证实原则是以实证主义为哲学基础，深受实证主义的影响。以三代实证主义的思想主张为例，实证主义的鼻祖孔德认为，经验是知识的唯一来源和基础，主张一切科学知识都必须建立在来自观察和实验的经验事实的基础上，这是实证主义哲学必须遵循的实证原则。马赫认为，感觉经验是人类认识的界限，人的认识不能超出感觉经验之外。而逻辑实证主义则强调以"经验证实原则"作为判定命题意义或区分科学与非科学的标准，即一个命题是否有意义取决于此命题是否能被经验证实或证伪。

从实验科学的始祖伽利略（Galileo）到培根，经由孔德、马赫，再到逻辑实证主义，经验证实原则一直贯彻在心理学的发展过程中。经验主义心理学或科学心理学严格遵循经验证实原则并把这一原则当作是自己的首要规则，以保证自身研究的科学性。经验证实原则对科学心理学的影响体现在研究对象的选定以及还原论的主张等方面。其一，根据经验证实原则，只有能用观察和实验的方法加以研究的事物才是科学的适当的研究对象。于是，科学心理学在选择合适的研究对象时，往往只考虑对象是否能用观察和实验的方法进行客观研究，忽视问题本身对人生的意义和重要性，这也侧面反映了经验证实原则促使心理学以方法为中心。其二，遵循经验证实原则，导致科学心理学持还原论的立场。经验证实原则要求一切科学的命题都必须能够还原为经验命题，以进一步被经验所证实，由此体现出科学心理学的还原论倾向。

总的来说，遵循客观主义和经验证实原则，保障了科学心理学研究的科学性和客观性，促使其不断发展，但对理论心理学而言就不那么友好了。这两条经验主义的方法论原则排斥了理论探索在心理学的合法地位，导致理论心理学近乎毁灭。因为理论心理学在探讨心理学的问题时，往往从非经验的角度着手，如心身关系、认识的心理起源等。这些问题的非经验性使其既不符合经验证实原则，又无法体现客观主义的精神。所以，理论心理学的研究只能是一种理论的探索，或者被看作是"哲学思辨"或"形而上学"的研究，从而被主流心理学所排斥。

第四节 经验主义的研究方法

一、量化研究

科学心理学创立于19世纪，这是个自然科学盛行的年代，物理学、化学和生物学均取得了辉煌的成就，并在学界掀起了一股崇尚科学的科学主义思潮，这些自然科学均依赖于自然科学的科学观和实证主义的方法论。这一时期的心理学十分崇拜自然科学，并极力效仿物理学，包括效仿其采用量化的研究方式。冯特于1879年创立世界上第一个心理学实验室，采用实验的研究方法，使得心理学从哲学母体中脱颖而出，成为一门独立的学科，科学心理学也由此诞生。冯特早期的心理学体系也是在自然科学的科学观和方法论基础上建构的，冯特之后的心理学家同样受制于自然科学的影响力,最终走上了自然科学的实证主义道路。在研究方法上,心理学家极力强调采取量化研究的方法。事实上,西方主流心理学在追求科学化的过程中就一直坚持着量化研究的传统,认为量化研究就是成熟科学的标志。这说明了量化研究的科学化倾向与心理学的发展方向是契合的,因此,量化研究一度成为西方心理学的主导方法。

量化研究具体指的是在心理学研究中采用实验、调查、测量、统计、结构观察等手段来收集和分析研究资料,从而对心理现象进行客观的研究,发现其内在规律,检验某些理论假设的研究方法。它的基本研究步骤如下:研究者事先做出研究假设,并确定具有因果关系的各种变量;接着,通过概率抽样的方式选择研究样本,采用经过检测的标准化工具和程序收集数据;然后对数据进行统计分析,建立不同变量之间的相关关系;根据研究的需要,还可以设置实验组,并对其进行实验干预,再将控制组和实验组进行比较,进而检验研究者的理论假设。

与量化研究相对立的是质化研究,与质化研究相比量化研究有以下特点:①量化研究是以证实普遍性以及对行为进行预测和控制作为研究目标;②量化研究的研究对象具有客观实在性;③量化研究的研究方法坚持经验证实的取向。

总的来说,在心理学的发展过程中,自然科学的量化研究十分强调心理学的科学精神,有利于推动心理学的科学化进程,但也因忽略了心理学的人文精神,而使量化研究本身陷入研究的困境。

二、经验主义心理学的研究方法

传统心理学在自然科学理想的驱动下以及在经验主义、实证主义的指导下,对心理现象采取客观、量化的方式进行研究。下文列举两种常用的量化研究方式:实验法和测量法。

1. 实验法

(1) 实验法的含义与特点

实验法，是自然科学研究的重要手段，它有固定的程序，并通过控制变量来确定不同变量之间的关系，容易得出较明确的结论。因此，实验法也获得了主流心理学的青睐。在心理学研究中，心理实验法本质上是指通过对某些因素或变量进行人为的严格控制、操作，或者创造一定条件来引起个体某种心理活动的产生，进而对其进行测量的一种研究方法，它的基本目的在于研究和揭示变量间的因果关系。简而言之，就是以控制和操纵变量为手段，以揭示变量间因果关系为目的的研究方法。这也是实验法区分于其他非实验法的根本特点和优势（董奇，2004）。由于实验法可以为解释各心理现象与行为背后的因果关系提供令人信服的确切的证据，因此，实验法在科学心理学方法论体系中居于最核心的地位，同时它也是心理学研究中最基础的方法。

与观察法、访谈法和测验法等研究方法相比较，实验法具有以下三个显著特点：第一，实验法需要控制或操纵变量，并且人为地创设一定的情境；第二，运用实验法进行研究，除了收集研究数据外，其基本目的是为了揭示变量之间的因果关系；第三，采用实验法研究，需具备严格的研究设计，包括被试选择、研究的材料和工具、实验程序、设计分析方法等，以确保实验结果的科学性。

(2) 实验的类型

自冯特创立科学心理学以来，现代心理学便跨入了实验科学的行列。起初，心理学家运用实验法研究简单的心理反应和确定各种通道的感受性阈限；接着，继续采用实验法转向研究如记忆过程、知觉过程、注意过程等高级心理过程；后来，又开拓思维过程和言语机能的研究领域。实验法已广泛应用于心理学的研究领域，出现了许多形式的心理实验。根据不同的分类标准，心理实验可以划分为不同的类型。

① 实验室实验与现场实验。根据实验情境不同，心理实验法可分为实验室实验和现场实验（自然实验）。实验室实验是在严格控制条件

的实验室背景中进行的实验研究；现场实验则是在日常生活的情况下，适当控制条件，结合被试的生活、工作、学习等情境来进行的实验。

② 探索性实验与验证性实验。根据研究的不同目的，可以将心理实验分为探索性实验和验证性实验。探索性实验是以探索心理现象的本质、揭示变量间的因果关系为研究目的；验证性实验则是以检验已有的理论或研究为目的。

③ 定量实验与定性实验。依据心理实验对收集到的数据做出解释的方向的不同，考虑是要揭示变量间的"量"的关系，还是"质"的关系，由此将心理实验分为定量实验和定性实验。前者常用于测量物质成分的含量与心理现象的函数关系、环境因素与心理现象的对应关系、心理现象间对应的数值关系、有机体机能变化与心理现象的对应关系等；后者的运用常常是为了判定某一机制是否存在、某些现象间是否有联系、某一现象是否反映心理本质等等。

④ 单因素实验与多因素实验。依据实验中要控制和操纵的自变量数量，可将实验分为单因素实验和多因素实验。若控制的自变量数量为1，那么称为单因素实验；若控制的自变量数量大于1，则称为多因素实验。

（3）心理实验的一般程序

研究人员为了获得心理学经验事实，要开展一项心理实验，从准备到实施大致要经历以下四个环节。

① 确定实验课题。实验法的第一步就是要确定研究课题并提出研究假设，由此规定了实验研究的总方向。心理学研究者在提出研究假设之后，往往会进行初步的推论，把抽象概括的研究假设转化为具体的、操作化的推论，进一步明确课题研究的任务。同时，还要依据理论因素、实验设计因素、可行性问题等来确定自变量；依据有效性、敏感性、可信性等因素来确定因变量，确保拟定的因变量能灵敏地反应出自变量变化所造成的影响，由此呈现出研究对象的某种属性的简化形态。

② 进行心理实验设计。为了选择合理途径实现研究构思和设想，需在实施科学实验前进行实验设计。一项合理巧妙的心理学实验设计能

以较少的人力、物力与时间，最大限度地获得丰富且可靠的心理事实，可见进行实验设计的重要性和必要性。标准的实验设计应包含对以下问题的回答：选择什么性质的样本？样本的数量要多少？操纵何种自变量？确定哪些可观察的因变量？如何控制无关变量……其中，<u>重点要考虑的问题是如何设计才能尽可能地减少无关变量的干扰，从而有效地操作自变量，观测因变量，以增强实验结果的可靠性</u>。通过解决上述问题，获得最为合理和有效的研究方式，以达到预定的研究目标。

③ 制订实验计划。实验设计好之后，为了使实验有所遵循，还必须细心制订整个实验的实施计划，对实验的全过程做出统筹规划。详细且切实可行的实验计划往往造就出有条不紊的秩序，沉稳应对实验中可能出现的状况，从而提高实验研究的效率。一项好的实验计划应该是周全、有序的。比如需要考虑整个实验要分几个阶段进行？各个阶段要解决什么问题，达到什么目标？需要完成哪些工作？期限是多少？考虑使用哪些物质手段？需要准备哪些合适的实验材料？若有集体任务，还要考虑如何分工……此外，制订计划还要留有余地，实验过程中不免会遇到复杂的问题，必要时可作灵活修改。

④ 实验的实施和数据采集。这是实验研究者按照事先制订的实验方案和工作计划，在一定的理论指导下，通过操纵仪器和实验装置等手段对实验对象进行观测、研究的实践环节。研究人员将在这一环节获得大量有关研究对象的观测资料，其中包括计算资料、计量资料、等级资料与描述性资料。当然，参与实验的人员都要经过严格系统的学习与训练，做到实验的标准化。另外，实验实施时，为了避免出现主试效应和被试效应，还需采取"双盲设计"。

（4）实验法的评价

① 实验法的优势。实验法广泛应用于心理学各领域，极大地推动了心理学的发展，那么实验法的优势有哪些？上文阐述了实验法相比于观察法、访谈法和测验法等具有的三点显著特点，这也正是实验法的优势。此外，实验法的优势还体现在以下五点：第一，实验可以纯化研究对象，即在实验中可以借助各种仪器设备，人为地控制事物的客观条

件，将认识对象从原来的复杂联系中相对分离出来，使它处于比较单纯的状态和理想的环境中；第二，实验可以强化研究对象，即人为地造成某些特殊的条件，有利于发现认识对象在自然状态下无法或难以观测到的性质；第三，实验可以按照研究者的意愿多次重复同一现象（研究对象），以便获得确定的经验事实；第四，实验可以有计划地变换各种条件，考察客体的各种反应，探求客体变化的规律性（齐振海，2008）；第五，实验法的运用扩大了心理学研究的范围和领域。实验法不仅可以用来研究简单的、低级的心理现象，还可以用来研究复杂的、高级的心理现象。此外，实验法适用于心理学的诸多领域，如社会心理学、教育心理学、发展心理学、人格心理学和认知心理学等。实验法还与神经学、分子生物学等跨学科结合起来，帮助科学家们进一步揭示人的大脑和心理的秘密。

② 实验法的局限。尽管实验法本身具有许多优势，但仍存在一些不足。变量的操纵和控制是实验法的优势，但同时也是其局限所在，具体体现在以下四点：第一，在实验研究中，对变量的操纵很难排除人为因素的影响，而且实验情境中许多特定因素的作用使实验研究结果的推广程度受到限制；第二，在实验中，尽管研究者有意识地控制无关变量，但由于有的无关变量比较隐蔽，有的无关变量在现有条件下无法被控制，所以实验依旧无法完全排除所有无关变量的干扰，无关变量可能加大了解释结果的难度；第三，实验法在实施的过程中往往建立在观察研究、测量的基础上；第四，实验法极少用于，甚至是不能用于心理学史、理论心理学、心理咨询等领域中，应用范围受到限制。

总体而言，实验法保证了心理学研究的精确性、可检验性等作为一门科学必须具备的基本条件，通过研究主体和研究对象的分离，客观自然地反映了可以外观的心理现象，深入地研究心理过程、心理机制，有利于我们揭开人脑这一"灰箱"之谜。实验法对心理学的研究具有十分重要的意义。当然，我们在看到并肯定实验法的优势时，也要承认其局限性，意识到实验法不是心理学研究的唯一方法，还可以通过观察法、调查法、访谈法等研究方法进行补充和说明。

2. 测量法

(1) 测量法的含义与特征

测量法，又称为测验法（下文统称"测验法"），是心理学研究者通过一套预先经过标准化的题目（测量工具），按照规定的程序，对测量被试（个体或团体）的某种心理特性进行测量的一种方法。测验法是心理研究进行量化的主要手段，通过收集数据资料，来推论和量化分析心理与行为活动的总体规律，从而对测量被试（个体或团体）的某方面心理发展水平或特点做出评定与诊断。它既可以用于测量心理发展的个体间差异，又可以用于了解不同年龄阶段的个体心理发展水平的一般特征，简单地说，测验法可以用于横向和纵向研究。

测验法在实施时是要借助测量工具的，这时，由一系列标准化的测验项目所构成的测验量表就发挥着重要作用。量表的每一道题目都在广泛预试的基础上得以确定，量表通过测量结果的统计，获得一定的分值。制定量表的过程中，参照点和单位这两个要素是必不可少的。根据参照点和单位的不同，量表分为类别量表（称名量表）、顺序量表、等距量表和等比量表。

测验法具有以下五点特征。①定量化。"量"的存在是心理测验的前提，测验法所追求的是，给研究被试的心理反应以"量"的评定，一定的"量"能反映一定的"质"，被试得分的多少也就反映了他的心理特性。②间接性。心理测验所测量的是研究被试对测验题目的外显反应，而不是内隐过程。但研究者可以依据研究被试的外显行为来推断其内在心理特质或心理过程，即根据被试的量表得分情况，来推断其心理特性。由此可以看出心理测验是一种由"果"索"因"的科学研究形式，因而具有间接性。③代表性。当进行被试的某一心理特征的测验时，无须对有关的全部外部表现进行测验，事实上也不可能测量其全部外部表现，只需要测定其本质的代表性方面就行。④相对性。心理测验所测出的结果，通常只是从等级顺序反映出个体间的差异，所以说，心理测验所得的结果只是一个相对的量数，是相对于团体中大多数人的行为或某一个人为确定的标准而言的。⑤客观性。测验法的客观性体现在两个方面，其一是测量对象，即心理现象是客观存在的；其二是心理测验遵循着一套严格的程序，以期尽可能地控制无关变量的影响。

（2）测验法的类型

测验法与实验法相类似，均可以根据不同的标准，划分出多种不同的测验类型。

① 按照测验功能的不同，测验总体可以分为能力测验、学绩测验和人格测验三类。其中，第一类根据能力的类型，又可将能力测验分为测量实际能力的能力测验和测量潜在能力的能力倾向测验。此外，测量实际能力的能力测验，还可以进一步细分为一般能力测验（智力测验）和特殊能力测验。第二类，学绩测验是用于测量个人经过学习训练之后对知识和技能的掌握程度，常见的就是学生的考试。第三类，人格测验，是用于测量除能力以外的性格、气质、兴趣和态度等个性心理特征的测验。可见，测验针对不同的功能划分得如此细致，体现了测验法的针对性和专业性。

② 按照不同的测验方式，心理测验大致可以分为个别测验和团体测验。个别测验，顾名思义就是指主试在特定时间内单独测量每一位被试，在测试过程中主试可以有效观察和控制被试的情绪状态、行为反应，但却存在费时、费力的缺点。而团体测验，是指主试在特定时间内同时测量多个被试。与个别测验相比，可在短时间内收集大量的数据，有省时、省力、高效的优点，但主试不易控制被试的行为，容易产生测量误差。

③ 按照测验材料的类型，测验可以分为文字测验和非文字测验。显然，文字测验所使用的测验材料为文字材料，被试也用文字作答。文字测验便于对测量结果进行统计分析，但在实施时又受到被试的文化程度或不同文化背景的影响。而非文字测验所采用的材料均以图片、实物、模型、工具等非文字的形式出现，通过手动操作即可完成测试，所以又称为操作测验，比较适合用于对幼儿或文盲的测量，较少受到不同文化背景的影响。

④ 根据不同的测验目的，测验类型有描述性测验、诊断性测验和预测性测验之分。描述性测验的目的在于描述被试的能力、人格等特征；诊断性测验是为了对被试的某种行为问题进行诊断；预测性测验则被用于预测被试未来的表现和能达到的大致水平。

⑤ 按照测验中的作答要求，测验可分为最高作为测验和典型作为测验两类。最高作为测验，即要求被试尽可能做出最好的回答，用于评定被试的能力或知识技能的水平，例如，智力测验、能力倾向性测验、学绩测验等；典型作为测验则没有对错之分，只要求测量被试在某种特定情境之下的心理特征和典型行为，如人格测验等。

⑥ 根据测验的应用领域，可以将测验分为教育测验、职业测验和临床测验三类。显然，教育测验通常实施于教育领域，被试通常为学生；职业测验关于职业领域，它往往在企事业部门对人员的选拔和安置上发挥重要的参考作用；临床测验则一般用于临床诊断和心理咨询工作中。

（3）使用测验法的注意事项

研究者在实施心理测验的时候，需要注意以下事项。

① 做好测验前的准备工作。如熟悉指导语，准备好施测要用到的材料，熟悉测验的具体实施流程等。研究者需要仔细阅读测验手册的内容，并按照测验手册严格执行。当然，研究者对心理测验实施的大致流程也应做到心中有数，首先要明确自己的研究目的是什么；然后根据研究目的选择合适的测量工具以及选取一定的被试，再确定施测的时间和地点；接下来，主试就可以在特定的场合和规定的时间内对被试施行个别测验或团体测验了。施测开始时，主试发放测量问卷和记录纸，如果是采用电脑上机的形式施测，要事先打开准备测试的电脑页面；接着主试宣读指导语；被试开始测试；被试填完后立即回收问卷，或要求退出测试系统；最后对测验结果进行整理和统计分析。

② 选择合适的施测环境。一般选择被试的日常学习或工作的环境便可，但要尽可能排除某些环境因素的干扰。

③ 施测时要严格遵循标准化的指导语和标准时限。

④ 与被试建立良好的关系，获得被试信任，并设法引起被试对该测验的兴趣，取得被试的合作，保证测验的效果。

(4) 测验法的评价

总体而言，首先，测验法在收集数据方面的优势很突出，使用的测验量表是科学的工具，保障了测验的科学性和客观性；其次，测验法可以大范围进行使用，省时省力；最后，测验具有预测和诊断这两种基本功能，这两种功能在实际生活中往往体现在选拔人才、安置人员、诊断行为背后的原因以及对咨询工作提供参考和指导等。这样看来，测验法应用的领域很广泛，并且确实在我们的实际工作中发挥着重要的作用。

但是，测验法也存在一些局限，比如不能揭示变量间的因果关系；对使用者的要求高，如果被试缺乏专业的训练，测验结果的科学性便很难保证等。总之，心理学研究者应客观看待测验法，测验所获得的数据资料应被视为是评定、决策等工作的一个重要参考因素，而不是唯一的依据，研究者应从多方面、多层次、多角度综合考虑心理测验的结果和其他评定的方式，然后做出综合的评定、判断，确保其结论更加客观、可靠。

第五节　受经验主义支配的心理学流派

经验主义在西方心理学的发展史上占据着主导位置，是心理学大厦的一块非常重要的奠基石。心理学成为独立科学以来，出现了许多心理学流派，其中大多数流派的思想主张追本溯源还是受到经验主义思想的影响，例如，冯特的意识心理学、铁钦纳的构造主义心理学、行为主义心理学和认知心理学等。经验主义认为一切知识来自于经验，感觉经验是认识的唯一源泉，这一观点往往以不同的形式表现在各个阶段的心理学流派之中。下文将以先后处于主流地位的行为主义心理学和认知心理学为例，介绍经验主义是如何支配心理学流派的发展的。

一、以行为主义心理学为例

1. 行为主义心理学概述

1913年,华生发表了一篇题为"行为主义者心目中的心理学"（Psychology as the Behaviorist Views It）的论文,正式宣告行为主义的诞生,也标志着行为主义革命的开始。行为主义心理学是美国现代心理学的主要流派之一,它与先前的心理学派的区别在于,它摒弃以往心理学对意识研究的传统,主张对行为进行研究,这在西方近代心理学发展史上是一个划时代的转变。行为主义心理学对西方心理学影响甚重,被称为西方心理学第一势力。高觉敷认为,华生把心理学的研究对象从意识改变为行为,导致行为主义的产生。他的行为主义的影响不仅席卷美国,而且几乎遍及全球。虽然当时的心理学家不一定都承认自己是行为主义者,但心理学界公认的心理学研究成果,至少就方法论来说,绝大多数是在行为主义观点的指导下取得的,可见行为主义的影响在当时是十分强大的（高觉敷,1987）。

行为主义将对行为的预测和控制作为心理学研究的理论目标,伴随这一目标,行为主义的发展历程大体可以分为以下三代。第一代是以华生为代表的早期的行为主义,其特征包括：体现客观主义；用刺激和反应的术语解释行为；强调联结学习；主张外周论和环境决定论。第二代是以托尔曼、赫尔、斯金纳为代表人物的新行为主义,其特征包括：允许在经验事实的基础上对行为的内部动因进行推测；强调刺激和反应之间可加入中介变量；以操作主义观点解释中介变量。第三代行为主义是新的行为主义,其特征包括：重视认知、思维、意象等心理因素在行为调节中的作用；强调行为与认知的结合；强调自我调节的作用；强调心理活动的积极性与主动性；坚持客观主义的态度。尽管新行为主义重视认知和思维的研究,但它坚守行为主义的根本目标,于是不属于认知心理学范畴。

2. 实证主义对行为主义心理学的影响

实证主义是一切行为主义的哲学基础，指导和影响着行为主义心理学的发展。正如托马斯·黎黑（Thomas Leahey）所认为的那样，"整个行为主义精神是实证主义的，甚至可以说行为主义乃是实证主义的心理学"（黎黑，1990）。实证主义哲学由孔德创立，从思想渊源上看，是对经验主义传统的继承，尤其是对贝克莱、休谟的主观经验论和牛顿的机械论哲学的继承。实证主义本质上属于极端的经验主义。孔德提出实证主义必须遵循实证原则：经验是知识的唯一来源和基础，一切科学知识都必须建立在来自观察和实验的经验事实的基础上。实证主义在发展过程中表现出三种不同的形态：首先是孔德首创的激进实证主义（或称社会实证主义），它强调科学的资料必须是社会的公开事件，是可证实的事实；其次是以马赫和阿芬那留斯为代表的经验实证主义，即马赫主义，它强调了主观经验；最后是以维也纳学派为代表的逻辑实证主义，其强调直接经验与间接经验、演绎与推理、逻辑与证实相结合。

孔德和马赫的实证论影响着包括华生的早期行为主义以及斯金纳的操作行为主义在内的激进行为主义。华生的行为主义受到孔德的实证论的影响，在他看来，心理学是纯粹自然科学的一个客观实验分支，它的理论目标在于预测和控制行为。为了达到这一目标，华生贯彻经验实证原则，在建构他的行为主义理论体系时，摒弃一切主观的意识内容、心理事件和心理过程，否认意识的价值，并且放弃传统的主观内省法。他主张把可观察到的行为作为心理学的研究对象，以自然科学的客观方法作为心理学的研究方法，这样一来，心理学在研究对象和研究方法上就更接近自然科学了。斯金纳的操作行为主义继承了华生的激进行为主义立场，深受孔德和马赫的实证主义与物理学的操作主义的影响。斯金纳认为，心理学应是一门直接描述行为的科学，其任务是专注对行为进行实验分析。他主张，由实验控制的刺激条件和有机体随后做出的反应之间先建立函数关系，再对该函数关系进行描述。这表明了斯金纳坚持描述性的严格行为主义立场，不对行为的内部机制加以研究，无须假设性的解释、演绎和统计方法，而是主张用归纳法对经验性资料进行科学的概括（车文博，1998）。斯金纳还主张把所有的科学语言还原为通用的物理语言，把心理学术语还原为行为术语，将行为主义推向了极端。然而，华生和斯金纳的极端的无"意识"心理学主张除了引起行为主义以外心理学家的批评，在行为主义内部也引起了强烈的不满。

维也纳学派的逻辑实证主义则指导着包括托尔曼的目的行为主义和赫尔的逻辑行为主义在内的新行为主义。新行为主义在逻辑实证主义的支配下，打破了早期行为主义者因有机体内部因素不能直接观察而不予研究的限制，接受了间接证实的原则，开始面对而不是决然回避意识这一不容回避的问题。托尔曼认为自变量和行为之间有中介变量，大胆提出了不可直接观察的内隐的中间过程——中介变量的概念，认为中介变量是行为的直接决定者；赫尔假设了中介于刺激和反应之间的不可直接观察的理论实体。然而，虽然他们注重了对中介变量的研究，承认了意识的存在，但对意识进行解释时，仍然固守实证主义的根本立场（贾林祥，2000b）。

总而言之，实证主义总是以其客观性和证实性影响着行为主义心理学的发展。

3. 经验主义哲学蕴含的其他体现

行为主义心理学受经验主义支配，以实证主义为哲学基础，还体现了以下哲学蕴含：个体主义、价值中立和元素主义。

（1）行为主义的个体主义倾向

华生的行为主义被看作是研究个体体内和体外物理化学变化的"自然科学"，致力于分析刺激和反应。新行为主义者赫尔强调把行为本身作为心理学的研究对象，无须探讨它的本体或产生它的东西，他把行为的动因看作是生理的内驱力。斯金纳认为心理学应当是一门直接描述行为的科学。以上行为主义心理学的研究均脱离了社会、文化、历史等背景，表明行为主义是彻头彻尾的个体主义。

(2) 行为主义的价值中立立场

行为主义心理学深受实证主义哲学的影响，且其影响往往是通过经验证实和客观主义两条原则来实现，说明行为主义心理学的研究具有客观性。客观性往往要求研究人员在进行研究分析时摒弃个人主观倾向和价值判断等主观因素，奉行价值中立的立场。华生的行为主义把人的行为看成是客观自然现象，可以对行为进行客观的、严格的实验研究，要求实验者秉持价值中立的态度进行外在观察和理论描述。而斯金纳的行为主义心理学比华生还激进，他坚持极端客观的行为主义立场。总的来说，行为主义心理学一心想加入自然科学的队伍中，主张研究对象是客观的，强调研究方法也是客观的，研究的程序也具有客观性，促进行为主义心理学走向客观研究道路。整个研究追求客观性使得"价值中立"的倾向贯彻在整个行为主义心理学的研究过程中。

(3) 行为主义的元素主义立场

行为主义坚持元素主义的立场，在方法论上沿用过去的元素分解、归并还原的思维模式，强调对心理现象进行元素分析。华生为了进一步对行为进行客观的研究，主张把人、动物的行为和引起行为的环境影响分析为一些简单的共同要素，即刺激（S）和反应（R）。华生认为，一定的刺激必然引起一定的反应，一定的反应也必然来源于一定的刺激，整个心理学任务就是确定刺激和反应之间的联结，即 S-R 联结，无论多么复杂的人类活动最终都可以还原为这一联结。显然，华生在分析心理问题上主张的是元素主义。托尔曼认为，行为和引起行为的环境影响除了可以分析为一些简单的共同要素，即刺激（S）和反应（R）之外，还存在不能被直接观察但能通过行为的先行条件和行为结果本身推断出的中介因素。在这一过程中，研究者通过确定刺激和反应之间联系的规律，可以进一步达到预测行为和控制行为的研究目标。

4. 行为主义的心理科学观与方法论取向

首先，行为主义坚持以客观可观察的行为作为自己的研究对象，强调研究对象具有客观性。其次，行为主义心理学的研究目标在于努力把心理学建设成为一门精确的、客观实证的自然科学，以期找到不受任何文化历史影响的、普遍一般的心理机制。华生认为心理学是纯粹自然科学的一个客观实验分支；赫尔希望将假设—演绎的方法应用于心理学中，使心理学成为像物理学和数学等自然科学一样客观的科学等。可见，行为主义心理学具有科学主义的研究取向，极力将自己打造成自然科学的分支。最后，行为主义心理学往往采用诸如观察、测验、实验、统计等实证研究的方法，保证研究的客观性和科学性。综上所述，行为主义的心理科学观是自然科学的心理科学观。此外，行为主义心理学以实证主义为哲学基础，受实证主义哲学支配，于是就将实证主义作为方法论，严格遵循客观主义和经验证实的原则。

5. 行为主义的量化研究

量化研究指的是在心理学研究中采用实验、调查、测量、统计、结构观察等手段来收集和分析研究资料，从而对心理现象进行客观的研究，发现其内在规律，检验某些理论假设的研究方法。行为主义心理学在研究中极力强调要用自然科学的客观研究方法研究行为，行为主义者认为科学的研究方法是客观的，必然是要采用精密的科研仪器，进行严谨的数学处理和实施严格的实验控制等手段及程序。新老行为主义使用的研究方法都属于量化研究的方法。例如，华生的早期行为主义反对使用主观内省法进行研究，倡导用自然科学的客观方法研究可观察到的行为，具体包括以下四种：观察法、条件反射法、口头报告法和测验法。斯金纳的操作行为主义坚持用实验分析方法来理解动物和人类的行为。他们通过使用客观的方法收集研究资料、数据并进行定量分析，从而对心理现象进行研究，探寻其中的规律。

二、以认知心理学为例

1. 认知心理学概述

认知心理学发端于 20 世纪 50 年代末，形成于 60 年代，于 70 年代成为美国和整个西方心理学的主流，也是西方现代心理学中的一种新思潮和研究取向。其代表人物有艾伦·纽厄尔（Allen Newell）、西蒙等。认识心理学有广义和狭义之分，广义的认知心理学是指以认知过程为主要研究对象的心理学，包括构造主义认知心理学、心理主义认知心理学和信息加工认识心理学；而狭义的认知心理学就是指信息加工认识心理学，也是当前认知心理学发展的主流，主张用信息加工的观点研究认知过程。本节内容介绍的主要是信息加工认知心理学。

认知心理学的诞生，与行为主义的发展危机是分不开的。20世纪50年代前后，行为主义以逻辑实证主义为哲学基础，坚持极端的环境决定论以及人与动物不分的生物学化的观点，导致行为主义心理学处于困境之中，出现了危机。它的主张遭到越来越多学者的抨击和反对，这些学者除了来自非行为主义学派，还有部分是行为主义学派的，致使行为主义处于内外压力之中。出现在行为主义内部的认知派强调，中介变量主要起认知的作用，要求把认知重新纳入客观研究的内容中。于是，许多心理学家纷纷放弃行为主义的立场，转向研究人的内部心理机制。认知心理学由此孕育，然而，它的诞生其实是对新行为主义心理学的继承和发展。

认知心理学一方面打破了行为主义禁止研究内在心理过程的限制，另一方面又保留了行为主义追求实证性和价值中立的研究方式，从行为主义那里接受了严格的实验法和操作主义等，加上在现代科学技术的影响下，认知心理学以新的视角重新探讨人的内部心理活动机制。它还继承了新行为主义者托尔曼的认知理论，以至于有人认为托尔曼是认知心理学的开山始祖。近年来，认知心理学除了重视认知研究外，也考虑对行为进行研究。

2. 实证主义对认知心理学的影响

关于认知的问题，经验论者和唯理论者都曾认真讨论过。经验主义的代表人物洛克反对唯理论者笛卡尔的"天赋观念"说，主张心灵是一块"白板"，人的知识是从经验中获得的。他把经验分为感觉经验和内省经验，并认为它们是人的知识的两个来源。这就是近代认知理论中经验论的开端（车文博，1998）。

现代认知心理学在科学主义哲学思潮的指引下，仍坚持以实证主义作为方法论。它强调以实证的事实为基础，注重研究人的意识。但其实证论的思想主张，与孔德的早期实证论和马赫的经验实证论不同，而是和维也纳学派的逻辑实证论相一致。逻辑实证主义强调了分析命题和综合命题的区分；重视可证实性原则；坚持逻辑分析和贯彻物理主义（操作主义）。这些思想主张不仅影响了新行为主义理论的构建，也影响了现代认知心理学的发展。认知心理学的代表人物西蒙曾指出，信息加工的心理学家同意行为主义范式的一个重要方面，即原子主义、联想主义和经验主义的假定。在哲学方面，它拥护唯物主义，主张没有什么独立的笛卡尔学派的灵魂，也拥护实证主义继续坚持对一切理论术语进行操作（黎黑，1990）。由此看来，实证主义是现代认知心理学的主要哲学基础。

在逻辑实证主义的影响下，现代认知心理学将可证实性和精确性发挥到极致，并主张将人类认知过程与计算机的信息加工过程进行类比，使人的心理客观化和实物化。现代认知心理学通过分析外部行为来推论心理过程，通过计算机模拟和脑模拟，把相关认知过程的假设放到计算机上进行检验。在模拟过程中，心理学家所编制的计算机程序可以再现、重复、验证人的认识活动的某个环节，例如感知、记忆、思维、决策、解决问题等（李刚，2006）。这样的研究操作避免了被试由于主观经验和环境影响因素而引起个体差异和报告误差，实验的客观性、精确性得到了保证。

3. 经验主义哲学蕴含的其他体现

（1）认知心理学的个体主义倾向

认知心理学具有明显的个体主义倾向。它关注个体的内部认知过程，强调认知、记忆、思维、目的和动机等心理因素的研究，于是把意识和行为统一起来作为心理学完整的研究对象。它又着重分析认知操作，却把社会、历史、文化因素对认知操作的影响置于其关注的视野之外。"人类行为的分析强调的是认知机制怎样加工信息，这个分析过程完全体现了个体主义的倾向。这一倾向似乎使得认知心理学家以控制和孤立的方式研究个体。只可惜对自我而言更为广泛的社会影响因素没被纳入考虑的范围内"（Bishop，2005）。总而言之，个体主义的思想倾向就是排斥对社会、历史、文化因素的考虑，只关注个体本身的意识和行为。

（2）认知心理学的价值中立思想

现代认知心理学在否定行为主义的研究对象的基础上，又认同行为主义心理学追求实证性和价值中立的研究方式，继承和发展了行为主义在研究方法上的客观性原则。现代认知心理学家将人的内部心理过程和行为统一起来进行实证考察，试图使用计算机模拟法来揭示人脑的信息加工过程的事实和规律以及人的认知结构。这一研究过程体现了客观实证性、精确性等，不受个人主观因素和政治、经济、文化、历史等社会因素的影响，体现价值中立的态度，促进心理学的科学化进程。

（3）认知心理学的元素主义倾向

现代认知心理学继承了行为主义心理学元素分析的传统，认为复杂的现象总要分解成最基本的部分才能进行研究，在方法论上体现出元素主义倾向。例如，符号加工模式将认知过程分为信息的接收、编码、提取和输出的过程，信息在各个独立的加工单位中依次得以处理，最终输出信息，产生对行为的调节。尽管人们对世界的体验是整体的，但是对这种体验的分析却不能体现出整体性。相反，认知心理学家是通过对认知机制的元素性分析而得出结论的，从性质上，这种分析是去情境化和分解式的（叶浩生，2010a）。

4. 认知心理学的心理科学观与方法论思想

现代认知心理学将人的心理过程看作是一种信息的输入、编码、输出的信息加工过程，这一想法主张是在计算机的运作过程上得到启发的，即计算机的操作过程是由一系列信息的输入、存储、逻辑运算到输出组成的过程。认知心理学家由于意识到人脑与计算机在处理符号的功能上有许多相似之处，于是以计算机的信息加工系统为模型，把人脑的工作看作是符号操作系统。现代认知心理学研究的出发点与方向在于使用计算机类比和模拟人的认知过程。可见，现代认知心理学的产生和发展与计算机科学的发展是离不开的。后来，现代认知心理学，即信息加工认知心理学，又展开了三个研究取向，分别为符号加工认知心理学、联结主义认知心理学和生态认知心理学。这些取向的研究均采用了具有时代意义的研究方法和工具来探索高级心理过程，促进了心理学的科学化进程。总的来说，认知心理学的理论建设受到了计算机科学等自然科学理念的影响，并试图以自然科学作为模板，体现了认知心理学的心理科学观属于自然科学的心理科学观。

另外，认知心理学将逻辑实证主义作为其方法论，有以下体现：首先，在研究中坚守可证实性原则；其次，西蒙和纽厄尔等人提出的物理符号系统假设开辟了从信息加工方面研究人类思维的取向，主张对心理过程进行计算机模拟，进而对人的内部信息加工过程进行逻辑分析，以达到认识心理过程的目的，表现了认知心理学坚持逻辑分析和贯彻物理主义（操作定义）。

5. 认知心理学的量化研究

现代认知心理学以实验法、观察法和计算机模拟法作为主要的研究方法，在此基础上严格控制实验条件，以探讨人的内部心理过程。这些研究方法的使用体现了认知心理学量化研究的主张。

（1）实验法。认知心理学家主张通过对照"输入"（刺激）和"输出"（反应），尤其是考察这个过程所需要的时间，来推论这一内部心理过程的性质。于是，认知心理学家重视使用反应时实验来探究认知活动。反应时实验包括简单反应时、复杂反应时和选择反应时实验。此外，人的眼球运动轨迹因信息加工的阶段不同而不一致，通过记录人们的眼动轨迹，可以分析人的认知特点。因此，眼动实验在心理学家考察认知活动时，同样受重视。

（2）观察法。由于人的内部心理过程发生于信息输入和输出之间，是不可被直接观察的，于是认知主义心理学家提倡通过收集一些相关的可参考的指标、线索进行外部观察，以此来分析和推测人的内部心理过程，大致掌握其性质。所以，认知主义心理学家同样重视观察法的使用，其中包括外部行为观察法和自我观察法等。

（3）计算机模拟法。这是现代认知心理学最具代表性的一种研究方法，它创造性地将人的心理过程看作信息加工过程，并且用计算机对其进行模拟和类比，进而分析、探讨人脑内部的信息加工过程，验证人的认知过程中的一些设想。

第三章　宏观元理论之二：后经验主义

经验主义曾经是心理学的元理论基础。依照经验主义科学观，科学研究始于经验观察，一切知识都必须建立在经验观察的基础上，任何脱离经验事实的理论和概念都是没有意义的。在这种科学观的指导下，心理科学成为收集经验事实的操作活动，理论思维成为第二位的、次要的，有时甚至成为不必要的和被禁止的（叶浩生，2007a）。

然而，随着经验主义及其现代的代表——逻辑实证主义的衰落，心理学迎来了后经验主义时代。在后经验主义时代里，人们对理论和经验观察的关系有了新的理解。理论不再是经验观察的附属物，相反，经验事实是被理论决定的。在不同的理论框架下，一个经验事实具有完全不同的意义。这样一来，理论被重新赋予了重要价值与作用。

第一节　后经验主义的"理论"蕴含

一、后经验主义的兴起

后经验主义是在经验主义后出现的科学哲学思潮，反对逻辑经验主义以经验为核心的思想，提出把理论放在首要位置，认为理论是由人的思维建构出来的，理论本身是独立存在的。后经验主义视域下理论的特征是：理论是非归纳的、非经验的，是通过人的想象与思维的无限制扩散形成的（郑祥、福洪伟，2000）。因此，后经验主义重视人在建构科学理论中的能动作用。

在此之前，经验主义一直是心理学的元理论基础。在经验主义指导下，心理学研究中将经验看作是真理的唯一检验标准，理论存在的意义在于对经验的证实。任何理论、概念和命题，只有通过经验证实或证伪才有意义。在经验主义指导下，心理学家对理论的理解如下。第一，理论是对事实的归纳和抽象，作为经验的附属品，不能独立存在。第二，理论是对事实的解释。在科学研究中，首要的活动是收集零散的经验事实，理论的作用是联结零散的经验事实，找出经验事实间的联系。第三，理论是实验假设的来源。实验是经验主义认可的最科学的方法，备受推崇。在进行实验之前，需要先提出假设，然后使用实验法去验证假设，验证成功则成为真理，失败则抛弃假设（叶浩生，2007a）。在经验主义时期，理论始终处于被动的位置，被经验左右，成为经验的附属。

经验主义轻理论重经验的观点使这一时期的心理学忽视了理论心理学的价值。经验主义逐渐受到哲学的批判，按照逻辑经验主义的观点，科学知识是通过归纳总结，在事实经验观察基础上建立起来的，但自然科学的新成就已无法用此解释。因此，科学哲学家汉森（Hanson）提出"观察负载理论"阐述观察和理论的关系问题，该理论认为观察者从同一个地方观看同一个景象看到的是同一个东西，但是对他们所看到的东西所做的解释不同（查尔默斯，1982），即观察者看到什么取决于他已有的理论知识。而科学知识是通过人的建构组织起来的经验。

科学哲学历史学派以库恩、劳丹等人为代表，从科学进步的历史角度出发，否定逻辑经验主义。其中，库恩以"范式论"为理论武器，把科学的本质和科学方法转换为科学的进步问题。库恩认为当相继出现的理论范式在解决问题的能力上出现日益提升的趋势时，说明科学实现了进步。科学进步可以通过科学革命、消除反常和危机等方式获得，由此，科学的方法从归纳方法转变为实用主义方法。逻辑经验主义的衰落标志着科学哲学进入"后经验主义"时代，"理论"重新进入科学家的视线，获得新的认识。

二、后经验主义时代下的"理论"价值

后经验主义时代下,理论不再是经验事实的归纳总结,不再被经验决定,理论是通过人的思维和想象被提出的。在不同的理论视域下,对经验事实的理解和解释各有不同。在此意义上,理论的价值得到凸显。

后经验主义强调理论的首要性。范式论是该时代下的典型学说。库恩在范式论中反复提到"范式"一词,库恩认为范式作为理论体系存在于科学发展的各个时期,并决定经验的发展和定义。库恩认为科学发展存在四个时期,范式在每个时期具有不同的作用。在前科学时期,科学研究没有固定的范式,在不同的理论框架下对经验有不同解释,收集到的经验随着理论的改变而有不同理解。常规科学时期,公认的理论范式决定了研究内容,只有在公认的理论框架下的经验事实才能被发现和解释。科学革命时期对前范式的推翻导致对经验事实的重新理解。经验事实在范式发展的不同时期,可能得到不同的解释。这就是说,与经验观察相比,理论是第一位的,具有决定经验事实的作用。

后经验主义时代强调理论的社会建构性。理论不再是来源于观察和经验,不是经验事实的概括和归纳,而是由人的思维建构产生。理论是由理论家通过纯粹的思辨产生,在提出时并没有相应的实证资料作为基础,却对之后进行的科学研究做出了巨大的贡献,如物理学中的原子、光波,拉瓦锡燃烧的氧化理论等。理论本身是独立的,是理论家在科学活动和实践中建构的,而不是对经验的归纳总结,具有社会建构性。同时,理论也具有发展性,是一种对话过程。理论不再像经验主义所宣称的,研究得出的理论是确定的和永恒的。就像库恩在范式论中提到的那样,科学发展是一连串连续的、非累积性的、间断的过程,理论仅仅是暂时的,是一个不断向前发展的过程,可根据科学实践的需要及时进行补充修正。

后经验主义时代下,理论的首要功能是评价和批判,是心理学家对自己经验工作的反思和反省(叶浩生,2007a)。这是对理论的全新理

解，理论不再被看作是可验证假设的思辨或系统观察后逻辑推理的结果。至此，"理论"在后经验主义下被赋予了全新的定义，重拾在科学研究中的重要地位。以理论研究为主要任务的理论心理学也获得了存在和发展的理由。

第二节　后经验主义的哲学基础

一、范式论

范式论是由 20 世纪最有影响力的科学史家和科学哲学家之一的托马斯·库恩提出。范式论一词出现在库恩一生最重要的著作《科学革命的结构》一书中。在这本书中，范式一词有两种含义：① 范式代表着一个特定科学共同体成员所共有的信念、价值、技术等构成的整体；② 范式指谓一种整体元素，即具体的谜题解答。作为共同的范例，是常规科学中其他谜题解答的基础。库恩认为，一个范式就是一个公认的模型或模式。范式具有以下特点：① 范式在一定程度内具有公认性，是科学团体开展研究的基础；② 范式是一个由基本定律、理论、应用以及相关的仪器设备等构成的一个整体，它的存在给科学家提供了一个研究纲领，同时也限制了科学研究范围，科学研究只在范式规定的整体中活动；③ 范式为科学研究提供了可模仿的成功的先例，使研究有框架可寻（景浩，2016）。由此可见，在库恩的范式论中，范式就是一种理论体系，范式的转换导致科学革命，使科学得以向前发展。

在科学发展观上，库恩认为科学发展并不是逻辑实证主义的"逐渐积累观"，也不是批判理性主义的"不断推翻的增长"。科学发展应是进化与革命、积累与飞跃、连续与中断的不断交替的过程，并且科学发展的历史明显地体现了这个过程（郭本禹，1996）。在《科学革命的结构》一书中，库恩以物理学、化学、天文学等学科为例，提出了基于范式转换理论的科学发展模式：任何一门科学、学派在出现公认的范式前，都处于相互竞争的前科学时期，一旦建立公认的范式，就进入常规科学时期，随着科学工作的持续发展，会出现用原有范式解答不了的各类反常现象，甚至引起危机，通过一系列竞争后，新范式推翻旧范式，这就是科学革命，自此进入新的常规科学时期，科学发展以此循环往复（徐超、罗艳，1997）。

1. 范式论对科学发展过程的分析

库恩表述的科学发展过程具体可分为四个时期。

（1）前科学时期

该时期没有统一的范式，此时收集的事实通常都局限于那些容易被发现的资料，并且在资料收集、叙述过程中容易遗漏掉有启发的细节，偶然的事实收集很少有时间或工具对总结的经验进行批判性考虑。在此时期，科学研究集体没有共同信念的支持，科学家都需要重新为这个领域建造理论基础，并通过竞争获得成为公认范式的可能。科学家在该时期可以自由地选择不同的观察和实验以证实其理论的有效性，因为并不存在统一的理论范式和研究范例。因此，在科学发展早期，学派林立，没有统一信念，此时期以对合理的方法、问题和解答的标准的深入争论为标志。

（2）常规科学时期

科学时期与前科学时期两者之间的区别为是否存在范式，当科学成就成为"范式"并且被科学共同体拥有，科学就进入了常规科学时期（王晶，2012）。库恩对"常规科学"的定义是指坚实地建立在一种或多种过去科学成就基础上的研究，这些研究成就在一段时间内被公认为是进一步研究实践的基础（托马斯·库恩，2003）。"范式"在此时期可称为"范例"，包括公认的定律、理论和应用仪器等组成的特定科学研究传统，为科学共同体提供共同模型、范式，以便科学家使用同样的规则和标准从事科学实践。范式在成立之初是不完善的、不完备的事实或预设，常规科学时期所要做的是实现范式所提出的某些预设，扩展范式所展示出来的特别有启发性的事实，增进事实与范式预测之间的契合程度，并力图使范式本身更加清晰明了。在此期间，科学共同体以统一的范式为标准进行科学研究。

库恩认为范式在常规科学时期的作用在于以下三点。①确定重要事实。范式所表明的是揭示事物之本质的那类事实，通过运用这类事实解决问题，范式就能使这些事实以更大的准确性和在更多样的情况下得以确定。②依赖范式证明理论与事实的一致性。③阐明理论。实验和观察如果没有范式理论规定问题并担保有一个稳定的解的存在，就不可能构思出这些精心的实验工作，也不可能做出任何一个实验（托马斯·库恩，2003）。

由于统一范式带来的局限性，常规科学所针对的研究的范围是很小的。因此，科学家可以把注意力集中在小范围的相对深奥的问题上，对自然界的某个部分进行更细致深入的研究，以获得有价值的结果。如果没有范式的指导，这样做将是不可能的。在范式依然合理存在的期限内，专业科学团体将能解决许多问题，这样获得的成就中，至少总有一部分将具有永恒的价值。获得一个范式，使基于范式的科学研究获得更深入的研究成果，库恩认为这是任何一个科学领域在发展中达到成熟的标志。此时期常规科学的目的既不是发现新类型现象，也不是发明新理论，而是在于澄清范式已经提供的那些现象与理论，证明范式存在的合理性，扩大科学知识的广度和深度。常规科学时期所进行的研究有助于扩大范式应用的范围和精确性。

（3）反常和危机时期

当范式无法解决当前遇到的问题时，研究出现反常，当反常愈演愈烈，无法解决时，就会引发危机。科学发现始于科学家意识到反常，即认识到自然界总是以某种方法违反支配常规科学的范式所做的预测，突破了范式的研究范围。只有当实验和探索性理论在研究过程中相互验证达成一致时，科学发现才会出现，新理论才会变成范式。因此，科学发现既是范式变化的原因，也是范式变化的结果，并且这些发现的变化有好有坏。而危机会使新发现增多，危机的意义在于它指出科学研究需要更换工具。

当一个反常在研究中变得似乎不再是常规科学的另一个谜时，向非常规科学的转变就开始了。所有危机都始于范式变得不再清晰，随之而使常规研究的规则松弛，研究出现漏洞。当危机变成解决问题的阻碍，并且阻碍无法解决而继续存在时，就会出现越来越多的进攻和修改范式的动作。所有危机都以以下三种方式之一结束：一是使用常规科学研究的方法和工具处理危机；二是把无法解决的问题标记搁置一旁；三是接受取代旧范式的新范式。在危机时期，范式渐渐无法指导研究，科学家便转向哲学分析，作为解开他们研究领域中的谜的工具，从哲学中分析思辨出新理论的雏形。

(4) 科学革命时期

向新范式的转变就是科学革命。科学革命起源于科学共同体中某一小部分人逐渐感觉到：他们无法利用现有范式有效地探究自然界的某一方面，而以前范式在这方面的研究中是起引导作用的（托马斯·库恩，2003）。在这一时期，新范式战胜并取代了旧范式，标志着科学革命时期的结束，进入新的常规科学时期。科学革命的解决过程，就是通过科学共同体的内部冲突，选择出从事未来科学活动的最适宜的道路。科学发展以此循环往复，不断向前发展。

库恩认为取代旧范式的新范式需满足两个条件，才能被科学家接受变为公认范式：一是新范式必须解决一些用其他范式无法解决的科学主要问题；二是新范式必须保留大部分科学家通过旧范式所获取的具体解题能力。

库恩认为，范式的转换根本上是世界观的转换。基于此，库恩提出了范式间的不可通约性（incommensurability）概念，即相继范式之间的差异是不可调和的，科学革命中出现的新的常规科学传统与革命前的传统是不可通约的。界定问题、概念和解释的标准一旦发生变化，整个学科都会随之改变，转变的效果是非累积性的。不可通约性是库恩范式论中的重要概念之一，他认为不可通约性问题必须是所有历史、发展或演化科学知识观的一个必要的成分。库恩认为这种不可通约性在于：① 不同范式的科学语言不同，它们所解释、承认、了解的观察资料也不同；② 不同范式所关心的问题或解决的难题不一样，它们选用的解释方法也不一样；③ 不同范式属于由不可比较的实体、过程等组成的领域（徐超、罗艳，1997）。

库恩范式论是后经验主义的典型学说，范式论的提出与发展推动了逻辑经验主义和实证主义的衰落，加速了后经验主义在各类学科中的应用和发展。范式论作为一种理论框架，限制了常规科学的研究范围，规范了常规科学的研究规则和标准；作为一种方法论，提供了解决问题的方法，规定了解谜程序；作为一种信念，代表了特定科学共同体成员所共有的信念与价值。

2. 范式论对心理学的影响

范式论为心理学确立了一种后经验主义的科学观和方法论，促进了人文科学取向心理学的发展。经验主义一直是心理学的主要哲学基础，在经验主义指导下的心理学，对心理研究保持客观立场，推崇自然科学实证方法，重视经验事实，忽视理论的主观能动性，否认个体心理现象的主观性。库恩的范式论则指出范式理论带有主观和非理性的一面，范式建立过程具有社会建构性，科学活动具有社会、历史、文化性。也即是说，科学研究具有的人文属性是不可忽视的，范式即理论对科学研究具有指导作用，单用实证主义方法是不足以应对所有心理研究的，我们需要采用多元化方法。

杨莉萍总结了库恩范式论之于心理学的积极意义（杨莉萍，2001）。

其一是范式论所确立的"多元化"理论视角，有助于消解心理学不同范式之间的对立，促进不同范式之间的相互理解与融合。从范式论角度出发，心理学长期存在的科学主义心理学与人文主义心理学的对立以及各学派之争，这些都只是心理学家在不同的心理学范式领导下对世界的不同理解。因此，它们之间没有真假之分，不同的心理学派只是不同的心理研究范式。

其二是库恩的人性观对心理学的意义，人是理性与非理性的统一。受理性主义影响，心理学一直研究"理性"问题，把"认知问题"作为研究首选对象，处于核心位置。而精神分析、人本主义具有非理性倾向的学派，则一直处于"边缘"位置。但人的心理是理性与非理性的复合，不能单纯地将理性和非理性放在对立位置。库恩人性观给予我们的思考是，在加强对具有非理性倾向的心理学派的认可的同时，如何在统一理性非理性人性观的基础上建构心理学体系。

其三是范式对于科学研究的指导作用，昭示了心理学中理论研究的重要性。在库恩眼中，范式即理论，范式作为"科学家共同信念集合"对科学研究具有领导地位，起着世界观和方法论作用。重实证、轻理论是心理学长期以来的基本研究倾向，这一倾向导致心理学缺乏共同理论基础的引导作用，不同学派建立不同理论，直接导致心理学处于割裂状态。要解决此问题，就要加强理论心理学研究以谋求基本信念的统一。

二、现象学

1. 现象学的创立和发展

现象学始于20世纪，由德国哲学家胡塞尔（Husserl）创立，是对西方哲学影响深远的一场哲学思潮。现象学最重要的贡献是提供一种新的哲学思考方法——回到事物本身。现象学影响着西方心理学发展，成为人文主义取向心理学的哲学基础，与实证主义并立，成为心理学两大方法论之一。

现象学运动的先驱是德国哲学家、心理学家布伦塔诺（Brentano）。布伦塔诺致力于用心理学来改造哲学，希望重建科学的形而上学，主张把哲学建立在新的描述心理学的基础上。由此布伦塔诺提出"意向性"这一概念，意为"意识是指向某物的意识"。布伦塔诺认为"意向性"是将心理现象和物理现象区分开来的决定性因素，由此他创立了意动心理学。胡塞尔批判性吸收了布伦塔诺的意向性学说，并进一步改造意向性学说，获得了构建现象学的重要概念——"意向性"，把意向性归于纯粹意识范围。

1900年，胡塞尔发表的两卷本《逻辑研究》标志着现象学的建立，揭开了现象学运动的序幕。胡塞尔建立的现象学理论触发了西方哲学的现象学思潮，他先后发表了《纯粹现象学和现象学哲学的观念》《形式的和先验的逻辑》《欧洲哲学的危机和先验现象学》等著作。在胡塞尔的影响下，许多学者开始进入现象学研究领域，发表了一系列非常有影响力的现象学著作，包括海德格尔（Heidegger）的《存在与时间》、舍勒（Scheele）的《伦理学中的形式主义与质料的伦理学》等，在西方哲学史上留下了深刻的现象学痕迹。在胡塞尔去世后，现象学经过一段低迷的时期，直到20世纪40年代后，现象学开始在法国复兴，并逐渐发展为国际性哲学思潮，向各类学科渗透发展。

2. 现象学的含义

胡塞尔以"现象"为研究对象，对现象进行描述性分析。胡塞尔认为现象学本身就是以"现象"为对象的方法，是一种建立在本质直观基础上的哲学方法。胡塞尔认为"现象"就是显现出来的东西。"显现"存在于意识之中，是对意识的显现。在现象学中，现象作为显现对象，也是显现过程和显现场所，因为显现总是在意识中发生。可以说现象学就是对意识的研究，并且通过意识的自我显现解释事物本身（刘晓蕾，2013）。

现象学的口号是"面向事物本身"。胡塞尔所理解的"事物本身"与传统哲学所认为的隐藏在现象背后深处的本体或本质不同，"事物本身"就是意识活动或人存在过程中显现出的东西，就是现象学所说的"现象"。现象学的现象概念所强调的是显现于我之物即事物本身，它企图消除传统哲学中内在与外在、本质与现象、主观与客观、精神和物质等二元对立（韩秋红等，2007）。

3. 胡塞尔现象学的发展阶段

在此论述的现象学发展主要以胡塞尔的思想发展为脉络，具体是从《逻辑研究》的发表直至1938年胡塞尔逝世为止的这段历史时期。在此时期胡塞尔现象学思想发展分为三个阶段。

(1) 前现象学时期

这一时期，胡塞尔主要是对数学和逻辑基础进行研究。1891年，胡塞尔发表了《算术哲学：心理和逻辑研究》，主要探讨了数学、逻辑与心理学三者间的关系。胡塞尔受流行的心理主义思潮的影响，试图用心理规律来解释数学和逻辑规律（刘寒春、陈君，2011）。这种以数学和逻辑学为例，对基本概念进行澄清的做法之后始终在胡塞尔哲学研究中得以运用，成为胡塞尔现象学操作的一个中心方法。胡塞尔对于《算术哲学》中基本概念的澄清是基于对心理行为的描述，此书发表后他的理论便遭到质疑。此后胡塞尔便将重心主要放在分析逻辑学和认识论的基本问题上，在此期间发表的一系列文章为以后的《逻辑研究》奠定了理论基础。

《逻辑研究》分两卷。第一卷为1900年发表的《纯粹逻辑学导引》，胡塞尔反驳了当时在哲学界占统治地位的心理主义观点，即认为逻辑概念和逻辑规律是心理的构成物的观点。在该书中，胡塞尔深入探讨了逻辑规律与心理规律之间的差异，批判了在当时的数学和逻辑学研究领域盛行的心理主义观念，把对心理主义的批判和对纯粹逻辑学观念的阐述作为该书的主要内容（张益宁，2007）。第二卷为1901年发表的《现象学与认识论研究》，胡塞尔试图通过他所阐述的六项研究，对意识进行本质分析，以解释逻辑对象的观念性，试图从认识论上为逻辑学奠定基础。在此书中，胡塞尔实际上开创了"现象学心理学"作为一门心理学新学派。胡塞尔发表两卷本《逻辑研究》标志着现象学运动的开始。

(2) 本质现象学和先验现象学时期

在《逻辑研究》后，胡塞尔认为现象学所要研究的对象不是人类的心理现象，应是纯粹的意识，与心理学对比，现象学的定位应是"纯粹的意识论"。因此，胡塞尔研究的重心从"现象学的心理学"转向了"现象学的哲学"，这一立场变化产生了意见分歧，导致现象学运动在两个方向上的分化，即作为"本质现象学"的现象学和作为"先验现象学"的现象学（倪梁康，2014）。

胡塞尔在《逻辑研究》中提出用"意向性"结构来理解"意义"，

并以此为基础论述本质直观即本质还原方法。胡塞尔在书中首次提及意向性理论，认为意向性是先验意识的一个本质特性。"先验意识"不依托任何前提假设，是胡塞尔通过现象学还原方法得到的。先验意识没有实际内容，意向性则是意识的基本结构、纯粹本质，意向性理论就是研究意识通过意识作用建构意识对象的理论，主要是对意向活动的分析。意向活动是反思活动，意向对象是在此活动中意识自己建构出来的，而意识对象只是对象的意义，因而意向活动也是意义活动。

胡塞尔的意向性理论有一个发展过程，以《逻辑研究》为起点，把意识活动的结构描述为"意向行为—意向内容—对象"。后期胡塞尔提出"完全的意向对象"概念，以此分析意向对象的结构，认为意识不仅具有指向性，还具有构造性。可以看出，"意向性"这一概念贯穿了胡塞尔现象学思想的始终。

"先验现象学"定义在1913年胡塞尔发表的《纯粹现象学和现象学哲学的观念》中开始提及。先验还原涉及了有关意识和存在、主体和对象的问题。胡塞尔认为世界的本源是先验的，先验的主体构成了世界，先验还原把世界看作是相对于先验的主体而存在的，而非世界是客观存在的。同时，先验还原还说明了意识活动是如何构成意识活动对象的。

胡塞尔根据以上两种观念，提出两种现象学方法，即本质还原方法和先验还原方法，成为现象学的两种方法论。

（3）生活世界时期

胡塞尔在晚年开始研究生活世界（life world）理论，在1936年发表的《欧洲科学危机和先验现象学》中着重描述了"生活世界"构想，并在《生活世界现象学》里讲述了"生活世界"这一理论。胡塞尔的生活世界理论主要是为了拯救欧洲的人性危机和文明危机，从中探索危机的根源，寻求解决方法。胡塞尔认为，欧洲的人性危机和文明危机的根源是欧洲科学的危机，再进一步追溯欧洲科学危机的根源，就在于近代科学已完全倾向于实证主义科学研究，而忽略了其赖以存在的生活世界。在胡塞尔看来，生活世界是科学的根基与源泉，科学的有效性与意义最终都要回溯到生活世界，而现象学作为一切科学的基础科学，就应揭示科学的真实基础,即生活世界(韩秋红等,2007)。对胡塞尔来说,向生活世界的回溯是通达现象学而实现哲学走向超越的一条道路。

胡塞尔所说的生活世界是"作为唯一实在的、通过知觉实际地被给予的、被经验到并能被体验到的世界,即我们的日常生活世界"(倪梁康,1997),具体包括四个方面。第一,生活世界是一个非课题性的世界。生活世界是一个日常的现实世界,人们在这个世界中生活。人们处于其中,可以经验和感觉到世界的存在,把世界看作是不言而明、毋庸置疑的前提,从不怀疑,也从不作为课题来探索。第二,生活世界是一个奠基性的世界。生活世界是科学世界和课题性世界的前提与基础,具有自明性、原初的直观性和朴素性的特征。因此,生活世界具有奠基性,"客观科学"和"哲学的反思"都将生活世界作为课题研究。第三,生活世界是一个主观、相对的世界。生活世界通过主观而显现,是人主观的建构,而不是纯粹的客观。因而世界相对于每个人来说都有所不同,随着个体主观的变化而变化。第四,生活世界是一个直观的世界,是可直观到的事物的总体。"直观"的事物代表日常的、触手可及的、非抽象的事物,生活世界具有直接性,我们透过直观发现世界。因此,胡塞尔所说的生活世界是非课题性的、奠基性的、直观的、主观的世界。

4. 现象学方法

胡塞尔提出了自己的现象学方法论,包括本质还原方法和先验还原方法,其中两种方法都涉及悬搁。

(1) 悬搁

悬搁是现象学还原方法的必要因素。悬搁又称"加括号"或"中止判断",意思是说对悬置的东西是否存在表示既不肯定也不否定的态度,选择将它放在括号里,暂不表态。对于括号外剩余的东西,就对其进行直观分析和描述。胡塞尔使用"悬搁"这个概念,表示对一切存在性方面的东西是否存在暂不表态,把一切未经考察的东西都放在括号里暂时存而不论。悬搁是胡塞尔对未经考察而相信事实存在的"自然态度"的不信任。悬搁的目的并不是否定知识和世界的存在，而是使现象学不以任何假设为前提进行研究，以此把哲学建立在直观、可靠的基础之上。

（2）本质还原

本质还原是大多现象学家所共同认可的一种方法。本质还原是指把具体事实还原为一般本质，即把现实中存在的事物还原为意向的本质，它是用来发现本质以及本质的规律和结构的方法（刘寒春、陈君，2011）。本质并非隐藏于现象之后，而是直接呈现于现象之中，"现象就是本质"。

本质还原的原则是："面向事物本身"，事物是指"直接的给予"或"纯粹现象"，即直接面对意识中呈现的一面，摆脱一切成见和假设。本质还原要求部分的悬搁，把认识对象所存在的信念放入括号内，悬置起来，只研究认识的对象领域中的本质。因此，胡塞尔认为，"面向事物本身"首先需要部分悬搁，即对所认识的对象是否存在进行悬搁，通过悬搁，发现纯粹现象，即事物的本质。其次是本质还原，使其共相清晰地呈现在我们的意识面前，即事物的共同本质。获得共相的途径是通过直观个别事物的本质开始，从个别事物中还原出一般本质（韩秋红等，2007）。

（3）先验还原

先验还原是一种更完全、彻底的还原，是对还原过程本身的还原，先验还原的过程就是通过内在的意识或思维从一种实体的存在转化为一种先验的存在。先验还原首先要求彻底的悬搁，包括对认识对象和认识主体在世界中存在的信念一起进行悬搁，悬搁后只剩下"纯粹意识"，即"先验自我"。经过彻底现象学还原得到的"先验自我"是没有依托任何假设的，因而成为可靠的现象学基础。胡塞尔以"先验自我"为基础，得以建构在现象学还原中暂时悬搁在括号里存而不论的东西。通过先验还原，胡塞尔把客观存在还原为先验的存在，先验的还原是一条通向先验的主观性的道路，使我们获得了真正意义上的绝对存在。

5. 现象学对心理学的影响

现象学运动是 20 世纪最有影响力的哲学运动，主要表现在胡塞尔所创立的现象学方法影响了后续的众多学科研究。其中心理学和现象学有着密切的联系，在胡塞尔现象学的影响下，形成了现象学心理学这一新研究方向。现象学也成为心理学两大方法论之一，与实证主义对立。现象学针对实证主义的机械论和还原论，与实证主义研究"物"相比，提出研究整体的人，强调人的主体经验，关心人的价值、人的存在和尊严等主观属性，开辟了人文取向的心理学的研究道路，使心理学由量化研究逐渐走向质化研究。因此，现象学对心理学具有方法论的意义。

冯建军总结的现象学之于心理学的方法论意义具体有以下三点（冯建军，1998）。

第一，以直接经验为研究对象。现象学以"现象"作为自己的研究对象，这里的"现象"就是指人的意识经验，而意识经验就是事物本身。受现象学方法的影响，格式塔和人本主义心理学家都反对实证主义对心理的分解与只研究可观察的外显行为，强调心理学要抓住意识经验的有意义的结构，包括意向、理解、目的、价值等。格式塔心理学的研究对象不再是感觉元素，而是整体的现象经验；人本主义心理学所倡导的人的尊严、价值观和内心体验实际上就是指人内部完整的经验世界等。

第二，以问题为中心。现象学主张把人的主体性问题作为哲学研究的中心，重视意义和价值问题的研究。这一思想被心理学家发展成问题中心的原则，用以反对实证主义的方法中心。问题中心即将心理问题，特别是与人的价值和意义有关的问题放在中心地位，以问题决定方法，方法决定服从问题。

第三，整体观。在实证主义影响下，许多心理学家采用原子观来研究心理现象，分解了人的心理，如行为主义把复杂的心理用简单的外显行为来解释，不重视人的心理变化过程。现象学则主张对完整的行为和心理活动进行描述研究而无须进行还原论分析。以现象学为哲学基础的人本主义，开始把重心放在整体的人上，反对以机械论和还原论的观点来研究人的心理。如罗洛·梅（Rollo May）的人的存在，罗杰斯（Rogers）的以人为中心的来访者疗法，都强调了人的整体性。

三、释义学

1. 释义学的起源与发展

释义学,又称解释学。释义学研究将对意义的理解与解释作为出发点,以研究语言问题为主,同时涉及现代西方哲学的许多重要论题。

释义学最初在古希腊神学和古文献学中出现,被神学家用来解释圣经、理解艺术作品和法律体系,有着诠释古代文献的传统,称为神学解释学。19世纪德国哲学家施莱尔马赫(Schleiermacher)和狄尔泰把释义学作为一种认识论与方法论原理引进哲学。

施莱尔马赫把释义学从对圣经或古代典籍等对象的解释和阐述扩展到人类的一切表达形式中,使古典解释学发展为一般解释学。他认为解释学不能停留在文本的表面意思上,应当揭示作者透过作品文字所展示的内心思想状态,揭示作品深层所包含的精神(韩秋红等,2007)。由此,他关注的问题从作为理解对象的文本转向理解本身,释义学不再是诠释文本意思的技术,而是作为一种方法论被引入哲学。

狄尔泰在《人文科学引论》中提出用"理解"来代替自然科学的因果说明方法,为人文科学研究提供了方法论基础。对狄尔泰来说,释义学要解释的对象不仅是古代的典籍,首先应是历史实在,从作为历史内容的文献、作品出发,通过释义,透过文本,以认识这个人,认识当时的生活,进而最终认识历史,把握生命。他认为,作为人类伟大生活的记载以及生命基本表现的历史,应该成为理解的最终对象。至此,释义学不再是对文本的消极注释之学,而成为对历史实在本身的探讨,与历史哲学融为一体(张汝伦,1984)。

随后,释义学经历了一次重大改革,其核心特征是释义学从认识论和方法论问题变成本体论问题,从海德格尔开始,由伽达默尔(Gadamer)完成,称为"哲学释义学",是现代哲学重要思潮。

2. 海德格尔释义学思想

海德格尔认为理解和解释不是一种研究方法，而是人的存在的基本方式和特征，就是人的存在方式本身，人正是通过对存在的解释而了解自身的存在。也就是说，人存在的过程就是不断理解和解释的过程。因此，海德格尔哲学的中心任务是对存在意义的追寻，他把人的存在称为"此在"，哲学本体论的最终任务就是把握人存在的意义。海德格尔对存在的理解，使释义学进入了存在论领域，释义学变成本体论问题。

海德格尔认为，理解作为此在的存在结构，是此在的筹划结构，是在理解过去和应对现在的基础上对未来的筹划，解释则是把理解筹划的可能性表现出来。但在解释过程中，会受到人类"理解的前结构"，即人们在理解前已有的文化习惯、观念、概念系统和对对象"预先已有的假定"的制约及影响。因此，理解是解释的基础和根据，而理解和解释也不是随意进行的，总是受到历史上思想文化传统即理解的前结构的制约和影响。也就是说，人的存在是可能性和事实性的统一，可能性指筹划的各种可能性，事实性指特定的历史社会环境。对可能性的筹划就是对世界结构的设计，人们理解的世界实际是由理解筹划的可能性构成。因此，理解世界就是对世界的构造和再构造的思考，在理解过程中还要受人类"理解的前结构"限制（张汝伦，1984）。

海德格尔把理解的前结构作为理解的条件，对理解存在的论证便陷入一种循环：我们所要理解、解释的东西，似乎就是我们已知的东西（韩秋红等，2007）。海德格尔把这种循环称为"释义学循环"，并将此循环作为此在存在的本体论特征，进一步认为理解的前结构只是理解的基础和本质条件，理解和解释在此基础与条件下，从事物本身出发，清理已存在的先入之见，对世界进行思考和再构造。由此，海德格尔把释义学的方法论问题变成了本体论问题，把释义学从一般的方法论转为本体论意义上的释义学。在海德格尔看来，这种本体论的释义学是一切人文科学的释义学的基础。

海德格尔的释义学思想被他的学生伽达默尔吸收并进一步发展为哲

学释义学。

3. 伽达默尔释义学思想

伽达默尔的释义学思想主要体现在其代表作《真理与方法》中。在该书中，伽德默尔强调，释义学并不是一个方法论问题，而是本体论问题。释义学的目的在于关注人的存在和世界的最基本状态，关注理解人存在的基本方式，并从中发现所有理解模式中的条件和特点，最终达到对世界和历史的释义。

（1）理解何以可能——理解的历史性

伽达默尔认为哲学释义学的任务应是探究理解何以可能，即探究理解和解释发生的条件。他认为理解活动并不是主观的意识活动，而是人存在的基本方式，理解何以可能的条件问题，也就是人的存在问题。人的存在为在世界的存在，而世界是处在人类文化历史背景中的。因而，人类文化历史背景使理解和解释成为可能，理解所蕴含的本体论条件就是人的历史性，而这个条件是内含在理解活动之中的。这就是伽达默尔以历史性为基础的哲学释义学与传统释义学的不同。

伽达默尔重视理解的历史性，认为人的历史性是人类存在的基本事实，真正的理解不是去消除历史带来的局限，而是正确地评价、适应和理解历史。这与古典释义学对历史性的理解不同，古典释义学认为理解者与文本之间存在着历史时间间距，由于这种历史性的制约而产生的各种主观偏见总是消极的，释义学的任务是避免和消除这些偏见，达到客观的历史的真实。伽达默尔则认为，对于人的存在而言，文本带来的历史特殊性和局限性是无法消除的。伽达默尔把这些历史性制约因素统称为"偏见"，偏见是一切理解的必要组成部分，构成了理解的前结构，它是我们进行理解和解释的基础。人总是生活在历史社会环境中，我们无法逃脱历史带给我们的偏见，偏见是人存在的历史实在。所以，更重要的是识别偏见，以正确的偏见去理解世界。

伽达默尔用"效果历史"来指代释义学所指的历史。伽达默尔认为历史是主客体的融合，是过去和现在的统一，是一种包含所有的关系，我们总是处在这种关系中理解。效果历史使我们意识到我们所处的理解的处境，我们不可能逃开历史看待世界，理解本身就是一种效果历史事件。

（2）释义学"理解"的模式

伽达默尔认为释义学的理解模式包含释义学循环、视界融合以及对话事件，下面将详述这三种模式的具体内容。

一是释义学循环。大多释义学家认为在意义的理解过程中不仅需要根据细节理解整体，还要从整体中理解细节，这是一个循环的过程。伽达默尔认为以往所认为的循环只包含文本内的循环，是不够的。释义学循环应包括：从具体中找寻整体精神和从整体中认识理解具体部分的文本内循环；从历史背景中理解整体与部分的循环；作为理解者的"理解的前结构"同理解对象之间的循环。"循环"关系构成了理解的本体论要素，理解只有在这种循环的关系中才能发生。文本理解的循环过程没有明确的起点和终点，理解是在整体的理解和部分的理解之间徘徊的，对文本的理解是一种开放的领悟（叶浩生，2009a）。

二是视界融合。释义学所说的理解是对存在意义的追寻，意义产生于理解过程中理解者与被理解对象的视界融合过程。偏见为理解者提供了特殊的"视界"，理解者和他所要理解的对象都有各自的视界。理解者的任务不是抛弃自己的视界去理解对象的视界，而是把现在的视界与过去的视界有机地结合在一起，即我们的视界与传统的视界不断融合，随着理解的进展不断拓宽自己的视界，伽达默尔把这一过程称为"视界融合"。理解是创造性的视界融合过程，因为理解离不开历史带来的偏见、传统，也离不开理解对象以及它过去和现在的视界，所有的因素相交在一起，产生新的视域、新的理解。

视界具有下列特征：首先，视界的基础是历史性的，人如果不把他自身置于这种历史性的视界中，他就不能真正理解历史文本的意义；其次，视界不是封闭和孤立的，而是在时间中变动和开放的。视界是不断运动的，当这一视界与其他视界相遇、交融时，就形成了新的理解，这就是"视界融合"。新的视界超越了它所融合的视界最初的问题和成见，给了人们新的经验和新的理解（韩秋红等，2007）。

三是对话事件。伽达默尔提出"释义学经验"，与自然科学所认为的经验具有可重复性、永恒性的观念不同，经验的一般结构为有限性和开放性。经验的历史性决定了经验本质上是开放的，是对新经验不断开放的过程。经验的开放性同时也意味着经验总是有限的，人的理解也是有限的。因为人的经验总是植根于历史世界中，尽管经验不断变化发展，知识总是有限的，对世界的理解总是趋向更深远但仍是有限的理解。伽达默尔认为释义学经验是人类生活的最基本经验，此举并不是否定自然科学经验，而是说明自然科学经验有一定的使用范围。释义学经验的表达方式在伽达默尔看来是一种对话模式，对传统开放就是与传统对话。

理解也是一种对话过程。历史文本由于向理解者提出问题，才能成为理解对象，理解一个文本意味着理解这个问题。理解的对话过程使问题得以提出，新的回答使新的理解成为可能。因此，对话具有问答逻辑的形式，理解的逻辑结构就是问答逻辑的结构。问答逻辑把理解看作平等的关系，即"我—你"关系，而非认识论的"主—客"关系，可以说，对话过程是互相理解的过程。

对话过程也是一种视界融合的过程，是无尽的过程。因为历史文本提出的问题是基于一定的历史视界，理解者也基于自己的视界提出问题，回答的问题超出了文本的历史视界和自己的视界，结果是两者相融合，形成新的理解。视界是不断变换的，历史是流动的，我们所处的历史处境决定了我们无法达到一个完满的理解，对文本的理解是无限的。在如此循环往复的问答中问题不断被理解，文本意义被无限扩大。

（3）理解的语言哲学

语言哲学构成伽达默尔释义学理论的主要哲学框架和基础，语言在他的哲学释义学中占据核心位置。语言在自然科学中的定位是人们在生活、交往表达中所用的符号或工具。在伽达默尔看来，语言不仅是表达思想的工具，语言是事物内在的结构，即意义。因此，伽达默尔认为语言应处于存在论地位，认为我们所能理解的存在就是语言，因此我们只能通过语言来了解存在，而人作为拥有语言的存在物，是以语言的方式拥有世界。

在伽达默尔看来，从释义学角度分析，语言和理解的关系是，语言是理解的普遍媒介，理解本质上说来是语言的，理解的对象具有语言性，理解的实践也具有语言性。理解过程本身就是理解者和文本双方寻找及创造共同语言的过程，这个过程就是视界融合的过程，可以说在理解过程中发生的视界融合就是语言的成就（韩秋红等，2007）。

伽达默尔的哲学释义学，使释义学从一般释义学转换为本体论的释义学，成为现代西方哲学重要的思想力量。哲学释义学力图打破人本主义和科学主义两大哲学思潮的僵持格局，代表了当今理论研究综合发展的趋向。

4. 释义学对心理学的影响

随着实证主义的衰落以及后经验主义的兴起，释义学提出的理解与解释观点以及研究中采取的质化研究方法逐渐被心理学吸收，形成了心理学中的释义学转向。叶浩生总结了释义学之于心理学的方法论意义（叶浩生，2007b）。

首先，释义学反对将研究物质的自然科学方法应用于以人为对象的人文社会科学中，这对于重建心理学科学观和方法论具有借鉴意义。心理学研究对象为有自主意识、带有主观性、有思维能力的人，与自然科学所研究的"物"具有本质不同。自然科学采用客观的研究方法，目标是"说明"事件，需要剥离个人意义和价值，以便得出一般性规律。人文科学目标则是"理解"，即理解精神现象的特征和意义，需要深入具体的社会历史、文化情景中理解。由此可以看出，两种科学取向的研究方式和对象都不同。释义学的观点启示我们必须重视心理现象本身的特点，采取适当的研究方法，而不是盲目仿效自然科学的研究方法和模式。

其次，释义学作为研究方法，它的核心观点即理解与解释为心理学的研究提供了一种质化研究方法，这对于摆脱经验实证方法的束缚，从而进行方法论的变革具有重要意义。主流心理学一直坚持使用自然科学实证方法，强调研究方法的客观性和数量化特征。在心理研究的持续深入中，实证主义的局限性逐渐明显，客观的研究方法不足以支持心理学的各类研究。在释义学的影响下，质化研究方法在心理学中渐渐流行起来。释义学主张把研究对象放于历史文化、社会环境中研究，关注的重点是意义。研究者需要通过视界融合，以对话形式达到理解。可以看出，释义学的研究更多的是一种体验的分析，是质化和定性研究。质化研究以理解人类体验为目的，更适合心理现象的探讨。

最后，释义学强调理解和解释的历史性，认为理解和解释不能脱离文化历史背景，对于心理学克服个体主义和普适主义具有积极意义。一直以来心理学都坚持使用客观主义实验方法，回避了历史文化因素影响，把心理学研究置身于抽象的情境中。这种研究忽视了人是植根于历史文化社会环境中的，即对人的心理现象的认识和理解是不能脱离这种环境的。伽达默尔重视理解的历史性，把理解和解释的文化历史背景作为"前理解"，是理解者特殊的"视界"。理解过程需要把过去与现在的视界结合，达到"视界融合"，以产生新理解。因此，理解和解释，也就是我们所说的认识过程与文化历史背景，是分不开的。释义学启示我们必须重视心理现象研究的文化历史背景。

四、社会建构论

1. 建构主义

建构主义是继行为主义、认知主义之后的进一步发展，被誉为"当代科学与教育中的一种主要理论"。事实上，建构主义并没有形成统一的学派，由于定义上的不统一，以至于有学者认为，"有多少建构主义者就有多少种建构主义"（莱斯利，2002）。但不同的建构主义在理论观点上具有一定的相似性，斯蒂芬·科尔（Stephen Cole）将建构主义的基本特征概括为：①所有建构论都反对传统的科学观，即把科学仅仅看成是理论性活动；②几乎所有的建构论者都采取相对主义立场，强调科学问题的解决方案是不完全决定的,削弱甚至完全否定经验世界在限定科学知识发展方面的重要性;③所有建构论者都认为,自然科学知识的实际认识内容都受到社会因素影响,只是社会发展过程的结果(赵万里,2002)。当前西方盛行的建构主义的分支取向主要有:激进的建构主义(radical constructivism)、社会建构主义(social constructivism)、社会文化认知论(sociocultural cognition constructivism)、信息加工的建构主义(information-processing constructivism)、社会建构论(social constructionism)和控制论建构主义(cybernetic system)。

为更好地理解建构主义,对不同的建构主义加以区分,我国学者杨莉萍将不同派别建构主义从三个角度进行划分(杨莉萍,2006)。

其一是从"认识论—本体论"角度划分。认识论角度即温和的建构主义,该建构主义研究止步于认识论层面,建构的对象主要是知识和科学。该建构主义强调人们对世界的认识是通过主客观相互作用,由主体主动建构起来的。此类建构主义包括社会文化认知观点、信息加工建构主义、系统控制论和有关个体知识的社会建构主义。本体论角度即激进的建构主义,该取向建构主义认为不仅人的认识是建构的,"现实"本身也是被建构起来的。此类建构主义包括激进建构主义和社会建构论,两者均具有后现代的文化倾向,具有强烈的对现代文化的批判和反思意识。

其二是从"个体—社会"角度划分。知识存在两种形态:一种是个体性知识,另一种是社会性知识。个体取向的建构主义关注的是个体知识的形成以及人与物理环境之间的相互作用。该类建构主义主要包括建构主义学习理论或皮亚杰(Piaget)的个体认知建构主义。皮亚杰的理论主要集中在研究社会性知识如何经过同化、顺应被纳入个体内在知识结构,形成个体性知识的过程。社会取向的建构主义,关注社会性知识的形成以及个体性知识与社会性知识之间的同构性及相互建构的过程,同时强调人及其对象的社会性。该类建构主义包括科学知识社会学以及维果茨基(Vygotsky)的社会文化历史理论。其中,维果茨基的理论主要集中研究经过个体重构和创新后的个体性知识,如何通过对外的发布、个体间的协商和评议，最终被确定为社会性知识的过程。社会性取向的建构主义强调人及其对象，即主体与客体的社会性。

其三是从"强调文化因素—重视建构过程"角度划分。因素论建构主义认为知识是由外部输入心灵，强调社会文化因素在个体知识形成过程中的作用，如激进建构主义。过程论建构主义，认为知识由人的心灵内部生成，强调知识是在建构过程中形成的，如社会建构论。

2. 社会建构论

建构主义中的社会建构论是西方心理学中后现代取向的主要代表，可以看作是新的社会科学，属于人文科学研究取向。社会建构论像建构主义一样没有统一的定义，是一个较为松散的概念。根据杨莉萍对建构主义三个角度的划分，可以将社会建构论定位为（杨莉萍，2006）：从"认识论—本体论"角度，社会建构论基于激进论立场认为不仅人的认识、心理具有建构性，社会现实同样具有建构性，它的激进立场表现在对现代心理学的本体论批判上，带有后现代色彩；从"个体—社会"角度，社会建构论具有社会取向特点，将个体与社会之间的相互构成性和相互作用的过程作为自己主要的研究对象，特别是将重构个人与社会的关系作为首要的研究目的和任务；从"强调文化因素—重视建构过程"角度，强调社会文化因素对人的知识和心理的影响，要求在研究中体现不同情境中各类因素之间的互动及相互建构过程的具体分析。

（1）社会建构论的起源

社会建构论早期源于知识社会学，代表人物为文化人类学家杜克海姆（Durkheim）、社会学家马克斯·韦伯（Max Weber）、社会心理学家米德（Mead）等。其中，米德提出的观点，人的认知是在日常的人际交往和群体互动中"建构"的，而不是人固有的（叶浩生，2004a）。这一观点是心理学中社会建构论取向的重要思想来源。

哲学家库恩提出的范式理论及其对现代主义的批判等观点，是社会建构论心理学最直接的思想来源。库恩的范式论观点表明了事实的相对性、科学知识的社会文化制约性，为社会建构论关于知识建构的论证提供了理论基础。

知识社会学家伯格（Berger）和拉克曼（Luckmann）于1966年出版的《实在的社会建构》（*The Social Construction of Reality*）一书，在社会建构论建立过程中具有标志性作用。该书被誉为社会建构论的"圣经"，"社会建构"一词在该书中首次被明确提出。在这本书中，伯格和拉克曼关注的重心是社会意识怎样影响有关实在的知识，探究实在的信念如何影响实在的社会建构，分析主观的意义怎样客观化，又怎样通过社会化过程内化为主体内在的东西。伯格和拉克曼站在反基础主义和反本质主义的立场上，揭示出语言作为一种符号系统怎样影响了实在和意义的社会建构（叶浩生，2004a）。

美国心理学家格根于1985年发表的"现代心理学中的社会建构论运动"一文，宣告了西方心理学中社会建构论取向的正式形成。社会建构论心理学主张放弃对个体内在心理结构或心理过程研究，转向人与人之间沟通、互动、对话、协商等社会性过程研究。这种转变，格根认为是一种认识论转变，从经验认识论到社会认识论。

在该文中，格根将社会建构论心理学的基本立场从元理论层面概括为四个基本假设，可视为社会建构论心理学的基本纲领。第一，我们用于理解这一世界的术语（所有的语言和表征）并非由我们对世界的经验本身规定；第二，被我们用以理解这个世界的术语，是社会的人造物，植根于人与人之间的互动过程，是历史的产物；第三，某种特定的理解方式被人们接受、认可或支持的程度，从根本上说，并不取决于其观点经验的有效性，而取决于社会过程（如沟通、协商、冲突、修辞等）的变迁，这种变化是从经验认识论到社会认识论；第四，经由协商产生的理解方式对于社会生活具有重要的意义，因为它们与许多人们参与其中的其他活动之间存在固定的联系，对世界的描述与解释本身构成了社会行为（杨莉萍，2006）。

（2）社会建构论的发展

目前西方心理学中影响较大的社会建构论主要有三个派别：后现代的社会建构论、实在论的社会建构论和修辞—反应的社会建构论（霍涌泉，2009a）。

后现代社会建构论，以心理学家格根为主要代表。该理论认为所有的知识都是一种社会建构，通过语言的形式由社会契约构成，因而无法客观地理解世界，关于世界的普遍真理是无法确定的。该理论主张心理现象只是一种社会建构，心理学的主要研究对象应是社会话语，社会话语是知识的唯一基础，它不能超越话语产生的社会知识团体。社会话语仅仅在话语发生的局部水平上负载真理。

实在论的社会建构论，以英国心理学家哈瑞（Harre）为主要代表。该理论也强调话语问题，但不同于后现代的社会建构论的反实在论立场，认为社会建构论具有实在论倾向。他们强调语言即实在，语言存在具有本体论的地位。心理是社会的建构，是一种言说的社会实践。社会世界和个体是被语言实践不断建构的。他们重视将心理学与社会分析结合起来，反对纯粹关注话语本身，而是以认识和语言的文化维度进行会话的分析。

修辞—反应的社会建构论，以肖特（Shorter）为主要代表。该理论强调社会建构活动中话语的修辞与反应特性，认为社会建构论只不过是修辞而已，除了修辞有效之外别无他物。科学陈述均建立在修辞操作上，通过修辞和叙事手段，科学研究可获得话语系统的形式化与公理化表述。修辞、叙事具有科学发展的战略规划意义和方法论意义。

社会建构论与建构主义一样，本身并不是一个统一的理论流派，但社会建构论总结起来具有一定的"家族相似性"，存在一致的基本观点（叶浩生，2003a）。

第一，知识是建构的，而不是经验归纳的产物，建构是社会的建构，而不是个体的建构，是人际互动的结果。认识过程是积极主动的建构过程，而不是被动的反映过程。第二，人格、态度、情绪等心理现象并不存在于人的内部，而是存在于人与人之间，是文化历史的产物，是社会、语言建构的结果。第三，语言并非是具有确定意义的透明媒介，也并非是表达思维内容的中性工具，相反，语言是先在的，规定了思维的方式，限定了思维的方向，为思维提供了基础。第四，没有超越历史和文化的普遍性知识，我们对于心理现象的理解是受时间、地域、历史、文化和社会风俗等制约的。社会建构论认为我们理解世界的方式，认识我们自身时所使用的概念和范畴，描绘自我体验时所使用的术语和语言，都是文化的、历史的。对知识的理解是随着社会文化历史的变化而变化，因而知识是相对的。第五，心理学家应该关注话语的作用，话语分析是心理学的基本研究方法。社会建构论认为，传统心理学所说的"动机""态度""情绪"等实际上是话语的体现。没有什么内在于我们的动机、情绪、态度，有的只是不同文化、不同历史条件下的话语建构。

（3）社会建构论对心理学的影响

社会建构论作为一种新的研究取向在西方心理学领域引起了广泛关注。许多心理学家接受社会建构论的观点，从社会关系中人际互动角度看待心理现象，站在社会建构论主义的立场上对认知、情绪、记忆、自我、人格等心理学概念重新进行分析理解，影响效果日渐增大。心理学与社会建构论结合形成社会建构论心理学，作为对实证心理学的批判及对后现代心理学的重构。

总体来说，社会建构论从社会互动角度看待知识产生，为心理学开辟了新的研究角度，促进了心理学的方法论改革，在心理学中具有方法论意义。

一是重新定位心理现象。社会建构论把人格、情绪、记忆和思维等心理现象定位于人际互动的社会交往过程，从社会起源的角度分析心理现象，这对于克服心理学方法论上的个体主义倾向具有积极的意义。社会建构论主张把注意的中心从个体转向关系，心理现象不再是个体内部的精神实在，而是人们在社会互动、协商中的话语建构。心理现象作为一种话语建构，只存在于社会交流中（叶浩生，2008）。

二是从关系的角度看待心理现象。把心理现象置于社会实践中探讨，提出历史文化在心理学研究的重要作用。传统心理学一直以自然科学为楷模，忽视对心理现象的历史文化因素分析。心理学一直向科学主义研究看齐，采用自然科学的研究方法，以实验原则为准，严格控制无关因素影响，把自变量和因变量分离出来做因果分析。但是，对于心理学这一学科并不能像对待自然科学那样研究，心理是在具体的社会文化环境中形成的，既有个体内部的原因，也有社会环境中各类因素的影响。因此，社会建构论主张应把心理现象置于文化历史的社会背景中，找出心理现象产生的历史文化性原因。

三是不同于经验主义的科学观和方法论。经验主义认为科学知识是事物本质属性的经验表征，心理学知识则是对作为精神实体的"心理"的正确反映。社会建构论反对这种观点，主张把知识放在社会人际互动中分析，考察知识相对于特定社会和历史时期的使用特点。在社会建构论那里，知识不是被"发现"的，而是被"发明"的。因此，社会建构论主张放弃经验主义的科学观和方法论，把知识放到社会文化背景中加以考虑，考察知识的政治意义、道德意义、伦理意义、实践意义及其相对于特定社会和历史时期的实用特点（叶浩生，2003a）。

第三节　后经验主义的心理科学观与方法论原则

一、心理学价值取向概述

心理学从建立之日起就致力于追求自然科学的研究模式。心理学创始人冯特致力于让心理学脱离哲学的怀抱，提倡用实证主义指导心理学，使心理学成为一门自然科学。实证主义理论和方法的渗入，促成了心理学中科学主义价值取向的形成。科学主义下的心理学，采用测量、实验、观察等自然科学方法，注重数据的客观性和精确性，此时的心理学家以研究心理现象的自然特征为主，关注客观事实的说明和描述。

在实证主义哲学观和方法论影响下，19世纪末，冯特使心理学从哲学中脱离出来，成为一门独立学科。此后科学主义取向成为西方心理学的主流，心理学家集中使用自然科学的实证方法，注重研究方法的客观性和有效性。心理学家认为只有通过自然科学的实证方法，才能对心理现象进行完整、有效、精确的研究,使研究结果达到高度的有效性和精确性,才能进一步巩固心理学的科学地位。

大力发展科学主义取向的心理学在做出巨大贡献的同时,也显示出其弊端。首先是忽视了人的主观价值,否定了心理的主观属性。受实证主义可观察证实和客观性原则影响,科学主义取向的心理学家,只关注可外部观察的客观心理现象,忽视了人的内部生活和主观体验,使心理学脱离现实人的实际需要(贾林祥,2000a)。其次是方法中心主义。科学主义心理学家过度推崇自然科学的实验方法,追求方法的客观性和精确性,以实证主义方法为中心选择研究对象,导致研究对象单一,使研究局限于自然科学的狭小范围内,缺乏对人的整体性把握。

科学心理学诞生的同时,心理学研究的人文主义倾向也出现了,两种心理学模式相互对立共存已久。心理学的人文主义取向主要是指心理学家受西方社会科学中人本主义的影响,采用主观的方法对心理现象做整体描述,以建立心理学研究中的人文主义文化和知识体系(王沛、张国礼,2003)。人文主义心理学反对科学主义,强调心理学不能全盘接受自然科学的研究模式来开展心理研究,主张以人文社会科学的研究模式来塑造心理学,突出心理现象的社会性、整体性和主观性特征。同时强调心理学的研究要考虑人的主观属性,以人为中心,对心理现象采取整体描述方法,使心理学展现出人文科学属性。

二、人文主义取向心理学的哲学基础

心理学中的人文主义是以现象学、释义学作为其哲学基础。在现象学、释义学的影响下,心理学家认识到以整体的人为心理学的研究核心,把人置于社会历史环境中,采用以理解和解释为主的人文主义方法,才能把握心理活动的特征和意义,而不是把意识还原为单独的元素或行为进行分析。

其中,现象学主要影响了格式塔心理学和人本主义心理学。胡塞尔反对将自然科学的实证主义方法论放入人文科学中,认为以实证的方法研究以人为研究对象的心理学，会使心理学陷入还原论中。胡塞尔强调意识的重要性，主张对意识的研究只需要做整体描述，将其完整地显现出来而不需要进行外部观察。胡塞尔的观点被人文心理学家吸收，整体描述成为格式塔心理学和人本主义心理学的主要研究方法。现象学体现在格式塔心理学中，格式塔即为完形，代表经验的整体性质。经验是不可以拆分的，整体不是元素的总和，它先于元素，并决定元素的性质（叶浩生，1999a）。现象学体现在人本主义心理学中，人本主义心理学家认为心理学的研究重心应是整体的人，研究人的本性、潜能、价值，强调对人的主观体验的完整、如实描述。

释义学主要影响了精神分析学派。释义学主张通过理解和解释探寻文本的意义，其核心概念是"理解"，理解是一种对"意义"的追求。理解文本就是寻找深藏于内部的文本意义，以理解者和文本各自的社会历史文化背景出发，通过视界融合达到理解意义。释义学的观点体现在精神分析中，在心理治疗分析中，精神分析学派关注病人的过去经验及文化背景，注重历史的作用，从中理解问题，探寻意义，以达到治疗的目的。

三、人文主义价值取向对心理学的影响

心理学研究中的人文主义取向的基本原则有三。①以人为研究对象。人文取向心理学家反对科学主义心理学把人当作客观存在的"物"，无视人的发展成熟以固定状态量化研究。人是物质与精神的统一体，具有主观性，应重视人的本性、价值和尊严，研究完整意义的人。②注重"历史性"，反对自然科学主义的实体原则。人文主义取向的心理学家认为，人处于社会文化情境中，人的心理现象研究无法脱离历史存在而进行客观研究。③强调"问题中心"原则。实证主义指导下的心理学，研究重点放在研究方法上，以固定、精确的方法选择研究问题，导致研究问题单一，远离人的实际生活。人文取向心理学家反对这种倾向，认为应当把研究的中心置于现实的问题上，以问题为中心，根据实际的心理

对象选择适宜的研究方法。

同时,人文主义取向心理学也存在一些弊端(贾林祥,2000a)。①忽视了人的自然属性。人文主义走向科学主义的反面,过分强调人的价值、尊严以及主观体验等主观因素。②研究存在神秘主义色彩。人文主义心理学主张以理解、直觉取代客观实验方法和精密的测量手段,过分夸大了非理性因素对人的影响,使结果的可靠性降低的同时蒙上了神秘色彩。

人文主义价值取向给予心理学与自然科学的实证主义完全不同的价值观念,强调人的整体性,从精神和社会角度去理解人的心理,形成人文主义文化氛围。人文主义心理学家为促进心理学的繁荣和发展,做出了许多贡献。人文主义取向心理学首先把人作为心理学的研究对象,强调以人为研究的中心,在研究中认识和尊重人的价值和尊严,符合心理学的研究实质。其次是扩大了心理学的研究范围,人文主义心理学家认为科学主义的以方法中心原则会把心理学局限在某一方法许可的范围内,限制心理学的研究范围。而以问题为中心,先决定研究问题,再以问题为依据选取研究方法,可以扩大心理学的研究范围,更贴近人的现实生活(贾林祥,2000a)。最后,人文主义取向心理学重视心理现象的社会文化历史条件。任何人的心理都是在特定的文化氛围中形成的,社会文化观念、价值观念已在人的心理形成过程中留下存在的痕迹。

四、质化研究

质化研究最早可追溯到人类学的田野调查,20世纪70年代以后,随着心理学中人文主义思潮的兴起,实证主义量化研究局限性越来越明显,质化研究在心理学中开始兴起。随着心理学步入后现代主义阶段,质化研究先从咨询和心理治疗领域兴起,逐渐波及心理学的大多数分支,逐渐形成了心理学中的质化研究思潮(叶浩生,2009b)。质化研究方法在心理学中主要适用于研究心理的文化性、社会性、意义性等方面。质化研究方法关注的是人们怎样解释他们的经验及其所生活的世界，从被研究者的角度理解他们的行为和看法。从类型上讲，质化研究包含了案例研究、文本释义、民族志研究、现场观察、参与式观察、话语分析、无结构访谈、叙事分析等多种具体的方法（叶浩生、王继瑛，2008）。

1. 质化研究哲学基础

质化研究和量化研究分别建立在不同的本体论、认识论与方法论的哲学基础上。量化研究主要以实证主义为基础，而质化研究更多建立在社会建构论的基础上。叶浩生从三个角度论述了社会建构论对质化研究的影响（叶浩生，2011b）。

首先是从本体论角度，质化研究者吸收社会建构论的观点，认为实在是社会建构的结果，心灵作为精神实在也是一种建构的产物。对于这样一种建构，重要的不是自然科学所追求的定量分析，而是对心灵性质探讨，分析其形成的历史文化原由，发现其中隐含的价值观和意识形态效用。话语分析、叙事分析等对语言的释义成为质化研究者推崇的方法。

其次是从认识论角度，质化研究者更倾向于接受释义学循环作为其认识论的隐喻，反对量化研究者所认为的经验证实是认识的唯一途径。质化研究者认为认识过程类似于释义学循环和视域融合的过程。对于事物质量的把握是一个循环往复的过程，从简单到复杂，从部分到整体，循环往复、相互促进。质化研究注重对意义的把握，而意义把握不是一蹴而就的，这一过程类似于释义学循环的认识模式，是无穷无尽的。

最后是从方法论角度，由于质化研究本体论、认识论建立在社会建构论上，在方法论上表现"问题中心"原则。依据社会建构论的观点，实体是社会建构的结果，而建构过程受到文化历史、语言等因素的影响，因而在不同的社会文化条件下，在不同的历史时期，对于实在的建构过程和结果是不同的。既然实体是建构的，心灵也是建构的产物，对于这样一种建构的产物就不存在客观和量化的分析，而只能进行文化历史的定性。因为不同的文化历史条件下，不同的科学技术环境影响了双方各自的建构过程，由此就会产生不同的研究方法。在这样条件下，多元化的方法成为必然的选择。

2. 质化研究在心理学中的应用

相对于量化研究，质化研究方法更适用于理解和描述各种情境下人的行为，更深层地理解心理现象的意义和性质。因此，质化研究在心理研究中展现出量化研究无法比拟的优势，具体有以下五点（叶浩生，2009b）。

一是质化研究主张探索主观体验，追求意义。心理和意识是一种内在的主观体验。质化研究运用开放式访谈、参与式观察、话语分析、叙事分析等方式了解被研究者的真实生活体验。

二是质化研究强调寓情于景，追求研究的特质化。质化研究的目的不是预测和控制，而是理解，即在具体的情境中，深入历史文化内部把握现象和事件的意义。

三是质化研究的整体主义取向。质化研究遵循现象学和释义学的整体研究策略，强调心理现象的完整性，把研究重心放在整体结构上，即使是对元素的分析也是放在整体结构中观察分析。

四是质化研究重视自然语言在知识获得过程中的作用。质化研究者持社会建构论的观点，认为语言不是透明的，而是具有建构的特性，各种心理体验恰恰是通过语言建构出来的。在研究过程中，质化研究者赋予自然语言以中心地位，把普通的会话和日常生活的语言作为研究的起点。

五是质化研究抛弃价值中立原则。质化研究不回避价值问题，在研究过程中允许展示研究者的态度和信念。这一过程有利于研究者和报告的阅读者对获得的数据和资料进行其他解读，而不会陷入单一结论中。

质化研究在心理学中的应用包括两方面：其一是方法论层面上的应用，为心理学研究的多元化方法选择提供依据；其二是应用在具体操作层面上。具体操作的一般程序如下。①研究设计。包括确定研究范围和分析单元、界定研究问题、选择收集资料方法、确定分类方式和表达方式等。②研究问题的选择。质化研究选择的问题具有特殊性、意外性、模糊性、意义性等特点。③资料收集和做记录。质化研究资料包括观察、访谈、档案分析和视听材料等。④资料的整理分析。资料收集后需要进行归档、编码、分类和归纳分析。其中分析的方法可以是范围分析、成分分析、主题分析、类别分析等。⑤成果表达。以研究报告形式呈现。⑥研究结果的评估。马克斯韦尔（Maxwell）发展了一套评估质化研究效度的分类指标体系，把质化研究效度分为描述效度、解释效度、理论效度、评价效度、推广效度等（秦金亮，2000）。

随着心理学中后现代主义思潮的兴起，心理学的研究取向开始从着重于实证主义的量化研究转向对质化研究的重视。后现代主义并不反对量化研究方法，而是主张建立多元的、复杂的心理研究方法，质化和量化不是互斥关系，而是结合使用。心理学研究的实践表明，心理现象既具有客观性又具有主观性，既可以用量化的方法对心理活动进行精确的、实证的研究，做出规律性说明，同时，又需要采用质的研究方法对心理现象进行理解和体验，从而全面、整体地把握心理现象的本质。质的研究和量的研究是从不同角度、不同侧面对社会现象的认识与把握，是相互补充、相辅相成的两种研究方法（闫杰，2008）。后现代主义支持心理学方法多元的理念，推动了质化方法在心理学中的发展应用。

第四节　后经验主义的研究方法

一、话语分析

1. 话语分析的概念特征

话语分析被标示为一种分析方法，一种方法论，一种涉及超理论、理论和分析原则的社会生活观点，一种对主流心理学的批评，一种定义与分析语言的方法。多种形态的话语分析显示了其学科起源的多样性，在哲学、社会学、语言学、心理学、文学理论中均可以找到其源泉，如有的聚焦于句子如何组合，有的关注谈话如何构成，有的重视陈述如何构成客体与主体，有的潜心研究如何在社会问题与结构变量的关联中理解话语。这些不同种类的话语分析在许多维度上如认识论观点、理论的性质与作用、数据资料的分类、怎样理解与对待环境等表现出了明显的差异，可见，话语分析是一个非特异性的术语（麻彦坤，2015）。

话语分析强调了三个核心特征（Potter，2003）：一是行为导向，话语作为社会活动的一种形式，通过分析话语关注参与者如何使用话语资源以及话语带来的影响；二是情境性，可以理解为语言是按顺序排列的，因此每句话都能被理解为与之前的话语有关，话语符合此时此地语境；三是建构形式，话语的概念有"构成"与"被构成"之分。

2. 话语分析的研究取向

话语分析形成了两种取向：社会心理学的话语分析和后结构主义的话语分析。两种取向的区别在于，后结构主义的话语分析把话语设想为是对主题的构成和获得意义的方式，而社会心理学的话语分析则把话语作为活动侦察的工具，反对把经验放入话语运动中。

社会心理学的话语分析形成于奥斯汀（Austin）的言语行为理论，强调行为表现的语言使用方面和对民族方法学的使用。话语分析接受社会心理学的一些核心概念并进行修订，包括态度、认知和自我等。因此，社会心理学的话语分析与其他质化研究方法的不同之处在于，关注的分析点不再是个人，而是对文本的分析和做法，忽略说话者和社会背景对文本的影响。

后结构主义话语分析以福柯（Foucault）为代表，认为话语即为实践，话语是一种思维方式，一种社会实践，这种分析具有强烈的社会批判性。后结构主义话语分析关注不同话语之间的意义分歧及冲突，倾听不同身份类型的声音，显现话语意义价值，以这种方式参与对社会现实的建构。其主要特征：一是关注话语的功能和发展问题；二是注重对社会的"类型格局"包括各种社会类型及其评价机制的批判性分析。其中包含大量对不同主体、身份、性别及性取向、社会性知识、越轨等心理和行为的社会建构过程的深入研究（杨莉萍，2007）。

3. 话语分析的应用

话语分析主要应用于社会心理学和心理治疗中。话语在社会认知、态度变化等社会心理学概念中起着重要作用。社会认知在话语过程中生成，社会认知的再现过程中话语起重要作用，因而社会心理学家用话语分析方法研究社会认知。在心理治疗中，话语分析可运用于犯罪研究、精神病治疗等方面。

波特（Potter）和韦斯雷尔（Wetherell）于1987年出版的《话语与社会心理学》一书系统阐释了话语分析理论及其在心理学中的运用，并提出话语分析过程的十环节，包括选题、取样、录音、文档收集、访谈、记录、编码、分析、确认、报告（Potter and Wetherell，1987）。

话语分析在心理学中首先是一种以社会建构论为哲学基础的研究立场，其次才是研究方法。作为一种研究立场，话语分析是当代哲学语言观的转变在心理学中的反映。作为一种研究方法，话语分析是"对各种文本的分析，以揭示其中话语的运作及其用以建构的语言或修辞装置"（杨莉萍，2007）。

二、叙事研究

1. 叙事研究的概念特征

叙事研究是一种混合模型，它将叙事经验的分析、文学解构理论与释义学分析有机结合在一起。叙事研究假设，人生活在故事中并在故事中理解生活，以一种有始有终的节点的方式连接事件，这些故事在一个人生活的其他故事情景中展开，故事情景包含了社会、文化、家庭或其他交叉情节。叙事研究的目标是探索并定义表征在文本形式中的人类经验，以释义学、现象学、民族志学、文学分析为基础，叙事研究避开了方法论规范，依据人们自己对意义的制作来捕获生活经验并将其以深刻的方式理论化（麻彦坤，2015）。

叙事研究者不赞成客观地接受"事实"，更同意唐纳德·斯宾塞（Donald Spence）对"事实"的区分，即把事实分为叙事的和历史的。叙事的事实包括主动建构经验，关注事件的理解和组织过程，而不是根据事实报告发生什么，流于表面。叙事分析强调内容和意义，有时和建构形式相关。

叙事研究依靠主题分析、话语分析和其他框架，致力于探索整体而不是片段的话语单元或主题分类，不是为了标志人类生活中的一部分，而是整体生活的意义。故事建构形式反映了叙事者流动的内部世界和生活的社会世界方面，不是为了证明和描述世界，而是为了理解他们与世界之间的动力关系。叙事研究没有教条和准确的标准，只关注围绕整个故事的主题，采访者与被采访者之间的关系分析这些生活故事。因此，叙事研究需要叙述者更深层地描绘故事细节，描述对生活故事的理解和看法。

叙事研究的基本特征包括：①研究者可以获取丰富而独特的研究资料。叙事资料可以从多个维度进行，包括叙述者的动机、情绪、认知水平等；②研究无事先假设，研究者会通过对叙事资料的阅读，找到研究方向并形成假设；③叙事研究所做的工作都是解释性的，带有个人色彩；④研究结果的可重复性不是叙事研究检验其效度的标准，叙事研究依靠的是研究者的自我意识和自律（马一波、钟华，2006）。

2. 叙事研究的分析程序

叙事研究的操作主要包括：①对采访的整体阅读，了解叙事的建构过程，选择相应的主题，然后回到需要特别注意的文本部分，理解采访材料意义；②进行多样化阅读以识别不同自我的"声音"，进行自我对话，采用相应的分析方法进行具体分析；③反复阅读直到获得对文本整体结构的理解；④阅读文献，发现有细微差别的意义表达，获取不同的文本意义。

在叙事材料的阅读分析过程中，会产生不同理解，主要从以下两个维度进行分析：整体与部分；内容与形式。整体式分析是在整体阅读材料分析中，生活故事作为叙事的呈现，首先需要理解文本的整体意义，以促进对其他部分的理解，其中任何一部分都必须放在整体的大背景之下才能得到完整解释；部分式分析着重对文本的部分或语词分类，使用代码策略，与其他叙事文本的相似之处进行比较，或将某些内容抽取出来单独研究。内容与形式，内容是外显的，如事件发生经过、原因及涉及的人物等，从故事中我们很容易找到这些问题的答案。而形式涉及叙述者一些较为隐蔽但更加深层次的东西，例如叙述时的情绪和语调，故事情节发展，故事所反映的叙述者的人格特征和动机（马一波、钟华，2006）。

根据以上两个维度，可以组合成四种叙事分析方法：一是整体—内容分析，主要对故事整体内容进行分析，关键在于寻找能体现叙述者的人格特征的主题，一般运用于个案研究；二是整体—形式分析，主要对故事整体形式进行分析，包括故事的情节发展、组织规律，因为故事的结构揭示了叙述者的人格结构，是研究人格发展的有效工具；三是部分—内容分析，主要对故事的某一部分或某些话语进行分析，研究者在反复阅读每一个故事的基础上，将故事中与研究主题有关的部分抽出来，并与其他故事中选取的相关内容一起分析、比较；四是部分—形式分析，对故事中一部分表现形式单独进行分析，叙述者对其生活故事的讲述形式可以反映该叙述者的思维形式。在研究中采用何种方法可以根据研究目的、主题而定，同样的材料也可以采用一种或同时采用几种分析方法一起研究。

描述叙事资料的方式可分为写作的和口头的。写作的方式更能唤起阅读者对叙事材料的理解和思考。口头的和写作的叙事重点有所侧重。

3. 叙事研究的意义

叙事研究的目标不是为了概括、归纳生活事实，不能提供基于小样本的归纳，而是致力于以文本的方式呈现人类经验，对他们生活中的意义层次标签化。叙事研究提供探索细微差别的可能性和经验之间的相互关系，使读者可以更好地应用文本去理解其他相关情况。总的来说，对文本的叙事式阅读是为了确认文本的意义和分析文本间的交叉部分，使叙述过程一般化。叙事研究作为基础性的释义学计划，关注意义的科学性，使用基于数据的概念化故事使人们可以标记理解他们的行为，建立认同感的同时有效区分自己和他人的不同之处。

叙事研究在心理学中的运用，使我们重新审视心理学研究的目标和方法。一直以来，心理学一直坚持成为一门严格意义上的实证科学，以可操作的心理现象为研究对象，运用自然科学的思维方式以确定心理本质。叙事分析主张将叙事作为主要的研究手段，使心理学研究关注生活中真实的人，使心理学研究真正回归人们的实际生活。

三、直观调查

1. 直观调查的概念特征

直观即直觉，杰里米·海沃德（Jeremy Hayward）将直觉定义为"人们对事情清晰的觉知"。直觉存在于以下五种方式中，并以混合的形式存在于每天的经验中（Anderson，2011）：①以无意识、符号标志和想象的形式，探索深层的预言性的经验；②精神的和超个人心理的经验，包括洞察力、预知力，这些统称为独特的人类经验；③直觉的感觉形式，如视觉、统觉、嗅觉、味觉、触觉、肌肉运动直觉、本体感觉、内脏觉等；④对他人移情的识别；⑤透过我们的创伤感知。

直观调查与其他质化研究方法相比，存在两个显著特征：一是相比于其他质化研究方法需要明确的数据分析方式，直观调查可以使用不同种类的分析程序作为数据分析基础；二是直观调查具有释义学特征，直观调查的研究方向是对来自人类生活经验和参与生活世界中所产生的未知能力的探索。

20世纪90年代中期，心理学家安德森（Anderson）通过整合理解的直觉特性和欧洲释义学，发展并延伸了直观调查的概念，并将直观调查作为质化研究方法之一。作为心理学研究方法，安德森将释义学应用于直观调查的质性数据分析中。直观调查作为独特的方法去整合适应其他分析方法。在过去几十年间，直观调查广泛用于超个人心理学和人文心理学。

2. 直观调查的分析程序

作为一种研究方法，直观调查包含了五个循环阶段形成的一个完整的解释环。在这五个循环之间，要分析和说明的中心点始终来自于研究者的直觉。

第一阶段，阐明研究主题，研究者通过深层的创造性过程明晰研究主题。大部分直觉研究者都选择与其个人生活相关的主题，其中很重要的一点是，理解他们选择主题的动机和对主题的前理解。适合直观调查的主题应该是引人入胜的、容易控制的、清晰具体的、重点突出的、切实可行的（麻彦坤，2015）。为确定和定义主题，直观研究者会选择文本和意象，包括图片、画作、符号、电影等经验。

第二阶段，文献综述。研究者根据相关文献思考主题，通过想象和对话，在数据收集与分析之前描述对主题的理解。在这一阶段，直观调查者的目标是更清晰地辨认主题和表达前理解，倾向于内部和反思。

第三阶段，收集数据，准备描述性报告。在此阶段，研究者首先需要收集文献资料，以辨别数据来源；其次是准备数据选择的准则，收集数据并以描述的方式呈现数据，使读者可以先于第四阶段研究者的数据解释，从原始数据中得出自己的结论。

第四阶段，研究者通过对第三阶段收集数据的分析形成解释，并将第二阶段与第四阶段的结论进行比较。解释数据最重要的特征是直觉突破，此阶段的目的是使读者可以充分理解研究主题的变化，即直观调查的研究者在这个研究过程中对研究主题的理解变化。

第五阶段，研究者需要结合第四阶段的结论，回顾研究开始时的文献，将基于结果的思考整合起来，对结果进行最终的解释与理论思考。研究者将决定何为研究的重点，立足于整个研究过程，构造更大的解释学循环。

在五个循环阶段中出现了想象过程、创造性表达、多元化的直觉风格，目的是为了移除研究过程的障碍并理解数据中的清晰和不清晰点。直观调查的解释方式倾向于转换研究者对主题研究的理解，每一个循环可以使研究者的关注点在一定范围内自由转换。

四、现象学分析

1. 现象学分析方法

胡塞尔作为现象学的奠基人，拓宽了"现象学"这一研究方法在哲学和人文科学中的应用范围。现象学与其他主流研究方法的区别在于对自然科学和自然态度的悬置，不再研究直接或者通过逻辑间接观察到的事实，转而回到事物本身，探索经验的过程和意义。

现象学广泛悠久的历史为心理学研究提供了学习的机会，为研究者提供了科学哲学思维，为心理学关注人类经验的本质特征提供了重要的研究基础和方法论准则。在心理学中，现象学方法是对人类经验的描述性、质性研究，通过对反复出现的意义事件解读分析，形成个人心理生活过程和结构的概念化，发现现象本质的结构和意义（麻彦坤，2015）。胡塞尔为心理学研究提供了严谨的分析方法，包括对知觉、言语、思维、时间意识、想象等心理现象的分析。

现象学方法包括意向性分析和本质分析。心理学通过现象学分析了解个人生活及对心理现象的解释。

意向性分析又称现象学反思，通过分析显示出人类经验所具有的象征性、语言性、情绪性以及社会性等特征。意向性代表先验意识，意向性分析是反思过程，具体为描述经验的意义和经验过程。对心理过程的描述是与个人世界相关的有意义描述，其中也包括其他人的精神生活和经验。经验从本质上讲与觉知、行为、想象等方面相关，而个人作为现实的中心与世界相关。现象学的目的是探究个人在世界上的方式，包括描述"自我"结构、多种方式的意向以及在经验世界中的意义方式。

质化研究方法论最基础的问题是：我们如何理解本质。现象学使用本质分析方法理解本质。为了更清晰地概念化本质，本质分析始于自由想象变化。在理解某种个体之间的本质时，使用自由想象的变化来区分本质分析和归纳。本质分析不会消除主观问题，而是使其更丰富和复杂化。此方法致力于通过心理现象这一特别方式，概念化地澄清所有人类生活，不仅包括所有构成过程和意义，还包括社会的、情绪性的、象征性的等方面独特的整体结构。

2. 现象学分析在心理学中的应用

乔吉（Giorgi）在将现象学方法加以系统化并应用于心理学研究方面发挥了重要作用。在其专著《作为人文科学的心理学》中，乔吉总结了针对心理学的由来已久的批评，诸如界定心理现象的困难、理论的分裂、纯理论与应用领域的割裂等，他认为，心理学科中这些问题持续存在的根源在于错误地采用了自然科学取向。同时，乔吉主张，理解心理学这一学科，不仅要关注其主题与方法，而且必须关注其研究取向，即蕴含的假设与哲学，他倡导严格评估统治了心理学科的自然假设，回归人文科学取向，包容那些专门为研究人文主题而设计的研究方法（麻彦坤，2015）。

乔吉将现象学方法运用到心理学中，并界定了现象学心理研究的不同阶段，包括主题的构想、问题的提出、研究情景的建构、资源类型的描述、分析的步骤、结果的呈现等阶段。乔吉（Giorgi，2009）规定了分析的四个基本步骤：①通过阅读形成整体感觉，开放式阅读可以为下一阶段提供背景资料；②辨别描述意义单位，也可以是表达性的长句，没有固定的标准，根据研究者的兴趣点进行；③反思每个意义单位的心理意义，寻求组合或区分多个意义单位以进行更多元化的分析；④澄清现象的心理结构，通过结构化理解和描述，整合所有意义单位的反思，为整个心理现象的研究提供清晰化的意义结构。乔吉规范了现象学心理的研究阶段和分析步骤，使现象学心理研究在心理学中得到广泛应用。

现象学为心理学提供了背景资源去发展研究精神生活的不同方法，影响了欧洲的心理学派和精神病学的发展，并成为存在主义精神病学和精神分析的研究传统。同时，现象学研究也存在一定的局限性，它不适用于研究物理现象和进程、建构理论和模型、测试因果假设、估计经验量级、接受变量量化关系等。

第五节 以后经验主义为元理论的心理学流派

一、精神分析

精神分析产生于19世纪末，创始人为奥地利心理学家弗洛伊德。精神分析是心理学的一个重要流派，不同于传统的心理学，精神分析主要研究潜意识现象。精神分析发展至今，分为经典精神分析和新精神分析。经典精神分析主要用临床观察法研究神经症和精神病患者，包括弗洛伊德精神分析心理学、荣格的分析心理学以及阿德勒（Adler）的个体心理学；新精神分析是基于弗洛伊德理论的某种局限性，从一个新的视角提出的更深入细致的研究，包括精神分析的社会文化学派、自我心理学、存在主义精神分析学等（叶浩生，2005）。总的来说，精神分析学派共有的基本主张为（王莉、李抗，2009）：①研究对象主要为无意识；②关注个体早期成长经历；③注重分析人格结构及心理防御机制；④个体心理发展阶段说。精神分析的主要哲学基础为现象学和释义学。

1. 精神分析中的现象学思想

精神分析学家对心理研究对象——无意识的探索体现了现象学的本质还原方法。通过现象学还原，弗洛伊德揭示了潜意识的存在，荣格揭示了更深层的集体潜意识的存在。

弗洛伊德的心理学体系是以无意识为基础的，无意识的显现过程与现象学本质还原方法相似，弗洛伊德提出的无意识的显现过程就是对意识悬搁的过程。弗洛伊德提出"冰山理论"将意识与无意识分开，把意识作为冰山顶部一角存而不论，去除意识对无意识的遮挡，达到对意识的悬搁，将无意识显现出来，进行描述。弗洛伊德对无意识世界的探索是通过本质还原进行的。本质还原的步骤是进行部分悬搁后对个别东西直观使其呈现共同本质。弗洛伊德通过现象学直观后发现精神分析的本质为本能，一种决定心理过程方向的先天状态。

荣格悬搁的不仅是意识，还包括弗洛伊德的个体潜意识，通过悬搁揭示了位于心灵最深层的人类集体潜意识，实现了对潜意识更深层次的回归和还原。同时，荣格的集体潜意识通过自性具备了现象学本体论的性质，自性是处于集体潜意识中类似于先验主体性的"纯粹"存在。荣格将意识视为潜意识心理的后起派生物，意识的发展是通过潜意识的自性为主体的，这就意味着不存在独立于"纯粹潜意识"的作为自在之物的对象（郑荣双、叶浩生，2011）。

精神分析的具体方法也体现着现象学还原的特点。现象学还原包括本质还原和先验还原，本质还原是对现象的还原，先验还原是对还原过程本身的还原。精神分析对于显现潜意识的方法与本质还原类似，采用直观、回忆的方式，面向事物本身。自由联想是弗洛伊德研究无意识的主要方法之一，过程为让患者处于身心放松状态，鼓励其说出脑海中涌现的任何思想观点或感情经验，此过程为直观，还原潜意识的内容。

2. 精神分析中的释义学思想

释义学是精神分析的重要哲学基础。精神分析学派对无意识现象和梦的分析，都体现着释义学的核心观点。精神分析学派在对精神病患者进行心理治疗和分析时，重视病人过去的经验及文化背景，关注个体的生活史，注重人的历史性在心理治疗中的作用。

（1）释义学对经典精神分析的影响

弗洛伊德的精神分析学说很大程度上受施莱尔马赫和前哲学释义学的影响。主要体现在三点。①释义学的目的是理解符号所代表的意义，但意义处于文本符号的内部不能直接觉察，需要进行解释说明。弗洛伊德寻找无意识内容的方法与此一致，主张从梦、症候和人的日常行为表现入手去挖掘里面所隐含的无意识内容。②施莱尔马赫谈到理解和解释时认为，理解者比作者更好地理解作者自己，理解是一种创造性活动。

这一思想充分体现在弗洛伊德的精神分析中。在弗洛伊德对患者的治疗中，既要分析无意识的内容，又要分析患者的心理，通过移情等方式体验和理解患者的心理活动和感受，这样分析者就能够比患者本人更好地理解他，从而引导他。③弗洛伊德承袭了施莱尔马赫的关于意义整体性原则思想，在精神分析中要求解释符号的整体意义，依据它确立个别符号的地位（李炳全，2004）。

（2）释义学对新精神分析的影响

在精神分析的发展过程中，释义学作为西方哲学的主流思想思潮，许多精神分析学家不同程度上受到不同时期释义学的影响，在理论和实践中带有释义学特征。

狄尔泰重视对历史文化因素在释义学中的作用，理解的整体性表现为把整个的文化背景作为整体，而文本作为部分。精神分析后期开始重视社会文化历史因素对心理的影响，并形成精神分析的社会文化学派，主张把人放入社会文化中研究，治疗中把患者所处的整个背景作为心理分析内容，与狄尔泰思想一致。

精神分析在释义学的影响下形成了释义学精神分析学派，为精神分析注入释义学精神，以解决目前存在的精神分析认识论问题。释义学精神分析目前没有统一的体系和理论，各代表人物在具体观点上还有分歧。但他们在理论与治疗中具有相近的取向和立场，有着共同的关注与侧重，使用着相同的术语和概念，在一些基本问题上持有类似的主张。

释义学精神分析的基本观点：其一是精神分析具有释义学特征，其基本治疗活动就是意义寻求，以理解和解释为基本活动特征；其二是抛弃弗洛伊德有关心理学的元理论，只需关注弗洛伊德的临床理论；其三是精神分析关于人类行为的解释是多元的，理解具有创造性，对同一文本，不同的分析师可以产生不同理解；其四是精神分析的疗效并不是完全由真实性决定的。治疗是否有效取决于我们所解释的意义能否被患者接受（郭本禹，2013）。

（3）精神分析中的质化研究方法

精神分析的研究对象为无意识，无法用实证主义的方法验证分析，因而精神分析多采用质化方法进行研究。精神分析学家在分析过程中会收集大量的质性资料，采用访谈法、话语分析等分析程序对无意识现象进行理解、解释。弗洛伊德创立的自由联想法，在治疗过程中不干扰、不限制病人的回忆想象，收集病人的言语资料进行分析解释，以获取病人心理生活的本来面目和潜在的潜意识内容，就属于质化研究的访谈法。

精神分析的研究对质化研究实践与方法论做出了重要贡献。弗洛伊德采用多种方法收集资料，整合了自然观察、经验描述、逸闻趣事、面谈等方法，使用了广泛的档案资料如书信、手稿、自传等，拓宽了质化研究形式。精神分析对潜意识象征意义的病症解释和文化解释，拓展了质化研究范围，除了要描述事实而外，更要阐释事实中的意义（秦金亮、李忠康，2003）。

二、人本主义心理学

人本主义心理学兴起于20世纪50年代，是继行为主义和精神分析之后西方心理学中的"第三势力"。人本主义心理学受格式塔整体心理学的影响，强调研究人的主观经验，重视对人的需要、价值、尊严、自我实现等能体现人类本性、主观因素的研究。人本主义心理学推动了人文取向心理学的发展，极大地影响了当代西方心理学的研究取向。人本主义心理学的主要哲学基础是西方哲学中的人本主义思潮，特别是现象学和存在主义。存在主义哲学是人本主义心理学基本观点的主要来源，现象学为其方法论基础。

在现象学和存在主义的影响下，人本主义心理学家的基本观点和方法论都带有后经验主义思想色彩，强调心理研究要考虑人的心理特点，以人为主。人本主义心理学的基本主张为：①心理学应关心人的价值、尊严以及自我实现等方面，把人的本性和价值作为心理学的首要研究对象，研究对人类进步富有意义的问题；②对行为主义和精神分析的批判，反对行为主义的环境决定论和精神分析的生物还原论思想，提出"以人为本"的构想，突出人的动机和需要对人的重要作用；③心理学应研究人类真实自我，注重心理学研究与人类生活实际相结合（赵文山，2011）。

1. 现象学对人本主义的影响

现象学是西方哲学主流思潮，是心理学的方法论之一。在胡塞尔眼中，现象学方法在心理学研究中具有优先性。现象学为人本主义心理学提供了认识论和方法论基础，许多人本主义心理学家都直接或间接受到现象学的影响。有学者总结人本主义所采用的现象学观点主要包括以下三方面（车文博、黄冬梅，2001）。

其一是现象学的还原分析。人本主义心理学创立者们经常把现象学等同于一个研究主体直接经验和反省报告的方法，强调心理学研究应从"回到事物本身"为开端，把人的心理活动和内部经验作为自然呈现的现象看待，重在现象或直接经验的描述而非因果分析或实证说明。

其二是现象学的意向性分析。人本主义心理学非常重视作为欧洲现象学的核心主题的意向性问题，奥尔波特（Allport）把意向性界定为"个体试图去做的"或"个体努力的方向"，并以主体价值观的态度为其基础，和罗洛·梅一样，布根塔尔（Bugental）也认为意向性是人类存在的一个基本成分，包含着我们的愿望、需要和意志完全参与、要求行动等，它是一个人完全为自己的行动负责的过程。可见，人本主义心理学家也突显了人的心理活动的主观性和意识指向性的特点。

其三是返回生活世界的分析。胡塞尔提出生活世界学说，认为生活世界是一个与科学世界相对立的世界，是人所独有的世界。生活世界是内在的、主观的经验世界，我们需要做的是寻找人的价值和意义。胡塞尔现象学从人的意义、价值、尊严和人道主义层面提出对人的研究，与人本主义心理学关注人的尊严、价值和意义的主旨是完全一致的。

现象学哲学对人本主义心理学的影响具体表现在研究对象和研究方法上。

现象学以"现象"作为研究对象，是对人的意识经验的研究，强调对人的直接经验的描述和意向性对象的分析。哲学研究的对象应是人的自我意识和纯粹意识，通过发现意识经验来建立人类知识的基础。人本主义心理学受此影响，主张意识经验是心理学的主要研究对象。马斯洛提出心理学的研究对象应为健康、自我实现的人而非以统计学为标准，达到标准分数的人。

现象学方法包括悬搁、本质还原以及先验还原，注重的是对经验和现象的直观，即直接描述，以还原出事物本质。现象学主张把人的主体性作为研究重点，注重意义和价值的研究而非研究方法，这一观点运用到心理学中就是以问题为中心原则。马斯洛接受了现象学的观点，认为心理学作为研究人的科学，应考虑人的特殊性，关注人独有的价值、意义，以对个人和社会有意义的问题为中心。马斯洛进一步提出整体动力论的研究方法，以现象学把事物整体作为分析对象的观点为基础，从整体出发去研究人的心理过程。

2. 存在主义对人本主义心理学的影响

存在主义是一种人生哲学，又称为生存哲学。存在主义从揭示人的本真存在出发来揭示存在物的存在结构，把孤立的个人的非理性的意识活动当作最真实的存在，并作为其全部哲学出发点（车文博、黄冬梅，2001）。意志主义、生命哲学和胡塞尔的现象学是存在主义哲学最直接的理论来源。在存在主义影响下，出现了以罗洛·梅为代表的具有存在主义取向的人本主义心理学分支。存在主义对人本主义心理学的影响主要表现在两个方面（叶浩生，2005）。

其一是对科学观的影响。存在主义哲学对实证主义科学观的批评使人本主义心理学家发现了传统实验心理学的不足，并使人本主义心理学接受作为"人生哲学"的存在主义为其哲学基础。

其二是对价值观的影响。存在主义哲学主张面向日常现实生活的态度，促使人本主义心理学家走向社会，去探讨当代人所需面对的各种紧迫问题。存在主义哲学和人本主义心理学的共同之处在于，都认为现象学是研究人最为适合的方法，都强调以整体的方法研究人的心理，并认为人有自由意志，因此能够对自己的行为负责。

第四章 经验主义与后经验主义元理论的对比分析

经验主义心理学思想和理性主义心理学思想是近代哲学心理学思想的两种理论形态。经验论自18世纪开端,到了19世纪才逐渐占据优势。经验论心理学思想有两种表现形式:一种是联想主义,主要是在英国产生和发展起来的;另一种是感觉主义,主要发展于法国,并形成感觉主义心理学。经验主义认为,一切知识均来自于感觉经验,感觉经验是认识的唯一源泉。洛克是经验主义的最著名代表,也是联想心理学的先驱人物,他认为人的心灵在出生时犹如一张白纸,人的一切知识都是从后天的经验得到,全部的知识都来源于经验,都建立在感觉经验的基础上。洛克在西方心理学史上第一个提出了"联想"的概念,认为联想是观念的联合,为联想主义心理学奠定了基础。强调后天经验、环境和教育对心理的影响,这与行为主义心理学的最初假设是一致的,为行为主义心理学的建立提供了早期的理论和哲学基础。联想主义心理学对心理科学的产生有重要影响。

第一节 经验主义与心理学的发展

现代意义上的经验主义对心理学的重要影响主要体现在对心理学认识论与方法论的影响。心理学之所以宣称是科学的心理学,其最主要的原因是心理学使用了所谓的科学研究方法,如实验法、观察法等可以用感官或经验直接获得。正是因为心理学采用了经验主义的直接证实方法,才使心理学获得了科学地位。纵观心理学的发展历程,冯特用实验改造了内省,华生将人比作接受刺激并做出反应的机器,奈瑟(Neisseria)将人的心理过程比作计算机程序的输入、编码、存储、输出过程,都彻底地贯彻了经验主义及其实证主义科学哲学的基本观点。

一、经验主义为心理学的科学化提供了方向

经验主义的哲学基础是实证主义。实证主义哲学的创始人是法国哲学家孔德。孔德是一个激进的经验主义者。他认为只有来源于经验的知识才是有效和可靠的知识。在人的心理研究中,只有那些通过行为的观察获得的概念才是有用的知识。在孔德那里,"实证"可解释为实在、有用、确定、精确等意义,实证主义作为一种科学哲学就是要为科学知识确定一个界限、划定一个标准,以便于摒弃一切虚妄、无用、不确定、不精确的知识。实证主义对心理学的影响主要是通过两条方法论原则:一是经验证实原则,即强调任何概念和理论都必须以可观察的事实为基础,能为经验所验证,超出经验范围的任何概念和理论都是非科学的,强调一切知识来自经验,只有能被经验证实的知识才可靠的;另一原则是客观主义,强调认识过程中主体和客体的分离,主体的知识应该绝对反映客观事物的特点,不掺杂个人的态度和情感、信念和价值等主观因素(叶浩生,1998a)。换句话说,在主体的概念和理论与外在客体之间必须有一种一一对应的关系,否则这些概念和理论就不是科学的知识。

到了20世纪初期的时候,孔德的实证主义已经开始衰落。根据孔德的实证主义观点,科学仅仅研究可直接观察的事件。但是,物理学、化学等学科的发展早已冲破了这种限制。诸如引力、磁力等理论概念尽管不可以直接观察,但是,它们都是科学研究中必不可少的部分。因此,科学哲学必须找到一种可行的方式,把这些理论概念的研究纳入科学的领域,同时,又不违背科学的客观性原则,在这种情况下,逻辑实证主义应运而生。

逻辑实证主义产生于20世纪20年代。它把科学分为两个部分：其一是经验的；其二是理论的。可以说，它克服了早期实证主义的激进经验主义倾向，把经验主义和理性主义结合了起来。逻辑实证主义坚持经验证实的立场，认为一切科学命题均来自经验。在经验证实的具体方法上，修改了早期实证主义的观点，认为一个命题的证实并非直接的证实，而是指逻辑上的可证实性。证实的方法有两种：直接证实和间接证实。间接证实是借助于逻辑推理，使命题能为另一个可直接证实的命题所证实。也就是说，一个不能直接证实的命题可以通过已被证实命题的逻辑推理，或者通过对根植于观察的事实的推理进行证实。这一观点从方法论上为心理学家研究有机体的内部因素提供了合理的基础。

在实证主义的引领下，心理学选择了自然科学取向。科学心理学的诞生就意味着对哲学母体的脱离，以独立的科学形态屹立于科学之林。自然科学心理学对哲学心理学的批评首先针对的就是心理学的学科性质，为了使心理学走上科学道路，必须重构心理学的学科性质。自然科学心理学旗帜鲜明地提出了心理学属于自然科学。行为主义的创始人华生明确指出，心理学纯粹是自然科学的一个客观的实验分支。

二、经验主义为心理学的科学化提供了方法论

虽然冯特创立的实验心理学继承了哲学心理学的学科体系，依然以意识为研究对象，但是，为了标榜其科学性，冯特坚持以实验的方法研究心理，以自然科学的研究取向为楷模，仿效自然科学的研究方法，自此之后的主流心理学如行为主义心理学与信息加工认知心理学秉承了这一传统，以实证主义为指导思想，坚持经验证实原则，恪守价值中立。科学心理学的方法论主张是在批评与反思哲学心理学方法论的基础上提出来的。当然自然科学心理学内部也存在批评与分歧，行为主义心理学主张心理学的研究对象是体现于外的动作与行为，内部的心理或意识因为无法用实证方法研究而被排除在心理学的研究对象之外。信息加工认知心理学把行为主义排除的内容重新迎回了心理学，尝试用先进科技装

备的实证方法研究那些无法直接观察的内部心理。行为主义心理学虽然批评了意识心理学的研究对象，但继承并发展了意识心理学的研究方法，信息加工认知心理学促进了心理学研究内容的回归，却一直坚持自然科学的研究方法。

自然科学取向的心理学紧步自然科学的后尘，坚信心理学的科学化首先也是最主要的体现为方法的科学化。心理实体就像物质实体一样是一种客观的存在，与之相应，心理学在方法论上当然要追寻自然科学的方法论，效仿当时比较成熟的自然科学如物理学的研究方法，研究结果的精确性、可检验性、量化性成为自然科学心理学的追求目标，研究取向的个体性、普适性、客观性等自然科学共享的特性成为自然科学心理学的基本诉求。20世纪初，行为主义登上了心理学的舞台，为了追求心理学的科学化，强调研究对象的客观性和可观察性，坚持经验证实原则，采用元素分析策略，主张以方法为中心和量化研究，贯彻还原主义方法论，恪守价值中立原则，研究者和研究对象截然分离。20世纪60年代，认知心理学积极吸纳计算机科学的研究成果，将人的心理与计算机进行功能模拟，将人的心理活动过程类比为信息加工过程，依此作为研究人的内部心理活动的方法论基础。认知心理学代表了当代西方心理学发展的主流，研究方法越来越精致，研究技术越来越先进，研究成果更是层出不穷。

三、经验主义为心理学的科学化制定了标准

渗透当代心理学发展的科学哲学大部分受到行为主义的影响，而行为主义是实证主义（古典实证主义、新实证主义、逻辑实证主义）的衍生物。古典行为主义倡导的对可观察对象的严格限制和纯粹的刺激与反应的联结已经被大部分当代心理学家所抛弃，然而，实证主义的影响依然根深蒂固。逻辑实证主义甚至是古典实证主义和新实证主义的许多残余及其对它们的曲解，依然被接受和参考。一些心理学家受实证主义影响如此深刻，以至于无法自觉，思维的组织、思想的建构无不打上实证

主义的烙印。

在心理学科学化的过程中，实证主义的影响是多方面的而且是严重的，大量的资源浪费在追求所谓的如何做"好科学"的谬误上，导致了对更富科学性研究成果的回避和忽视。具有讽刺意味的是，这些谬误被频繁地用在心理学的改革过程与教学过程中。

当代心理学中尚普遍存在一些关于科学的神话（麻彦坤、林燕媛，2018）。此类神话就是经验主义元理论为心理学的科学化制定的标准，当然，今天看来，这些标准有些已经过时，但这些标准在历史上曾经为心理学的科学化进程的确起到了推动作用。

1. 标准一：科学概念必须给出操作性定义

操作主义是布里奇曼（Bridgman）在19世纪30年代提出的，是逻辑实证主义意义证实理论的变形。逻辑实证主义者关注句子的意义，认为一个句子的意思是由它能被证实的意义构成。而布里奇曼关注词的含义，强调一个词的含义是由其测量方法构成的。德国哲学家弗雷格（Frege）在19世纪就已经提出词不是含义的基础，句子是意义的基本单位，词的含义是从句子的意义中派生出来的。逻辑实证主义者接受了这个观点，而布里奇曼并不认同。

大多数情况下，操作性定义的概念在心理学中使用得如此流行。在松散的意义上，一种实用的心理学操作主义，意味着对方法以及测量、探查和分类标准的详述，其本身是一个必要和值得赞美的目标。它体现并支持了这样的神话观点：操作性定义能提供并阐明意义。

同时，理论概念必须依据19世纪逻辑实证主义的科学观来进行操作性定义。在这一观点看来，科学工具和过程与接受外界经验信息的知觉过程类似，可以用来识别更大更复杂的数据模型。理论概念只能成为数据或数据模型的概念，必须根据数据定义，这些数据或者是可以直接测量的或者可以根据直接测量的概念间接定义。任何不能用这种方式测量或定义的概念被认为是没有经验内容的，与科学无关。相反，任何能以这种方式定义的概念就可以根据那些经验数据及其模型对其意义加以详细说明。

19世纪的科学不得不试图逃离这些观点，因为19世纪的主要发现——电学、磁学、电磁场等，都无法让渡于可观察的数据模型。为了解释各种不同的数据，某些观点先被假定，经过进一步的检验来反驳其他的经验结果。理论和数据之间的关系可以表述为：理论解释数据并接受数据的检验，不论理论自身还是理论术语的意义都不是来源于经验数据，也不是依据经验数据定义的。理论向下连接数据并不因数据而成长。没有被逻辑实证主义特质俘获的一些心理学家经常被19世纪的实证主义俘获，操作性定义这个神化就是其中一个主要原因。

今天来看，虽然操作主义为心理学制定了科学概念的标准，但操作性定义理论是半个世纪以前心理学吞下的错误的科学观念，至今仍没有祛除。心理学和相关学科拒绝了严格的观察主义与简单的联结主义，但事实是借自于实证主义的其他观点依然与我们同行，曲解的逻辑实证主义的意义证实理论——操作主义就包括在其中。操作性定义的教条是最为有害的残余观点之一，这是因为，尽管一方面对方法的关注与阐明有其有效的一面，但另一方面，它假定与推动了整个过时的和令人怀疑的严格的经验主义认识论。

2. 标准二：包含无法被测量的概念的理论是非科学的

在科学中，经验的作用是检验理论，进而限制哪些理论应该被推崇，哪些不能。这些检验最终必须产生于可测量的、可检测的、可分类的事件、对象或性质，但是那些经验观察可能是理论中永远都不可能提及的现象。这些现象可能远离理论自身，但如果理论是真的话，这些现象被迫呈现一种特殊模型。

举个例子，如果当代粒子物理学提出的夸克模型是正确的，而夸克在本质上是不可能被分离出来的，因此它在本质上就不可能以直接的形式测量。尽管如此，夸克模型从来没有经过严格的检验，依然运行得很好。但是，夸克没有操作性定义，本质上也不能被测量直接检验。

今天来看，合理的科学的概念必须是可测量的，这是一种谬论。在根本上，理论必须是可以被经验检验的，但其单个的概念未必可以测量。

3. 标准三：科学的解释必须是因果解释

对有效因果解释的格外关注在心理学中是如此的流行，成为衡量科学的一个重要标准。这曾经是经验主义科学观为心理学划定的科学标准。当然，今天我们认为，这是对理论思考和解释的严重扭曲（如对皮亚杰发展阶段论的拒绝，因为其不是因果解释）。实际上，科学感兴趣的很多事物根本就不是因果解释。许多可用的解释形式需要考虑进去，但是如果它们没有被认识到或者因果解释被认为是唯一科学合理的解释形式的话，它们就不会被考虑。这是一个甚至逻辑实证主义者都没有犯过的不能容忍的错误。

今天来看，这是实证主义的另一个残存的遗留观点，是错误的。将一个有效的因果解释限定为唯一的可接受的形式来试图强加解释其他的现象，这是不合适的。学科发展史上有时也会出现崭新的解释形式（如达尔文的物种变异和物竞天择的解释）。意向的选择（如有韧性、可锻造等）在所有的科学中普遍存在，而不能简单地归结为因果形式。其他形式包括原子论的解释（显示一些物质是由某些种类的原子成分组成，像化学成分分析）；初始条件和边界条件的解释；变异和选择解释（生存的持久性条件，解释为什么事情会是那样）；目的论解释（用目标和意图来解释）；等等。

对一个给定现象的合理的解释，是这个现象的特性，而不是研究者武断强加的东西。提出一个错误的解释和提出一个正确解释的错误版本一样错误，事实上可能更差。广义相对论本身也不是一个因果理论，电磁理论、夸克理论、宇宙大爆炸理论等，与广义相对论的情形相似，都不是因果理论。

4. 标准四：实验是检验因果模型的唯一有效的方法

这一标准认为，科学等于因果模型，等于实验检验。这种观点似乎是幼稚的经验主义加上一般的实证主义传统,合在一起强调行为主义控制的一种表达。这种观点是心理学科学化的标准,在今天依然具有影响。

经验主义不等同于实验主义,解释也不等同于因果解释。如果混为一谈,将使大部分科学无效,也会极大地阻碍心理学的发展。实验为因果模型提供强有力的检验,但并非是唯一的方法,牛顿力学和万有引力定律被公认已超过一千年,它们是基于行星运行轨道和行星的卫星运行轨道及其他的纯观察数据之上。

5. 标准五:科学的进步经由小规模经验问题模型的积累

这种倾向在心理学研究中占统治地位,它是被动的归纳法优越论的观点。这种观点认为,事实逐步地作用于我们的感官,直到最后真相出现为止。行为主义就深受这种科学观的影响。在科学的心理学中,许多小规模经验问题依然是专业成功的途径。

事实上,科学并不是简单地通过事实和真相的积累而进步,而是通过更深层次的理论上的、概念上的和经验上的错误的构建,紧接着发现这些错误及避免这些错误的新方法来实现。科学并不经常是归纳意义上的累积,新的理论经常推翻旧的理论,而不仅仅是对旧理论的改良。巨大的进步需要大胆的重新思考,而不仅仅是更多的具体研究。

6. 标准六:科学由其使用的研究方法来定义

受经验主义影响的行为主义,尤其是早期的激进行为主义,坚持客观的实验方法,以方法为中心决定研究内容的取舍,凡是不能使用实证方法进行研究的内容,都不是心理学的合法研究对象。

心理学和科学哲学都在逻辑实证主义遗留的影响下挣扎着。关于科学的可供选择的方法和途径不可能简单快速地达成一致。心理学已经抛弃了行为主义的必须可观察性的限制,已经削弱了对操作性定义、因果解释、严格实验方法等的限制。然而,心理学还没有真正地转移到科学合理性的可选择的概念上去,至少是以隐性的方式保留了许多实证主义的残留。

逻辑实证主义、新实证主义和古典实证主义存在错误是毋庸置疑的，然而它们对心理学依然有重要的影响这也是毋庸置疑的。因而，心理学必须从仔细的揭示和批判它们的遗留中获益。

第二节 后经验主义对经验主义的批评

心理学的发展历史就是一部批评与自我反省的历史。与其他学科相比，心理学研究问题的连续性特点异常突出，在学科建立之初所研究、探讨和争论的问题今天依然是研究的重点，依然没有得到圆满解决，甚至在一些最基本的问题上，如心理学的学科性质、研究方法等方面，也未能达成广泛一致。1879年冯特于德国创立科学心理学之时，心理学就不是一个统一的学科，与冯特同时代的心理学家布伦塔诺就反对冯特的心理观与方法论，针锋相对地提出了与冯特的内容心理学相对立的意动心理学。布伦塔诺对冯特心理学的批评拉开了现代心理学批评的序幕。之后的心理学发展秉承了这种批判传统，学派之间基本观点的纷争、研究取向的对立构成了心理学发展历史的独特景观，后经验主义对经验主义的质疑和批评是一条贯彻始终的核心线索（麻彦坤，2008）。

一、后经验主义不同取向对经验主义的批评

后经验主义心理学不是一个统一的流派，研究取向也不完全一致，其共同特点是它们同处于心理学的边缘地位，对主流心理学在研究取向上的霸权表示强烈不满，并从不同角度对主流心理学提出了批评。典型的后经验主义包括后现代心理学、后殖民心理学、女性主义心理学、现象学心理学、叙事心理学、话语分析等。

1. 后现代心理学的批评

现代心理学认为，心理像物质一样是一种客观存在的实体，有待于

人的认识与反映。后现代心理学动摇了现代心理学的本体论基础，认为心理概念并不与真实的心理实体相对应，而是与历史过程相关并在社会环境中生成意义。心理概念不能用实证主义的方法来分析，而是需要使用民族心理学的工具，因为它们具有文化历史植根性并在历史过程中衰退。概念存在于具体的环境中，适用于具体的制度下。在日常生活中，人们通过互动的过程进行理解协商。个体经验不是独一无二的，而是植根于文化与历史的建构之中。

后现代心理学批评的矛头明确指向了现代心理学的根基——反映论。社会建构论主张，知识不是世界的反映，而是一种由互动产生的人工制品；心理学家面对的不是客观现实，而是社会性的人工制品。知识的发展、传递、维持都可以被理解为社会活动，现实是社会的建构。心理学研究再也不能否认心理对象与事件的历史特征。心理对象与事件随时间与文化的不同而不同，因此，知识不能被定义为是个人头脑中的内容，而是人们的共同创造。这样一种立场引发了对主流心理学以及实证经验主义知识概念的一系列批评。社会建构论不相信心理学独立的学科性质，因为客体不是真实的，而是根据习俗与修辞规则建构的。对已经存在的理解形式的接受主要依据的不是经验效度，而是社会过程，经验不能构成对现实的理解。社会建构论主张，心理学关注的焦点应从方法转向语言，研究者对观察内容的识别有赖于范畴和语言，而范畴和语言则植根于文化与历史。

后现代心理学抨击了现代心理学安身立命的本体论与反映论。随着后现代心理学的兴起，"解构""颠覆""话语分析""文本解读"等词语流行于心理学界。虽然其相对主义观点屡受质疑，但后现代心理学突出了知识与心理的积极性、建构性、社会文化植根性，为现代心理学的变革与发展注入了勃勃生机。

2. 后殖民心理学的批评

以后殖民思想为基础的心理学批判的矛头指向了西方心理学中的种族中心主义。科学种族主义沿用了一种特殊的"逻辑"（认知规则）。这种逻辑假定,"种族"是由差异建构的,是自然的,可以以经验研究为基础;对于差异的解释与评价将欧美人作为标准,强调与欧美人的世界观相关联的那些特征的重要性。这一逻辑将这些被评估出来的差异归因于不同的生理特点,而不是归因于文化、历史或政治经济发展,也就是将差异自然化了。在心理学研究中,科学种族主义是一个强有力的研究范式,因为它使用了被寄予厚望的科学心理学标准,如操作性定义、变量、统计分析等。

从后殖民主义观点来看,今天的主要问题不仅表现为科学种族主义,而且表现为潜在的殖民思想。心理学中的潜在殖民思想与普遍意义上的文化中心主义一样,排斥或轻视非西方心理学。潜在的殖民思想基于这样的假设:西方有关心理生活的概念是优越的,具有普遍的效度,在边缘化的文化环境中发展起来的观点和思想与心理学的理论及实践无关。只要西方优越的观念没有改变,心理学研究中潜在的殖民思想就无法消除。传统心理学中的个人主义、科学主义就是潜在殖民思想的体现。

后殖民心理学揭示了西方主流心理学根深蒂固而又习以为常的科学种族主义与潜在的殖民思想。关注后殖民心理学的批评,走出自我中心的藩篱,摆脱霸权心态的束缚,主流心理学才能获得进一步健康发展的新契机。

3. 女性主义心理学的批评

从女性主义观点来看,心理学的发展显示了男性统治,女性被排斥在心理学研究机构之外,其贡献被忽视。女性主义批评家认为,心理学的学科性质、方法论以及主流心理学的相关性都是有性别偏见的。虽然教科书已经开始把女性写进心理学的历史,但是女性对学科知识的贡献仍是不完整的(Bohan,1990)。

女性主义者认为,真理是有性别偏见的,研究者的性别可以对概念、理论、方法、解释、主题以及科学目标产生影响。科学研究对变量的选择倾向、对量化的偏爱、对抽象概念的偏好、对严格的客观性的推崇，都反映了男性对方法的控制以及男性的世界观。大多数当代主流心理学家采纳了实证主义的科学哲学假设，即为了理解科学，运用数学、逻辑与物理学工具是必需的。

科勒（Keller）在考察了客观性与男性气概之间的关系后指出，科学思维以男性话语、观念、隐喻、实践为基础，对权力与控制的强调体现了男性意识的投射（Keller，1985）。长此以往，男性就拥有了更多的权力来主宰科学。科勒认为，男性与女性之间的这种差异不是出于一种自然过程，而是源于一种文化信仰系统。另一位女性主义心理学家马塔林（Matalin，2000）强调，性别偏见可以影响研究过程，可以影响研究假设（如使用带有偏见的弗洛伊德理论）、研究设计（如仅仅使用男性或女性作为被试）、对成果的期待、对数据的解释以及成果的交流。

女性主义心理学批评主流心理学是"男性"心理学，研究主体、研究对象、研究方法、研究过程无不蕴含着对女性的忽视，女性被排斥在心理学学科之外。这样的批评虽不乏偏激，但的确指出了当代主流心理学发展取向的缺陷之一。

二、批评的焦点分析

后经验主义心理学对经验主义主流心理学的批评有一些共同特点，批评的焦点均指向了主流心理学的学科性质、方法论，关注心理学理论对文化内与文化间群体的相关性（适切性）。

1. 学科性质

心理学的学科性质是其必须面对并明确的一个首要问题。经验主义心理学坚持心理学的自然科学属性，坚信心理现象的本体论假设，固守心理现象的个体性、普适性，秉承自然科学行之有效的经验主义传统，用经验实证的方法研究心理活动的过程和规律。后经验主义心理学从不同的角度对主流心理学的心理观提出了批评，丰富了对心理学学科性质的认识与理解。

首先，后经验主义心理学质疑了经验主义心理学的个体性取向。主流心理学，如行为主义、信息加工认知心理学，将个体的人从生活环境中抽离出来，对个体的心理和行为进行操作性、实验性研究，社会、文化、历史都被当作无关变量加以规避。维果茨基批评当时的主流心理学忽视了人的心理的社会文化与政治经济植根性，他认为心理学应该研究生活在具体社会历史条件下的具体的个人，而不是研究脱离具体社会和历史条件的抽象个体。他对主流心理学危机的分析首先指向了主流心理学的自然科学性质，他创立的心理学派因突出强调人的心理的文化历史属性而被称为"文化历史学派"。文化历史学派强调心理或意识的社会历史性质，指出人的心理是一种社会产物，个体的心理不仅是单个人的心理，心理与社会紧密地联系在一起。

其次，后经验主义心理学指出了经验主义心理学的普适性论断的不足。经验主义心理学如主流心理学强调了知识永恒和不变的特征，认为"最基础、最自然的事物是不变的，即具有跨时间、跨地点的普遍适用性"（Slife，2004），并相信在某种情境中通过严格的实验与测量得出的理论和规律具有普适性。女性经验主义对心理学的批评集中在主流心理学对学科性质有失偏颇的理解（男性中心）上，认为对女性的偏见是错误的心理观的结果。马克思主义心理学、后现代心理学、后殖民心理学从不同角度论述了心理现象的社会文化植根性，均认为不存在脱离具体文化环境的抽象心理。

最后，后经验主义心理学动摇了主流心理学的本体论假设。主流心理学认为，心理学的研究对象为"精神实体"，就像物理学研究"物理实在"一样，心理学研究"精神实在"。后现代心理学否定了主流心理学的本体论基础。社会建构论心理学站在反本质主义和反基础主义的立场上，认为并不存在一个独立于话语的"精神实在"，心理现象是建构出来的，"心灵仅仅存在于会话之中"。肖特（Shorter，1997）指出，所谓的"知觉""记忆""动机"并不指涉任何真实的存在，"心灵""自我""精神"等仅仅存在于特定的话语实践和社会交流中。每一种语言都创造了与它相关联的事实领域。那些被认为是心理实体（如个性、人格等）和心理现象（如态度、情绪、记忆等）的东西并不存在一个本体论的基础。

2. 方法论

经验主义心理学一直沿袭自然科学的传统，力图建构物理主义的心理学理论模式，以实证主义作为自己的哲学基础，坚持经验实证原则，坚持以方法中心或技术中心的态度来解决心理学问题。后经验主义心理学对此从不同维度展开了批评。

首先，后经验主义心理学抨击了经验心理学方法论上的"拿来主义"。主流心理学所采用的主要方法是从自然科学借用过来的。借用邻近学科的方法本身没有错，问题在于心理学采用了"拿来主义"，没有经过自身的消化，将其他学科的方法机械地照搬过来，难免有张冠李戴之嫌。

其次，后经验主义心理学反对经验主义心理学的"方法中心"。主流心理学强调研究方法与研究程序的重要性，不是研究对象决定研究方法，而是研究方法决定研究对象，在研究对象和研究方法的关系问题上以方法为首要标准。女性主义心理学家哈丁（Harding，2004）指出，西方主流心理学假定男性擅长的方法是客观、中性的，以此类方法为中心开展研究，研究结果中出现了一系列男性中心偏见的例子。显然，科学方法没有克服性别主义。

最后，经验主义心理学反对经验主义心理学的"方法霸权"。后现代心理学与主流心理学分歧最明显、对峙最尖锐之所在，便是对心理学研究方法的认识。主流心理学的"合法性"主要建基于对客观观察、实验、实证方法的采用上，实证主义一直占有支配和统治地位。以格根为代表的后现代主义者强烈呼吁取消实证方法的霸权地位。心理学应采用多元化的研究方法，注意吸收其他学科行之有效的科研方法，努力发现或创造适应心理学研究的全新的方法，多视角地思考问题。

3. 相关性

心理学的理论来源于实践，其价值体现在服务于人的生活与实践。

主流心理学也关注并在一定意义上促进了心理学研究的应用性、开放性，关注心理学理论与实践的关联。然而，如前所述，主流心理学的研究结论与现实生活的契合性不能令人满意，后经验主义心理学针对经验主义心理学这一缺陷从不同层面展开了批评。

维果茨基在分析心理学面临的危机时明确指出，心理学的危机是由来自工业、教育、政治、军事的需求驱动的，与实践的相关性成为危机的主要源泉。德国批评心理学的代表人物霍尔兹卡姆普（Holzkamp）以新马克思主义理论为基础，分析了心理学与实践的相关性，指出实验方法与推论统计的复杂性导致了心理学研究现实的具体化。这也意味着，那些在实验室中被控制和剔除的变量会呈现在真实的生活环境中。考虑到实验研究和真实社会生活的差异，心理学理论与真实的生活缺乏相关性。

韦尔金森（Wilkinson，2001）将心理学中的女性主义批评传统总结为三种理论形态：女性实证经验主义、女性经验取向、女性社会建构主义。所有这些批评理论都对主流心理学与女性的相关性提出了质疑。许多批评家认为，心理学的学科性质、方法论与心理学的相关性这三个维度是相互关联的。如果假定男性的心理生活体现了人类心理学，女性的心理生活是低级的，那么就错误地理解了心理学的学科性质，导致心理学与女性缺乏相关性。

三、后经验主义倡导的质化研究的兴起

"质化研究"词语的出现始于20世纪90年代，美国心理学会主席弗兰克·法利（Frank Farley）1993年预言远离量化研究方法的运动已经发生。基德尔（Kidder）1997年报道，质化研究已经在欧洲、澳大利亚、新西兰、加拿大等地蓬勃开展，随后传到了美国，美国心理学会2003年出版了《心理学中的质化研究：方法论与设计方面的拓展观点》。1993~1997年，主流心理学杂志上仅仅出现了30篇质化研究论文，随后戏剧性地猛增。最近20年，心理学领域广泛开展了关于量

化—质化的讨论，质化研究已经成为一种运动，扩散到了几乎每一个心理学领域，质化研究成果雨后春笋般地出现在一些主流杂志、专业论坛与新课程中。心理学领域的质化运动引起了广泛关注，这场运动甚至被誉为一场"革命"或"范式变迁"（Morrow，2007）。"质化研究"已经成为学术界的一个普通用语，质化取向日渐融入社会科学主流而成为库恩所谓的"规范科学"。

1. 质化研究的共同基础

质化运动最令人欣喜之处在于突出了哲学的重要性并与人类经验研究相关，许多质化研究者坚信绝对化地割裂与哲学的联系是不可能的也是很幼稚的，因为所有的研究都要做出本体论、认识论、价值、道德等方面的哲学假设，开展质化研究的一个重要方面就是关注研究所蕴含的哲学假设，而哲学研究的一个重要传统就是优先重视以人类特点为基础的质化研究。

当代的质化研究包含了对多元哲学取向方法论蕴涵的关注，这些多元化的哲学取向如实证主义、新实证主义、现象学、存在主义、解释学、实用主义、建构主义、结构主义、后结构主义、后现代主义等虽明显不同，但深入思考会发现它们之间可能存在许多通约与共性。例如，人们经常谈到弗洛伊德的工作内在地统一了实证主义、自然主义、现象学、解释学等不同的哲学；科尔伯格（Kolberg）的工作受到新康德结构主义以及综合的方法论的理论指导，甚至使用了主流实证主义的量化程序，哲学的混杂没有影响其精彩知识的生成。围绕质化研究的哲学问题依然悬而未决，研究者对哲学复杂性及方法论取向多元性的理解对人文科学的发展既是挑战也是机会。当前，关于"描述""说明""解释""理论"的性质及其相互关系依然在争论，现实主义与理想主义、客观主义与视角主义、基础主义与相对主义、语言与现实、现代主义与后现代主义之间的意义和关系的讨论方兴未艾（Makic，2014）。

许多质化方法论者认为质化方法在人文科学具有优势，推论方法降至从属地位，与主流心理学研究者所倡导的经由量化分析而检验假设的主导方法形成了鲜明对照。狄尔泰以明确提出自然科学与人文科学的区分而闻名于世,他有一句名言"我们解释自然,理解精神生活"。狄尔泰承认,"理论—演绎假设—归纳测验"方法在自然科学取得了巨大成功,因为其研究主题外在于经验,各组成部分又相互独立。物理变量的性质与机能联系超越了即刻的主体经验,只能由假设推论,经量化测验证实。狄尔泰认为,这种理解物理性质的方法不适用于心理学与人文科学研究,因为其研究主题产生于经验,经验的各组成部分依据意义彼此内在相关。心理学作为一门人文社会科学,应该在丰富复杂的现实中"无偏见、非残缺不全"地透视心理生活,描述方法应该发挥更重要的作用,解释性分析需要区分心理生活的组成部分并在整体环境中捕捉其内在的意义联系。狄尔泰认为,研究生活经验的主要方法是描述、解释与理解,只有在这些方法的基础上,人文科学才能够建构理论,演绎假设,用量化分析进行测量。狄尔泰的认识论翻转了人文科学广为接受的方法论层级,将解释方法与假设方法作为补充程序。

当代质化研究者一致认为,质化研究不可避免地包含与表达了取向、方法、价值、传统与研究者的个人特点。质化研究涉及研究者的自我披露与自我反省,作为研究的组成部分,在研究过程中研究者会坦诚地展示自己的经验。所有的质化分析赖以建立的第一个要旨是对资料进行理解性阅读。开始阅读时,作为进一步分析的必要条件就是严格评估数据资料,研究者要检查数据资料的构成,分析数据资料的特点与局限,判断它们是否适合分析。所有的研究者在初步接近数据资料时都要首先依据他们的研究兴趣、目标与方法对数据资料进行严格评估。

质化研究不仅在科学方面而且在伦理方面引入了一些新的观点,如政治与权力如何相关。在传统科学中,研究者处于权力的中心,为自然科学研究方法确立的伦理规范包含了研究者与参与者的等级差距。一些对量化方法霸权持批评观点的质化研究者认为,每一种研究方法不仅包含了智力层级假设,而且涉及了被视作理所当然的社会定位,他们反思了研究过程中的权力关系,提出了一系列问题,如谁来界定研究问题,哪一种方法是适切的、合法的,谁掌握数据,依赖谁的解释,谁有权力挑战结果，谁报告研究结果等。一些质化研究者在批评传统研究权力不对等的同时，倡导了特权从研究者向参与者的转移，放弃单边控制，通过与参与者及共同体建立一种对话与合作关系实现权力共享。研究者要聚焦参与者的语词，开放性阅读资料，产生人际间共鸣，像一个同行一样假定参与者的意义，移情式地理解参与者的观点，邀请参与者在界定研究问题、设计研究方案、收集与掌握资料、开展分析与讨论、传播结果等方面发挥日益重要的关键作用。在启用具体的分析程序之前，研究者应该重点理解参与者的目标与意义，将参与者视为积极的代理人，将人的生活视为一种实践与行动，将心理生活视为具身的、情绪的、社会情景的、有目的的、意义指向的、言语的、人际互动的，随着时间而进化。这些共同的概念维度综合在一起构成了独立存在的实体人。

2. 质化研究的不同取向

质化研究方法种类繁多，彼此交叉，此处我们选择了四个相对完善、独特的取向进行比较与分析，这四种质化分析的方法可以彼此结合起来应用于一系列研究主题。

(1) 现象学心理学

由乔吉在心理学领域发展起来的质化方法可以溯源到现象学运动，而现象学是20世纪初由胡塞尔发起的研究意识的哲学方法。追随恩师布伦塔诺的思想，胡塞尔坚信，人与物具有本质的不同，绝不能用源自物理学的研究物的方法来研究人，他致力于发展一种适合意识经验研究的方法以克服客观主义的局限性，也就是物理概念与自然科学方法的普适性。胡塞尔认为，科学始自描述，知识植根于与主观事物独有特征的接触，他阐明了人类生活经验的本质特征及适合其研究的反省方法，勾画了心理科学的基础。

乔吉在将现象学方法加以系统化并应用于心理学研究方面发挥了重要作用。他综合分析了心理学发展遇到的困境，诸如心理现象界定的分歧、理论研究的纷争、纯理论与应用领域的割裂等。他认为，心理学出现这些困境的根源在于错误地采用了自然科学取向。他倡导重新审视、严格评估心理学中占主流地位的自然科学取向，回归人文科学取向，包容那些专门为研究人文主题而设计的研究方法。

乔吉界定了现象学心理研究的不同阶段，包括主题的构想、问题的提出、研究情景的建构、资源描述、步骤分析、结果呈现等。乔吉规定了分析的四个基本步骤：通过阅读形成整体感觉；辨别意义单位；反思每个意义单位的心理意义；澄清现象的心理结构。乔吉勾画的分析程序在现象学心理研究中得到广泛应用（详见第三章"现象学分析在心理学中的应用"小节）。

（2）扎根理论

扎根理论发轫于加米·格拉泽（Gami Glazer）与安塞姆·施特劳斯（Anselm Strauss）1967年所写的《扎根理论的发现》一书，作者将扎根理论解释为一种为了建构社会学理论而采用的系统的、归纳的、重复的、比较的数据分析方法。在书中，作者谈到了发生于20世纪60年代的学科讨论。当时，精致的量化方法已经动摇了社会学中由来已久的质化研究传统并逐步将其边缘化，量化研究者怀疑质化研究的价值，认为质化研究是主观的、印象派的、轶事的，不具有客观性、系统性与概括性。与此同时，社会学中的质化研究日益成为少数重要学者及其弟子的视阈，理论生产成为扶手椅上的少数精英理论家的特权，他们无须开展实验研究就可以建构理论。《扎根理论的发现》一书反映了社会学家对这一倾向的挑战与抗衡，该书阐述的基本原理支持了质化研究的逻辑与合法性，预测了质化研究创造新理论的潜在价值，对质化革命的发起发挥了关键性作用，20世纪后半叶迅速蔓延至社会科学的众多领域。

扎根理论是一套系统而富有弹性的方法，强调数据分析，重视即刻的数据收集与分析，使用比较的方法，为理论建构提供了工具。目前，它已经成为一种综合性的分析方法，包含了几种关键策略，尤其是编码、译码与写备忘录，已经成为一般的质化研究必不可少的组成部分。扎根理论的译码意思是用速记便签将一些数据资料分离开来并界定其内涵，编码源自研究者与数据资料的互动，扎根理论家利用编码对数据进行概括、综合、分类，同时也将编码作为概念工具，分解数据、界定过程、比较数据。写备忘录是分析的关键性中间阶段，用此记录我们暂定研究范畴的性质、范畴明确的条件、范畴如何解释数据以及编码与范畴之间的比较。扎根理论为源自面试、个人叙事、案例研究、现场观察的心理数据进行理论分析提供了一种有效工具，如今，几乎所有的研究者都采用这一方法开展质化分析。

（3）话语分析

话语分析的来源异常丰富，一些对语言研究做出重要贡献的著名哲学家，如维特根斯坦、奥斯汀、福柯、德里达（Derrida），以及一些对传统心理学概念（如认知、自我、情绪）提出理论批评的心理学家，如格根、肖特等人，对于如何用新的方式思考语言、如何使用语言、如何发展新的分析工具用于经验研究，提供了丰富的思想源泉。波特与韦斯雷尔推动了话语分析在社会心理学领域的应用，他们从理论、方法、实证研究等方面做出了重要贡献。虽然两人在 20 世纪 70 年代都接受了主流心理学的训练，但都在当时的主流心理学之外寻求发展。当时的主流心理学在社会心理学研究中，狭隘地定义核心概念，用近乎专断的方式使用实验设计与问卷调查，令波特与韦斯雷尔非常失望，激发他们以一种新的方式思考与研究心理学。他们对社会心理学的一些传统概念如自我、责任、态度等沿着话语分析的线路进行了重新界定，激发心理学界用非客观主义的用语界定心理学概念，激发了大量的话语研究，推动了质化研究在社会科学领域的合法性。

话语分析被标示为一种分析方法，一种方法论，一种涉及超理论、理论和分析原则的社会生活观点，一种对主流心理学的批评，一种定义与分析语言的方法。多种形态的话语分析显示了其学科起源的多样性，在哲学、社会学、语言学、心理学、文学理论中均可以找到其源泉。不同种类的话语分析在许多维度上，如认识论观点、理论的性质与作用、数据资料的分类、怎样理解与对待环境等，表现出了明显的差异，可见，话语分析是一个非特异性的术语。

（4）叙事心理学

心理学中叙事研究的传统由来已久，弗洛伊德、皮亚杰、奥尔伯特、埃里克森（Erikson）等人的工作都与叙事有关，虽然他们从未明确表示他们在发展叙事研究。许多当代叙事研究者欣赏相对论与真理的多样性，其研究取向植根于解释学传统，认识论传承溯源于狄尔泰、胡塞尔、海德格尔等人。叙事研究使用了人类学、历史学、文学的方法论，叙事事实涉及了对经验的建构性解释，而非对真实发生的事实的记录。麦克亚当斯（Mcadams）与辛格（Singer）在心理学领域发展了叙事研究，认为人格与身份是一种叙事建构。心理学家乔塞尔森（Josselson）与利布利希（Lieblich）2001年编纂了六卷本的《生活的叙事研究》，1998年迈克尔·班贝克（Michael Bamberg）创办了《叙事研究》杂志，心理学界一些著名的叙事研究者发表了系列研究成果。

　　布鲁纳（Bruner）是一位心理学巨匠。20世纪90年代，当他对认知革命所采取的具体化、碎片化的方向失望的时候，开始奠基心理学中的"叙事转向"，他重新强调了文化与环境是人类认知反应的基础性因素，使用叙事概念作为基本的组织原则。他认为，人天生具有利用叙事组织经验的禀赋，文化提供了讲述与解释的形式，使得叙事易于理解。故事是人类经验的基本构成单位，故事表征了大脑对个体经历的事件的加工并赋予其意义，而不是对未被解释的现实的反映。意义并非内在于活动或经验中，而是通过社会话语建构的。叙事不是对事实的准确表征，而是对发生在特殊环境中的事件的特殊建构，为了满足特定观众的特定目的而创造某一观点。贯穿他长期而多产的职业生涯，布鲁纳的研究兴趣聚焦于知觉、语言、交往、文化，最终将这些现象整合入他所称的"叙事范式"。

　　叙事研究是一种混合模型，它将叙事经验的分析、文学解构理论与意义的释义学分析有机结合在一起。叙事研究假设，人生活在故事中并在故事中理解生活，以一种有始有终的节点的方式连接事件，这些故事在一个人生活的其他故事情景中展开，故事情景包含社会、文化、家庭或其他交叉情节。人们所讲的关于生活的故事表征了他们的意义制作，如何连接与整合内部的混乱和短暂的经验，如何选择讲述的内容，如何将经验的片段连接在一起，都体现了他们如何建构经验流以及如何理解生活。叙事研究的目标是探索并定义表征在文本形式中的人类经验，以释义学、现象学、民族志学、文学分析为基础，叙事研究避开了方法论规范，依据人们自己对意义的制作，来捕获生活经验并将其以深刻的方式理论化。

3. 不同取向的差异分析

尽管不同的质化研究取向具有共同的基础与互补的变量，各种取向之间的差异是非常明显的。每一种取向都不是静止的、单一意思的、完全统一的，而是复杂的、多层面的。历经100多年的发展，现象学已经从内部发生了一系列的"转向"：存在的、解释的、叙事的、解放的；扎根理论沿着几条不同的线路发展，从新实证主义形式到解释学、建构主义形式；话语分析是一个非特定性术语，包含语言学、谈话与批判理论；叙事心理学有多种形式，常以抵制程序的标准化而骄傲，欣赏心理分析、女性主义、文学评论等多种传统。每一种取向都在沿着不同的方向进化，体现了一系列差异。

（1）哲学背景差异

上述四种质化研究取向在界定自身领域的时候，都与统治主流心理学的自然主义的本体论与认识论形成鲜明对照，它们吸收并体现了不同的哲学传统，以不同的方式定义心理学的主题。现象学提出了有关"知识"的问题，利用了外在于生活经验的事物假设了一些结构。在方法论上，现象学使用虚构的自由变量开展了极为详细的分析，强调了对经验过程的精确的描述性理解。扎根理论采纳了从新实证主义到建构主义的不同哲学立场，对不成熟的信息输入理论进行了批评，提供了利用归纳和诱导推理发展中观理论的原始方法。话语分析批评了"经验""心理学"等传统术语，挑战了意义现实依存于研究客体的观点。叙事心理学认为，经验是不可言传的，意义寓于语言和故事讲述中。在这些取向的纷争中，讨论的重点聚焦于意义是给定的还是建构的，是发现的还是创造的，是被语言规定的还是不用言语的。这些取向讨论了外部变量在人文科学中的作用和地位，语言在人类生活中的特点与功能，主体与客体的关系，理论的作用甚至知识自身的性质。

（2）研究方向差异

每种取向都有特定的重点与目标，现象学和扎根理论使用了言语资料去接近非言语的生活经验，话语分析和叙事心理学关注书面言语与口语表达，重视这些资料的社会情境、意义制作方式及其结果。现象学心理学家倾向于分析完整的现象资料；话语分析明确聚焦于局部数据与资料，重点关注从数据库中析出的个别资料；叙事研究以整体的方式聚焦于语言，启发性地利用了个体研究者在界定研究问题的过程中选择的理论立场。

（3）学术情境与概念差异

不同取向的质化分析包含不同的知识体系，其概念源自不同的传统，如现象学、存在主义、欧洲释义学、心理分析、女性主义、符号互动论、言语活动理论等。概念界定采取的形式依赖于研究者所处的学术环境，理论的作用伴随不同的取向而变化。现象学是反理论的，停留在经验结构范畴内，声称在人文社会科学研究中对"事物自身"的具体描述提供了概念理解的最好形式。扎根理论通过不断提升抽象水平致力于建构理论。扎根理论认为，社会位置（如年龄、种族、性别等）和环境（如社会制度、文化等）如果进入研究的情景便能与情境经验建立相关。叙事研究使用了一些概念突出语言对意义与不同自我的指示功能。话语分析使用了一些概念和知识体系揭示社会工具与话语实践的结果。来自其他学科的概念也能进入这些分析的知识体系，如现象学使用了哲学概念，话语分析和扎根理论使用了社会学概念，叙事心理学使用了文学和心理学概念。

（4）程序策略差异

现象学家要把先前的知识悬置起来，扎根理论开始分析时不需要理论，在分析的后期或结束时才将研究结果与各种理论联系起来，然而叙事心理学家在整个分析过程中都要使用指导性框架；叙事心理学将数据资料作为查明蕴含在叙事中的意义的多种水平的依据，现象学和叙事取向强调整体，而话语分析只是对摘录的数据资料进行分析，对碎片化信息进行比较。

4. 质化研究对心理学发展的贡献

质化研究提出了"什么"的问题，知道某事是什么就意味着将该事物概念化，研究其整体及各组成部分，探讨各组成部分相互联系并结合为整体的方式，以及作为一个整体与其他事物的相似与区别。质化知识也可能包括对情景、结果以及在较大范围内研究的意义的理解，理论建构、假设解释、预测、心理品质的测量都预先假定了质化的知识，也就是有关心理品质的基本特性的知识。有关"什么"的知识，可能是明晰的，也可能是隐含的；可能是非严肃的假定，也可能是细致的建构；可能是正式获得的，也可能是非正式获得的。在涉及人类精神生活的科学史上，人们对测量与量化分析的程序给予了极大关注和缜密思考，对质化或描述程序关注不够。然而，测量本身告诉我们的只是量的大小，即使我们使用最精致的工具进行测量，采用最复杂的统计程序进行分析，也无法提供测量内容的质性知识，因而，不同种类的有关"研究主题是什么"的研究与分析是量化研究的必要基础和补充。提出有价值的质化问题，使用严谨的方法、程序来回答，对科学而言是非常重要的。

质化研究方法对心理学的发展做出了重大贡献。它使得科学的概念得以拓展，具有更大的包容性；科学哲学包括认识论与本体论得以发展；人类特有的事情如意义、代理（中介）、语言、价值等成为焦点；方法多元被广为接受；实证材料基础得以拓宽，以证据为基础的研究得以拓展；新的分析方法与知识形式得以利用；研究中的批判性反思得以促进；科学家的位置得以承认；开放了人文学科和社会科学之内或之间的学科界限。

第三节 两种元理论的共存与互补

当代心理学的发展同时受到经验主义与后经验主义两种元理论的深

刻影响，在哲学基础上，实证主义、现象学、释义学共同发挥作用；在心理观上，自然科学取向与人文科学取向共存；在心理学流派上，认知心理学、人本主义、精神分析等百花齐放；在研究方法上，量化研究与质化研究互相补充。后经验主义对经验主义的批评并不是要全盘否定经验主义，批评指向的是经验主义的缺陷与不足，两种元理论呈现出共存与互补的态势。如果没有经验主义的指导与推动，心理学也许还徘徊在科学的大门之外，沉湎于扶手椅上的内省与思辨；同样，如果没有后经验主义的兴起与推动，心理学在追求科学化的道路上就会迷失自我，研究对象与研究方法的绝对自然科学化，会导致心理学远离人的真实鲜活的社会生活，出现各种各样的还原论。经验主义和后经验主义的共存与互补，成就了当代心理学的繁荣与发展。

后经验主义对经验主义的批评意义重大，影响深远。一方面，后经验主义影响下的心理学（简称后经验主义心理学）对经验主义心理学的批评，观点各异，角度不一，使处于主流地位的经验主义心理学无所适从，杂乱批评的消极影响显而易见；另一方面，后经验主义指导下的心理学，针对主流心理学（此处指经验主义指导下的心理学，下文同）在学科性质、方法论、相关性等方面的批评，许多观点富含真知灼见，有的切中了主流心理学的弊端，有的指明了主流心理学今后完善与发展的方向。虽然有些言论不乏偏激，但总体而言，这些批评促使主流心理学不断进行自我反省，汇成了主流心理学自我完善、持续发展的不竭动力。

一、经验主义心理学的反思

1. 心理学学科性质的理解

主流心理学一直力图把心理学建设成为一门严格意义上的自然科学。正视心理学具有自然科学性质，对心理学走客观、严谨和科学的道路有正面意义，但将心理学完全自然科学化则是片面的和无益的。

针对主流心理学的上述取向，后经验主义心理学一致认为，自然科学的概念同心理学的研究对象与事件性质不同。例如，物理学中的"引力"概念具有自然属性，这一事件确实发生在自然之中，不依赖人的心灵，也不管人们是否能解释它。心理学中的概念，如"种族"，以及传统的心理生活范畴，如情绪、认知、身份、意识、动机、道德等，其自然属性的获得是因为使用了自然科学的方法。这些概念（如身份）更多地体现了一种社会历史特征，只有在不同的社会历史环境中进行分析才具有实在的意义。考虑到人类心理生活本体论的特殊性，借用自然科学方法并不能保证心理学成为一种自然科学。心理学的某些层面可以归入自然科学，然而，其相当重要的部分属于人文科学领域。

在后经验主义心理学的推动下，以自然科学为文化价值定向的主流心理学开始反思自己的研究取向，开始接受和包容以人性、人权、人道为文化价值定向的非主流心理学的研究取向，当代西方心理学出现的文化转向就是最好的佐证。关注人的心理和行为的文化特性，重视心理科学的文化性质，揭示文化与人的心理发展的相互关系，体现了当代心理学发展的文化转向（麻彦坤，2003）。文化因素在心理学研究中的角色、地位与作用发生了根本性的转变，由被遗忘的角落变为被关注的中心，由幕后走向台前，由无关变量变为关键因素。跨文化心理学、文化心理学、本土心理学从不同的视角，运用不同的策略，探讨了人的心理与文化脉络之间的依存关系，推动了心理学研究对文化的接纳、吸收、包容与重视，促成了心理学研究范式从忽略文化向重视文化的时代性转变。

2. 心理学方法论的完善

主流心理学所持的自然科学心理观决定了其沿袭自然科学的方法论。为了追求心理学的科学化，跻身于科学之列，在"物理学羡慕"的驱使下，心理学积极效仿自然科学的研究方法，以实证主义作为研究的方法论基础，注重研究的精确性、实证性、可检验性。

应该说，实证方法对心理现象的自然属性的研究是成功而有效的，确立了精致的实证方法体系，取得了丰富的实验数据，创建了有效的理论假说，扩大了心理学的学术影响，提升了心理学的科学地位。但面对心理现象的社会人文属性，实证方法则显得苍白而无力：方法越精致，实验越精确，控制越严密，所获结果也就越远离人的心理生活现实。

来自后经验主义心理学的批评，使西方心理学的方法论面貌发生了很大变化。既然心理学既具有自然科学属性，又兼具人文科学属性，同时受到经验主义与后经验主义的影响，那么，心理学就应该兼容那些对两门科学行之有效的研究方法。后经验主义心理学并不是要彻底否定主流心理学的方法论，而是要克服主流心理学方法论的偏狭性，丰富主流心理学的方法论选择。例如，一些女性主义研究者主张心理学不应该放弃该学科的核心方法。她们进一步指出，量化分析是抨击性别歧视的有效工具，量化结果显示，在人格和行为能力的标准化测量中男性与女性没有显示出实质性差异。后经验主义心理学为了纠正主流心理学客观实验范式之偏颇，提出了研究方法的多元化思路，认为应该以问题为中心来决定研究方法的选择。

在后经验主义心理学家的共同努力下，关于心理学研究方法的认识产生了根本的改变，定性的、互动的、协商的、领悟的、释义的、积极参与的、与历史文化有关的研究受到重视，叙事式、阐释式、建构式、解构式等方法得到认可。

3. 心理学理论与现实生活的相关

追求实验仪器的现代化、实验设计的精确化、实验控制的严密化无可厚非，这是科学精神的基本内涵。然而，由于主流心理学推崇严格的科学主义、个体主义、客观主义，信奉并贯彻价值中立，以方法为中心决定研究内容，把影响人的心理活动的很重要的变量排除在研究范围之外，忽视了心理学理论的实践效度与应用价值，因而，面对社会生活的呼唤与要求显得无能为力。

在后经验主义心理学的批评声中，主流心理学开始重视原先被忽视的一些维度，关注心理学研究与现实生活的相关性。如前所述，文化这一影响人的心理活动的核心变量已经引起主流心理学的高度关注。跨文化心理学提出了文化在心理生活中的作用，立足于把西方的范畴和方法应用于其他文化，检验西方心理学理论与其他文化的契合性。与跨文化心理学不同，近年来出现的多元文化论心理学倾向于在某一社会政治或地理环境内讨论不同的文化或亚文化，研究这一环境中多元文化背景下个体的心理生活。

主流心理学家意识到了"价值中立""价值无涉"的窘境，伦理政治维度对心理学尤其重要，不能简单化、极端化地处理。主流心理学已经开始关注心理学研究与宏观社会文化背景、与人的实际生活的关联，走出象牙塔，走出实验室，走出自己为自己设置的种种壁垒，直面社会生活，服务大众民生，这是心理学生命力的源泉与根基。

二、两种元理论倡导方法的融合

科学心理学建立以来，心理学进入量化时代。然而，近几十年来，心理研究的质化取向日渐兴起，有关量化研究与质化研究的讨论日益引起重视，混合方法研究取向试图超越两者的纷争，克服单独使用某种研究方法的局限，整合两种研究取向，为复杂心理现象的研究提供充实的情景。

量化研究、质化研究与混合方法研究的哲学基础、方法论假设、具体研究方法存在明显的差异。

心理学研究高度依赖实验及相关技术使用量化数据检测理论，其背后的哲学基础是实证主义。近几十年来，针对此类研究的批评不绝于耳。一些量化研究者对于他们自己的研究取向也做出了自我批评，如米歇尔（Michell，1999）对心理学中的测量概念进行了反思，提出了两个主要问题：其一，大多数量化研究笃信心理品质适宜以量化的方式加以测量，而不宜进行经验研究；其二，大多数量化研究者采纳了一种有缺陷的测量定义，认为测量就是按照特定的规则为研究对象分配数字。在量化研究领域，一个本质性的问题经常被忽视，即研究变量的本体论和认识论问题。什么信息可以被编码在代表心理现象的量化变量中（变量的本体论），这类信息如何启发我们这些心理现象的关系（变量的认识论），不弄清楚什么信息可以在变量中编码，就不可能以统计分析为基础解释事件以及它们之间的相互关系。

1. 量化研究与质化研究间的辩论

从词源学角度看，量化侧重研究实体的多少，关注实体之间关系发生率、数量或者大小，而质化主要是描述研究实体的构成性质，为研究现象提供丰富的描述性解释。

量化研究与质化研究在数据收集和分析方面明显不同。为了开展统计分析，量化研究需要把现象还原为数字化的价值标准，与之相对，质化研究以非数字化形式收集数据。量化研究与质化研究在科学研究的目的、研究范式、元理论假设等方面也明显不同。量化取向认为，心理和社会现象都是一种客观存在，可依据概括化的因果效应研究这些现象之间的关系；质化取向则认为，现实是一种心理或社会的建构，科学研究的目标是从"被研究者的视角"理解人及其族群的行为与文化。自从19世纪心理学概念被界定为"科学"，量化取向一直处于心理学研究的主流地位。20世纪60年代以后，研究社会现象的一些心理学家开始批评量化取向，他们倡导对人类的自然的、以情景为基础的整体理解，也就是我们所说的质化研究，激起了量化取向与质化取向哪个更适合心理学研究的思考和讨论，讨论涉及两种取向的哲学基础、方法论假设与相关的研究方法。一些人强调，两种研究取向无法相容，因为蕴含在两种取向之中的元理论范式差别太大，以至于两者之间的任何调和都可能损坏各方立场的哲学基础。也有人提出一种更为实用的观点，致力于整合两种不同的方法论观点，提出了"混合方法研究"。

2. 量化研究与质化研究的区别

两种研究取向的区别可以从哲学基础、方法论假设、研究方法等维度展开。

（1）世界观与哲学基础

所有研究的基础都是由世界观与科学范式提供的，世界观引导我们如何看待、思考、开展研究。同样，科学范式包含一系列指引研究的信念和假设。与量化取向和质化取向密切相关的三种世界观是：客观主义、主观主义与建构主义，三者的差异主要体现为认识论与本体论。量化范式将现实视为单个的、有形的，知者和被知者是相对分离、独立的；质化范式将现实视为多样化的，是由社会或心理建构的，认识者与被认识者无法分割地彼此联系在一起。19世纪末发展起来的当代心理科学，向自然科学看齐，强调测量、检验和实验，以逻辑实证主义为哲学基础。质化取向则以现象学、解释学、符号互动论为哲学基础。

（2）方法论假设

不同的世界观和哲学假设反映在不同方法论上，方法论是关于研究方法的研究，反映了研究方法的逻辑，体现为指导研究活动的原则，可以界定为为了组织和增加有关现象的知识而制定的指导科学研究的一系列规则、原则与条件。质化取向与量化取向呈现出不同的方法论。量化研究采用规范性方法论，规范科学以认识和阐述广泛适用的一般规律为目的，对事实与材料进行编制、收集和同化，性质上属于自然科学；质化研究采用独特性方法论，对独特性、具体性、个别性事件进行描述，尽可能完整地对单个的、暂时的、有限的个别事件进行记录、理解与表征，性质上属于人文与历史科学。两种方法论是同一连续体的两个极端，两种取向存在紧密互动。一方面，每一个独特性科学的一般性概念必定与规范学科有关；另一方面，每一个一般性的规律都奠基于不同个案的观察。

两种取向的差异也可以通过解释与理解这一维度加以表述。解释是通过管理我们的观察建立事实之间的联系，而理解是重构他人通过梳理观察已经建立起来的联系。量化取向侧重于解释，如检验观察到的现象及其关系，证明理论提出的预测；而质化取向倾向于理解，如重构个人的观点、经验。量化取向通常是推论的，由理论驱动，如以具体的理论为基础观察独特的现象；质化取向则是归纳的，由数据驱动，如为了建构理论，常常从对现象的观察入手。在量化研究中，假设是从理论中演绎出来的并通过经验研究证明。在质化取向中，假设的提出是研究过程的组成部分,其目标是根据观察发展适当的理论。

① 研究设计。每一种方法论都使用了具体独特的研究设计,研究设计是行动的计划,有机地将哲学基础、研究取向的方法论假设与具体的研究方法结合起来,为研究问题提供可靠的、有解释力的、合理的答案。严格的研究设计指导方法选择与解释逻辑的建立。量化取向中的研究设计包括实验设计与非实验设计。实验设计是要揭示一个独立变量和一个或多个非独立变量之间的因果关系,需要通过严格控制无关变量而操纵独立变量,当独立变量无法被操作时,非实验设计作为补充,实验设计的目的就是描述两个或更多变量之间的关系。质化取向采用自然设计,其目的是研究自然环境中的行为,研究自然发生的现象,提供少量的结构化观察情景,研究设计的基本假设是最好在自然环境中理解行为,无须外部的控制与限制,自然的观察环境是不需要控制的变量,是深度观察现象的本质要素。自然设计包括个案研究设计、话语与谈话分析、焦点小组设计、扎根理论设计、民族志设计等。

② 效度。研究方法论一个至关重要的问题是效度问题,效度是解释力的水平以及数据收集、分析与解释的合法性,一般可以分为内部效度和概括性。量化研究取向与质化研究取向对效度的界定截然不同。在量化取向中,效度主要包括:统计结论效度、结构效度、外部效度;质化研究取向包含四种重要的效度:描述效度、解读效度、解释效度、概括效度。

③ 研究方法。研究方法是研究设计的执行者,研究方法注重数据收集、分析、解释过程中的程序与技术。量化取向与质化取向所使用的方法显著不同,具体体现为样本取样、数据收集、数据分析与解读。

取样。在量化研究中,取样的意图是选择能代表群体的个体,结果具有普遍性(外部效度)。为了完成这一任务,量化研究者可能借助概率性与目的性两种取样策略。概率性取样如简单随机取样(样本中的每个成员都有同样的机会)、系统随机取样、分层随机取样、群聚取样、方便取样等。质化取向使用排他性的目标取样策略,选择信息丰富的个案进行深度研究。目标性取样策略包括:方便取样、均匀个案取样、雪球取样、典型个案取样等。

数据收集。数据收集有直接收集与间接收集两种方式：直接收集来自样本的原始数据；间接收集来自个人、官方文件以及其他研究成果的二手数据。在量化研究中，数据收集必须与检验构想的假设相关，数据收集通过测验或标准化问卷、结构化面试等渠道获得，二手数据可以通过官方文件等渠道获得，作为结果的数据最终会根据数值编码，依次引入数据矩阵，进行统计分析。在质化研究中，数据收集是为了深度理解参与者的观点，与量化研究的数据收集相比，数据收集程序的标准化要低，可以通过开放式面试、焦点小组、自然观察等途径获得。面试一般要录音，自然观察要现场记录，精确描述被观察的事件与过程，解释研究者在观察过程中描述的经验，在这一过程中，对观察的行为或情景进行录像会有很大帮助。

数据分析。数据分析主要包括检查数据库、提出研究问题与假设。在量化研究中，研究者分析数据是为了检验一个或多个已经提出的假设，目的是发现在一个或多个群体内被观察的变量之间的关系是否具有统计学意义，是否可以推广到样本所在的群体。统计检验的选择依赖于提出问题的类型（描述趋势、比较群体或相关变量），测量变量的量表类型，以及人群是常态分布还是非常态分布，置信区间和作用大小可以用来提供进一步的证据。量化分析包括描述分析和假设检验分析，分析的结果以概述统计结果的陈述式呈现。质化数据分析是在之前收集的文本数据基础上通过内容或主题分析的形式展开，内容或主题分析以检查反映某类现象经常出现的例子的数据为基础，这类例子经由数据库系统识别，通过编码系统组合在一起。编码是一个对文本进行分类和标识的过程，目的是为了呈现更宽广的视野。研究者首先将文本分解为分析单元并使用来自参与者的精准语词加以标识，研究者根据观察到的文本单位之间的相似性和差异性，将标签整合进一个主题或内容范畴。对这些涌现出来的主题用与研究者及参考理论最接近的语言重新标签。最后，这些主题（或内容范畴）彼此相关融入一系列获得新标签的主题。这一程序保证了在描述数据的过程中达到更高层级的抽象，厘清被分析文本的结构。质化结果的呈现涉及对相关主题与观点证明的讨论,说服读者相信经过鉴定的范畴与维度植根于被观察的数据,而不是研究者强加的。数字、图表也可以用来表征这些结果。

数据解读。数据解读包括指出这些结果的含义,阐明积累的证据的意义。在量化研究中,数据解读就是赋予与理论相关的所得结果意义,研究假设就源自这些理论,这一过程也被视为演绎推理。根据研究设计是实验性的还是非实验性的,结论可以反映变量之间的因果关系或相关关系,这些研究结论可能被证实、拓展,也可能对相关理论提出挑战。在质化研究中,数据解读是以归纳推理过程为基础,利用对现象的系统观察创造意义解释,理解概念框架。质性数据解读就是赋予源自具体情境研究的所得结果意义,这一情景化过程对于质化研究的内部效度(如描述与解释效度)是很必要的。依据这种自然的研究设计,源自分析的主题或范畴相互关联,可能会组成一种模型(比如在扎根理论设计中),一种年表(比如在叙事研究设计中),或者两个群体之间的比较(比如在民族志研究中)。可以使用更大规模的意义制造过程拓展研究结果带来的理论观点,由此提出质化研究的外部效度。在量化研究中,结果解释是理论驱动的,可以呈现为证实、拓展或者对已有理论的质疑,与量化研究相对,质化研究中的数据解读是数据驱动的,目的是针对研究现象提出新的假设与理论观点。

3. 量化研究与质化研究的整合:混合方法研究

前文阐述了量化研究与质化研究在哲学基础、方法论假设以及研究方法等多维度的显著差异。两种取向各有千秋,通常情况下,一种取向的优点可能是另一种取向的不足,反之亦然。不同取向的倡导者认为这些差异构成对立而不是互补,催生了两种研究取向多年的论争,导致了认识的碎片、理论的偏狭、经验的随意。最近几十年,一种被称为混合方法研究的新取向日渐兴起,这种取向是对量化研究与质化研究两种取向的整合,这种研究取向也具有自己特殊的哲学基础、方法论假设与研究方法。

(1) 世界观与哲学基础

20世纪50~80年代，出现了将量化方法与质化方法结合在同一研究中的初步兴趣；70~80年代出现了范式讨论，这一阶段讨论的突出问题是整合量化研究与质化研究哲学基础的机会。有人认为内蕴于这两种研究取向的范式是不可调和的，有人则对两种研究范式的整合提出了建议。尽管这一争论还十分活跃，多数人一致认为可以对量化研究与质化研究范式进行整合。格林（Green，2003）描绘了混合范式中四种有意义的情况：①辩证地考虑混合范式；②使用一种新的范式；③范式的实用性；④首先考虑实质性理解。前两种情况认为范式指导研究，但是提出了不同的解决方案。根据辩证观点，所有范式都可以有效指导科学研究。因此，为了获得更好的理解，研究者应该有目的地从辩证的角度使用多系列的哲学假设。新范式的倡导者认为，为了包容更广泛的信念与假设范式应该不断进化，欢迎多种不同的方法。后两种情况认为范式未必指引科学研究。根据实用主义的立场（情景驱动），最重要的是满足研究情景的需要，实用主义者对适用研究目标的任何范式都持开放态度。此外，概念驱动的倡导者认为，在指导经验研究中概念或理论的契合是最重要的，有关研究过程的决策不是为了与具体的哲学假设相一致，而是为了加强对具体情景中具体序列概念的理解。

混合方法研究的哲学基础允许这类研究取向拥有多样化的世界观和范式，利于提出多样化的复杂问题，寻求多样化的复杂答案，这是克服量化研究与质化研究局限性的第一步。

(2) 方法论假设

纽曼（Newman，1998）将混合方法研究的方法论描述为质化—量化交互式的连续统一体。正像名字显示的那样，这种模式认为在量化与质化方法论之间存在一个交互式的连续体，而不是非此即彼的二分法。这种模式奠基于科学的统一观，为了允许研究者回答不同的与互补的研究问题，质化研究与量化研究的方法论必须以一种连续体的方式彼此互动。纽曼认为，聚焦目标比问题更为根本，系统地排列研究目的可以实现不同的研究问题与相应的方法论的联结，为混合方法研究的方法论提供基础。为了理解混合方法研究的方法论，清楚地阐明"研究目的的动态性"是必要的。为此，纽曼（Newman，2003）提出了一种关于研究目标的类型学，每个类型学都与量化或质化方法论密切相关，包括九个基本目标：①预测——通过量化方法论；②添加知识基础——通过量化方法论；③施加个人、社会、组织的影响——通过质化方法论；④测量变化——通过量化方法论；⑤理解情景现象——通过质化方法论；⑥检测新的想法——通过量化方法论；⑦生成新的思想——通过质化方法论；⑧通知选区——通过质化方法论；⑨检查过去——通过质化方法论。分别通过量化或质化的方法论观察不同的研究目的是很有趣的，可能会融入、重叠或生成其他的研究目标。上述九个研究目标勾画出了一个格式塔，表明量化与质化方法论怎样表征一个交互式的连续统一体，沿着这一统一体，研究者可以以动态的方式在概括化与情景化、解释与理解、归纳与演绎、假设检验与假设生成之间设计研究。

① 研究设计

塔萨科里（Tashakkori，2003）报道了近40种不同类型的混合方法设计。克雷斯韦尔（Creswell，2007）对这些分类做了概括，形成了12种类型。为了对实际存在于混合方法研究中的不同研究设计提供一个更为综合、简约的功能性概述，克雷斯韦尔提出了四种主要的混合方法设计：三角设计、嵌入式设计、解释设计、探索性设计。它们可以分布于单阶段或二阶段方法中。

在单阶段方法中，质化方法与量化方法同时应用于同样的样本，三角设计与一阶嵌入式设计就是这样的情况。在二阶段方法中，在不同的研究阶段量化方法与质化方法是相继应用于同样或不同的样本，如解释性设计、探索性设计以及二阶嵌入式设计就属于这种情况。

三角设计代表了最著名的混合方法，其目标是获得有关同样主题的不同但互补的数据，蕴含的理念是，为了更好地理解研究的问题，有必要将量化方法与质化方法中的优势和不足结合在一起，特别是当研究者想直接比较量化统计结果与质化结果，或用质化数据验证或扩展量化结果时，更需如此。在三角设计中，研究者在同样的时间表中用同样的力量运用量化与质化方法，设计同时但分离的数据收集与分析。这两类数据可以通过结果整合或数据转换加以合并，对整体结果加以解释。

三角设计存在不同模型：数据转换模型、验证量化数据模型、多水平模型。当研究者想知道不同数据类型多大程度上可以相互证实的时候，使用数据转换模型。在初步的数据收集之后，一种数据类型被转化为其他类型；当研究者想验证与扩展来自调查的量化结果也包括一些开放性质化问题时，就使用验证量化数据模型；在多水平模型中，可以在一个系统中使用不同的方法处理不同的水平，来自不同水平的结果被合并进一个总体的解释。

嵌入式设计是这样一种混合方法设计，其中一种数据提供支撑，研究中的次要角色是以其他类型的数据为基础。当研究者在一个大型的量化或质化研究中，需要使用包括量化或质化的数据回答研究问题的时候，使用这类研究设计。质化数据可以被嵌入量化方法论中，量化数据也可以被嵌入一个原本是质化的设计中。这类研究设计的一个变形是嵌入式实验模型，将质化数据嵌入实验设计中，可以运用在单阶或二阶方法中。

解释性设计是一种二阶混合方法设计，总的目标是获得量化数据，使用额外的质化数据进行解释。在解释性研究设计中，研究者从量化数据的收集与分析入手，之后，设计研究的质化阶段与起初量化阶段的结果相连接。解释性设计有两种形式：后续解释模型与参与者选择模型。在后续解释模型中，研究者首先挑选出需要额外解释的具体量化结果，然后收集与分析来自参与者的有利于为解释结果提供帮助的数据；在参与者选择模型中，量化信息是用来为连续性的深度质化研究确定选择参与者，聚焦于质化研究。

最后一种混合方法研究是探索性设计。这类二阶设计的目标是利用首先使用的方法（如质化）的结果发展或报告从第二种方法（如量化）获得的结果。这种设计经常用在测验或工具不太方便，关于评估的变量知之甚少，或者缺乏指导理论或框架时，为了深度探索某一现象研究者从质化数据开始，然后进入量化阶段。这类设计有两种类型：工具发展模型与分类发展模型。工具发展模型允许在质化结果的基础上开发一种量化工具。通过质化研究有可能探索参与者参加的研究主题。这些结果被用来生成条目或量表，构成量化调查的工具。分类发展模型是利用最初的质化阶段确定重要变量，生成分类系统，建立新的理论，之后，进入量化阶段，以更详尽的方式检验或研究这些结果。这种模型允许基于质化研究提出研究问题或假设，在量化框架内加以检验。

② 效度

混合方法研究者追求研究结论的可说明性与合法性，这就涉及效度问题。推断的品质与可迁移性是不同的。推断的品质包含量化的内部效度与质化解释的信度，可以将其定义为基于结果的解释与结论，刚性的专业标准的契合度、可信度与可接受性，以及从所得结果生成可信的解释的产出度。与之相对，推论的可迁移性包含量化的外部效度与质化的可迁移性，可以将其定义为在研究中所获推论对其他个体、情景、时间段以及观察方法与工具的概括性或可接受性。

具体的混合方法研究可以不同的方式促进推论质量与可迁移性。三角设计中，在合并量化与质化数据的基础上可以提出宽泛的推论；在嵌入式实验设计中，在产品的量化研究之外通过质化的处理过程而提升研究的整体效度；在连续解释设计中，随后的质化分析可以为解释先前获得的量化结果提供额外的有意义的信息；在探索性设计中，为了生成一个问卷，开展某一主题的质化研究可以导致更准确、更精细的结果。

③ 研究方法

不同的混合方法研究设计以数据收集、分析与解读的具体程序为特征，根据研究设计是同时性的还是继时性的，可以提出不同的问题。

取样。当这两种研究取向综合使用的时候，量化与质化研究的具体取样策略依然在使用。设计被试选择的一个补充问题：在量化与质化研究取样中应该选择相同的还是不同的个体？在三角设计、嵌入式设计与解释性设计中，研究者在量化与质化数据收集中应该选择相同的个体。如果要开展探索性设计研究，起初为质化数据收集选择的个体与随后的量化阶段选择的不是同样的被试，这是因为这类设计的目标将结果推广到取样人群。另一个相关问题是样本的大小：量化研究与质化研究的数据收集需要同样的样本数量吗？一般来说，量化的样本应该比质化的样本容量大。也有例外，如在三角设计中，量化与质化的样本尽可能类似，避免因为样本容量的差异导致资料组的差异。

数据收集。在混合方法研究中，数据收集既可以是同时性的，也可以是继时性的。在同时性数据收集中，数据收集发生在相同的时间范围。继时性数据收集包括不同的阶段，首先进行的数据收集可以是量化的形式也可以是质化的形式，接下来决定如何使用量化或质化的结果影响后续的数据收集，数据收集的第二阶段与补充阶段建立在第一阶段基础之上。在具体研究中，量化与质化数据收集可以各有侧重：在连续的解释性设计的第一阶段以及工具发展探索性设计的第二阶段，量化数据收集更重要；在参与者选择解释性设计的第二阶段与分类学发展探索性设计的第一阶段，质化数据收集更重要；在嵌入式设计的两阶段，量化数据收集比质化更重要。

数据分析。像数据收集一样，混合方法研究中的数据分析也有同时与继时之分。同时性混合方法数据分析的目标，是在不同的数据组中寻找融合或嵌入结果的汇聚。同时性数据分析包括对每一组量化或质化数据开展独立的初步分析，之后，研究者合并或嵌入第二组数据，形成一幅完整的图画，也可能强化或拒绝第一组数据的结果。

在混合方法研究中存在两项合并量化或质化数据的技术：数据转换与比较。数据转换，即从一种形式的数据转为另一种。在内容分析中通常需要将质化数据转为量化数据，这一程序包括将质化的编码、主题、内容范畴简化为数字化信息，计算先前确定的范畴的出现概率；之后，连接不同的质化范畴及其出现频率，形成矩阵。有关将量化数据转化为质化数据的文献不多。

继时性混合方法数据分析的目的，是使用第一数据集的结果预知在第二序列数据集中将获得的结果。继时性数据分析包括依据传统的量化或质化分析程序，对第一序列数据集分析的起始阶段，相关的结果信息用来决定第二数据组的分析。

数据解读。在混合方法研究中的数据解读以同时或继时的方式发生在数据收集与分析之后。在混合方法研究中，理解累积的证据的过程是量化演绎推论与质化归纳推论的周期性结合过程，依据所使用的是同时性设计还是继时性设计，对演绎推理或归纳推理的强调会明显不同。强调量化演绎推理过程是如下四种设计的特征：①三角数据验证设计（为了发现在多大程度上质化结果支撑量化结果）；②嵌入式实验与相关设计（发现质化结果如何预测和帮助解释实验或相关结果）；③解释性连续设计（发现质化结果如何帮助解释量化结果）；④探索性工具发展设计（发现哪些条目和量表能最好表征质化结果）。

其他一些设计是以强调质化的归纳推理过程为特征，如：①经典的嵌入式设计（发现质化结果如何支持或否定量化结果）；②探索性分类学发展设计（发现量化结果以何种方式概括质化结果）。

最后，有一些设计既强调量化的演绎推理过程，也强调质化的归纳过程，如：①三角汇聚设计（发现量化与质化数据在多大程度、怎样、为什么汇聚）；②三角数据转换设计（发现在多大程度上量化与质化结果相互证实）；③三角多水平设计（发现在不同观察水平量化与质化结果如何相互证实）。

量化演绎推理过程与质化归纳推理过程的不同结合，以不同的方式提出了内部（推理品质）与外部（推理的可迁移性）效度问题。上述研究方法为更有效地收集、分析与解读数据提供了可能性，数据收集和分析水平的汇聚（如量化与质化研究数据的彼此连贯，量化与质化分析结果的相互支持），有助于形成对结果的一致的、有意义的解释；相反，不一致性可能提醒精致数据收集与分析的过程，提出新的研究问题。

源自实证主义观点的心理研究明显属于量化领域。然而，20世纪前半叶，质化研究取向兴起于社会与心理研究，引发了这两种对立取向之间持久的讨论。量化—质化讨论在哲学基础（客观主义、主观主义、建构主义），研究方法论（解释与理解、预测与解读、演绎与归纳），以及研究方法（大样本与小样本、数字对叙事、统计分析对内容分析、假设检验对理论生成）等多层面展开。

为了克服这场争论，混合方法研究 20 世纪 80 年代发展起来。混合方法研究取向的目标是整合传统的量化与质化研究取向，将彼此的优点最大化，缺点最小化。

有关心理的科学研究非常复杂，需要发展理论，建立一般的功能规律，同时要能解释不同个体呈现的特质差异。它也需要涉及多水平分析，包括个体内水平（心理与生理结构及机能之间的内部联系，动机、情绪、认知与行为格式之间的关系，不同的归因方式）与个体间水平（对环境的生物、心理与社会适应，在家庭、社会和文化环境中的人际关系品质）。因为这些原因，我们认为，适当的心理理论的发展需要整合，避免非此即彼的二分。

混合方法研究为更为综合的心理研究提供了一种有益的环境，促进了不同观点在不同水平的辩证综合。在哲学水平，混合方法研究承认多种世界观和范式存在的必要性，这有助于从不同的观点提出更为复杂的问题，推动寻求更为复杂的答案。在方法论水平，混合方法研究克服了常规和特殊方法论之间的二分对立，定位于互动的连续统一体，建立了概括化与情景化、解释与理解、演绎与归纳、假设检验与假设生成之间的周期性动态。最后，在研究方法水平上，混合方法研究实现了数据收集与分析的整合，克服了蕴含于量化变量与质化解释中的信息的传统局限，超越了存在于归纳与演绎推理中的二元划分，提升了数据解读的精确性与意义性，克服了纯粹的量化或质化研究的缺点，为更为复杂的心理研究提供了富有成效的环境。

第五章 实体理论分析

理论心理学是一门研究心理学现象发生、发展的一般规律,以此作为应用心理学和其他学科的理论基础的学科。理论心理学的研究领域大体可以分为元理论研究和实体理论研究两大块。实体理论是关于心理现象、心理事实以及心理与行为规律的一种解释框架。在不同实体理论的指导下,心理学的发展出现了不同的发展取向,对心理现象做出了不同维度的剖析,形成了不同的理论解释与学术流派,推动了心理学的繁荣与发展。下文简要介绍在心理学发展史上影响较大的几种实体理论。

第一节 心理学中的信息加工理论

一、信息加工理论的发展历程

任何一种理论的发生和发展都有一个长期的过程,在这个过程中不断地吸收、借鉴其他学科的思想来发展完善,同时也接受其他理论的质疑和批判,信息加工理论亦是如此。

信息加工理论强调人的认知过程即对信息的表征和加工,其心理隐喻是人脑与计算机无甚区别,因此,人的心理活动就是对外界信息进行接收、储存、编码、转换、回收和传递。这种思想首先是继承了哲学史上法国哲学家笛卡尔的心灵表征论和霍布斯(Hobbes)的心灵计算的观点。众所周知,笛卡尔将心灵活动与身体活动看作是两个实体,从这种身心二元论的元理论出发,其心灵表征理论认为心灵的认知活动就是心灵的表征活动，并强调心灵表征是相对独立的活动，它不仅代表它自身，还反映现实世界或外部对象。而霍布斯的观点则认为心灵的思维活动即计算活动，霍布斯把世界和人都视为机器，认为人的心理活动跟机器一样，也遵循着物理规律，而思维推理活动"就是一种计算，也就是将公认为标示或表明思想的普通名词所构成的序列相加减"。在他看来，这种给事物赋予概念和名称，将各个名称连接起来形成命题，最后将各个命题连接为三段论式的推理活动，便是思维（葛鲁嘉，2004）。而信息加工心理学要说明的恰恰就是心灵表征的内容和信息是如何"计算"的。霍布斯的观点对后来的系统论和控制论也产生了重要影响。系统论认为系统是处在一定关系当中并与环境发生关系的各个要素组成的总体，要素与整体的关系是一种辩证的关系；控制论则是想要从理论上找到技术系统与生物系统之间在功能上或行为上的相似之处，从而将二者区分开。但要研究已经进化了亿万年的生物系统，就需要建立一种与生物系统相似的模型。其"模型"概念后来被引入信息加工心理学中，逐渐发展出类似记忆加工模型、注意的选择模型等。

在第二次世界大战期间，伴随新的战争技术的发展，如何训练士兵快速掌握新技术成为重大问题。英国心理学家唐纳德·布罗德本特（Donald Broadbent）发现，在驾驶过程中，飞行员并不会注意飞机仪表盘上的全部信息。据此他认为飞行员在实际驾驶过程中，会主动地搜索有用信息，而非被动地接受信息刺激。换言之，他认为人类个体身上存在一种主动的信息加工和控制机制，正是这种机制导致飞行员会主动寻找信息并为不同信息分配不同的注意力（王黎楠、马高才，2017）。这种想法主要是受到信息论的影响，信息论研究广义通信系统的整个过程并以编、译码器为重点，其关心的是最优系统的性能及如何达到该性能，也是基于信息论追求系统性能的最优化的思想和自身经历，布罗德本特开始尝试用信息加工观点来处理人的知觉和注意以及信息通道等心理学问题。"二战"结束后，由于生产自动化迅速发展，为了保证人—机系统工作的效率和可靠性，自动化生产线的设计和运行，都需要了解人在每一个具体时刻能够接收和加工的信息的数量、信息的选择和编码等特点。对于这些问题的研究使得控制论和信息论等思想进入心理学研究的视野。同一时期的计算机科学也获得了重大进展，冯·诺依曼（Von Neumann）结构理论的出现以及该理论在计算机设计上的成功运用，使得计算机技术出现了新的飞跃。而冯·诺依曼结构，即存储器、运算器、控制器、输入设备和输出设备的结构，也为信息加工心理学所借鉴。实际上计算机对信息加工心理学诞生的助力还可以追溯到20世纪30年代，当时英国数学家图灵（Turing）提出了自动机理论，即用一个机器人代替人们进行数学运算。这一理论不仅为后来计算机的出现奠定了理论基础，并且启发了纽厄尔和西蒙把人与计算机进行类比，认为人脑也是物理符号系统，可以通过计算机的模拟来验证人的心理过程。这种运用逻辑符号来研究思维符号的想法，改变了当时行为主义者坚持的人脑是"黑箱"的说法，使得研究意识具备了可能性（朱智贤，1985）。

如果将其他学科发展对信息加工心理学的促进作用视为其诞生的外部因素，心理学的发展则是信息加工心理学萌芽的内部因素（傅小兰、刘超，2003）。自从冯特于1879年建立了第一个心理学实验室，科学心理学正式诞生，心理学史上的著名人物携其经典理论闪亮登场，不同理论在不断的较量中发展、革新。20世纪初在心理学界掀起滚滚浪潮的行为主义，在经历了几乎统治了心理学领域的繁荣以后，其理论的缺点和弊端不断遭到各界的批判。尤其是行为主义否定意识的研究，认为心理学应当用纯粹客观的方法来研究个体对刺激的反应或行为，许多心理学研究者认为，行为主义所主张的心理学实际上是"一种没有心理的心理学"。这与心理学发展的要求以及其他心理学倾向产生了矛盾，并与现实经验发生冲突，心理学内部的这种矛盾冲突使得意识研究重新回到人们的视野。

1956年是心理学研究领域收获颇丰的一年。在这一年里，有几项重要的研究成果应运而面世。首先是1956年，米勒（Miller）发表了"神奇的数字7±2：我们信息加工能力的局限"一文，对短时记忆的有限容量做了信息加工的说明，明确提出短时记忆容量为7±2，并提出了组块（chunk）的概念，将其作为短时记忆的信息单位，这一观点后续为大量实验所证实并得到公认。这篇论文让记忆研究与心理学得以阔别重逢，并为如何将信息论的概念应用到人类信息加工的表达中做了"示范"。

同年，乔姆斯基（Chomsky）抨击了行为主义关于"语言是通过学习形成的习惯"的观点，提出了"转换生成语法"理论，他认为人的语言能力是遵循一定的语法结构的，这种语法结构是与生俱来的，而非后天形成的。他将句子的结构分为表层结构与深层结构，表层结构涉及句子的形式，深层结构涉及句子的意义，转换语法可以使一种结构转换成另一种结构。由思想依次转换为词汇、句法和句子等不同层次的语言结构，实际上只是这些结构按照一定语法设置的不同表现形式。所谓语法就是无意义符号的操作规则。乔姆斯基的语言理论对心智的看法与信息加工心理学的"信息加工"思想基本一致，而该语言理论对行为主义的猛烈打击也促进和推动了以"信息加工"为核心的认知心理学的发展。

同样是在这一年，纽厄尔和西蒙成功地编写了历史上第一个模拟人解决问题的计算机程序。这个程序称作"逻辑理论家"（logic theorist，LT）。它模拟人证明符号逻辑定理的思维活动，对怀特海德（Whitehead）所著数学名著《数学原理》第二章的52条定理成功地做出了证明，这个成就在学术界引起巨大反响。"逻辑理论家"不仅是世界上第一个成功的人工智能系统，而且是世界上第一个启发式计算机程序，它是依据人解决问题的启发法，主要是逆向工作策略来编写的。"逻辑理论家"的成功有力地支持了信息加工观点及其在心理学中的贯彻。不久，纽厄尔和西蒙又研制出模拟人解决问题的另一计算机程序，称作"通用问题解决者"（general problem solver，GPS）。该程序成功地解决了从定理证明到河内塔以及传教士和野人过河等多种不同性质的问题（王甦、汪安圣，1992），为心理学运用信息加工的观点研究认知过程开辟了一条新的途径。

1958年，英国心理学家布罗德本特提出了注意的早期选择理论，他认为人的神经系统加工信息的容量是有限的，不可能对所有的感觉信息进行加工。这样就需要一个过滤器对信息进行选择,只选择较少的信息进入高级的分析阶段,其他信息被完全阻断在外。过滤器的工作方式是"全或无"的。布罗德本特把这种过滤机制比喻为一个狭长的瓶口,当人们往瓶内灌水时,一部分水通过瓶颈进入瓶内,而另一部分水由于瓶颈狭小以及通道容量有限而留在瓶外。这种理论也叫瓶颈理论或单通道理论。尽管这种理论为一些双听实验所证实,但也有一些实验得到了不同的结果。比如,特里斯曼(Treisman)利用追随程序给被试同时呈现两种材料,结果发现被试将两种材料结合起来报告,这就说明注意的通道并非只有一个,过滤器也不是按照"全或无"的工作方式进行(王甦、汪安圣,1992)。尽管注意的早期选择模型存在缺陷,但它再一次向世人展示了信息加工观点与心理学研究的良好结合,也为后续的注意研究提供了良好的铺垫。

1967年,美国著名心理学家奈瑟出版了《认知心理学》一书,这本书不仅是第一本冠名为"认知心理学"的教材,而且它建立了一个新学科的内容范围,它在信息加工理论框架下,对前人在认知心理学方面的工作进行了历史性的总结,其突出的贡献就是发展了诸如运用反应时等间接测量方法来揭示人的内部心理活动。在奈瑟出版了他的著作后,《认知心理学》杂志和《认知科学》杂志分别从1970年和1977年开始出版发行。这些事件的发生,标志着认知心理学的正式诞生。

二、信息加工心理学的基本观点

1. 信息加工心理学的研究对象

信息加工心理学的目的是运用信息加工的观点去研究人的内部心理活动,因此,它的研究对象涵盖了感知觉、注意、记忆、表象、思维和言语等心理过程,以及儿童的认知发展和人工智能。其核心思想是用计算机的符号加工作为心理过程的隐喻,心理过程可以被理解为信息的获得、贮存、加工和使用的过程,或者说是经历一系列连续阶段的信息加工过程。因此,可以并且应当建立心理过程的计算机模型。

2. 信息加工心理学的研究方法

信息加工心理学能够在行为主义统治的美国心理学世界异军突起，这与它在方法上的突破密切相关。具体地说，信息加工心理学最具代表性的方法包括因素型实验方法、口语报告分析法和计算机模拟法。

（1）实验方法

信息加工心理学的实验法，尤以反应时和作业成绩为指标的实验受到重视。与其他心理学分支相比，反应时法是其最有效的和最典型的实验方法，主要包括减法反应时法和加因素法。

减法反应时法是指当两个信息加工系列具有包含和被包含关系时，即其中一个信息加工系列除含有另一个信息加工系列的所有过程以外，还存在一个独特的信息加工阶段或过程，这两个加工系列需要的时间差就是这个独特的信息加工阶段或过程所需要的时间。如辨别反应包含简单反应的全部加工阶段，同时它还有一个信号分辨的心理加工阶段是简单反应所没有的，那么，通过反应时间的相减就可以得到辨别的心理加工所需要的时间。很明显，心理加工越复杂，需要的加工时间就越长。但是这种方法也有弱点，使用这种实验要求实验者对实验任务引起的刺激与反应之间的一系列心理过程有精确的认识，并且要求两个相减的任务中共有的心理过程要严格匹配，这一般是很难的。这些弱点大大限制了减法反应时法的广泛使用。

20世纪中期，斯滕伯格（Sternberg）提出了加法法则，称之为加因素法（additive factors methods）。这种方法是减法反应时法的发展和延伸。加因素法反应时间实验的逻辑是，如果两个因素的作用是相互制约的，即一个因素的效应可以改变另一个因素的效应，那么这两个因素只作用于同一个信息加工阶段。如果两个因素的效应是分别独立的，即可以相加，那么，这两个因素各自作用于不同的信息加工阶段。这样，通过单变量和多变量的实验，从完成作业的时间变化来确定这一信息加工过程的各个阶段。因此，重要的不是区分出每个阶段的加工时间，而是辨别每个加工的阶段和加工的顺序，并证实不同加工阶段的存在。加因素法假设：当两个因素影响两个不同的加工阶段时，它们将对总反应时产生独立的效应，即不管一个因素的水平变化如何，另一个因素对反应时间的影响是恒定的。这就是所谓的两个因素的影响效应有相加性。加因素法的基本手段是探索有相加效应的因素，以区分不同的加工阶段。

（2）口语报告分析法

口语报告分析法（protocol analysis）也称为出声思考法（think-loud），是一种由被试大声地报告自己在进行某项操作时的想法来探讨内部认知过程的方法。口语报告多半在操作时进行，也可以在操作后通过回忆来叙述。在运用这个方法进行研究以前，应当对被试进行一定量的训练，这样才能让被试较顺利地进行口语报告。在口语报告实验时，要求被试大声、如实地报告操作时自己思考的详细内容，使内部的思维过程外部言语化，但不要他们解释情境或思维过程。将录音机记录下来的口头报告逐一整理为文字材料，便能得到即时的口语记录，对这种材料还要再进行分析，才能真正地把握其中有价值的材料。纽厄尔和西蒙等人采用这种方法，在认知研究上取得了一定的成就。口语报告分析法已经被许多信息加工心理学家所接受和采用。

（3）计算机模拟法

计算机模拟（computer simulation）是信息加工心理学最有代表性的一种研究方法。它是通过对心理过程的计算机模拟来认识人的心理活动过程的本身，即对人的内部信息加工过程进行逻辑分析。计算机模拟通常和理论分析结合在一起，用于帮助研究者了解某个心理过程。但是，并非所有的认知心理学研究都能够使用一个计算机模型，只有当某一心理过程的有关因素能够加以综合时，才可以进行计算机模拟。

3. 信息加工心理学的一些具体研究

信息加工心理学的研究涉及感知觉、记忆、表象、思维等认知过程，研究内容甚广，以下仅选择其中的常见研究进行说明，以期对信息加工心理学这一理论有更加直观的认识。

(1) 短时记忆研究

信息加工心理学对短时记忆的研究包括对短时记忆是否存在、短时记忆的编码方式和短时记忆的提取等，这些研究的设计非常巧妙又非常具体地体现了信息加工的思想。

(2) 自由回忆实验

自由回忆实验又叫系列位置效应实验，实验的目的在于检验短时记忆是否存在。实验的材料选取 100 个汉字，实验过程中计算机按照设定好的程序以一定的顺序依次给被试呈现汉字，然后在屏幕上呈现指导语，要求被试尽快回忆出刚才学过的汉字并将其填入屏幕上的方格内，计算机自动记录被试的正确率等相关数据。这个实验的自变量为汉字的系列位置，因变量是被试的回忆正确率。实验结果发现，被试对中间时段出现的汉字的回忆正确率低，而开始部分和末端部分的汉字的回忆正确率高。实验出现了系列位置效应。对这种现象的解释为：起始部分的汉字的回忆成绩好是因为首因效应，这部分的记忆是长时记忆；结尾部分的汉字的回忆成绩好是因为近因效应，这部分的记忆是短时记忆；而中间部分的回忆成绩差是因为前摄抑制和倒摄抑制。结尾部分的成绩好，是因为这些内容正保持在短时记忆当中，这种解释是因为结尾部分的项目数正好与短时记忆的容量（即 7±2 个组块）吻合。

(3) 短时记忆的视觉编码

短时记忆的视觉编码实验是经典的减法反应时实验。实验的材料为两种字母，一种是大写字母 A，另一种是小写字母 a。实验中使用计算机将两种字母并排呈现（如 AA 或 Aa），两个字母有"无时间间隔"或"有短暂时间间隔"的呈现方式，要求被试判断其是否相同，计算机自动记录被试的反应时间。实验的自变量是时间间隔的情况，因变量是被试的反应时。实验结果发现，当无时间间隔时，AA 快于 Aa；当有时间间隔时，AA 的反应时急剧增加，而 Aa 的反应时变化不大；当呈现时间间隔两秒时，二者的反应时差别很小。对结果的解释为：当无时间间隔时，AA 快于 Aa，是因为出现 AA 这种情况时，被试是按照视觉特征进行比较，而 Aa 这种情况时，则是按照读音来比较，因此辨别 Aa

比辨别 AA 需要耗费更多的时间。先进行的是视觉编码，后进行听觉编码；当呈现的时间间隔增加后，AA 的视觉编码优势逐渐消失，听觉编码的作用增大，因此其反应时与 Aa 的反应时接近。

（4）短时记忆的信息提取

短时记忆的信息提取涉及将信息从短时记忆当中回忆出来或者是当信息再现时能够将其再认出来，因此，短时记忆的信息提取需要和当前的信息（测试项目）进行比较和匹配。斯滕伯格（Sternberg，1966）对此提出了两个假设：一个是短时记忆的信息提取采取的是平行扫描的方式，即测试项目与记忆里的全部项目是同时比较的，若为真，则被试的反应时不会随识记项目数量的变化而发生改变；另一个假设是系列扫描的方式，即测试项目与记忆里的项目一个个相继比较，若为真，则被试的反应时会随识记项目的增多而增多。

实验的材料为六个数字，实验的过程中，被试先看 1~6 个数字（识记项目），再看一个数字（测试项目），期间计算机记录时间，要求被试判断该数字是否是刚才识记过的，被试作按键反应（"是"或"否"）后计时停止。这个实验的自变量是识记项目，因变量是反应时。结果发现，"是"和"否"两种反应的反应时均随识记项目的增多而增多，这就说明，短时记忆的信息提取是按照系列扫描方式进行的。

（5）表象研究

关于表象的研究，最为经典的是库伯和谢泼德（Cooper and Shepard，1973）所做的字符旋转试验。该实验的目的是验证表象是否真的存在于人的心理，实验的材料为正反各六个倾斜的 R 字母。整个实验包含五个分实验：实验一于计算机屏幕上随机呈现一个 R 字母，要求被试忽略倾斜度，只判断字母的正反；实验二和实验三分别增加字符的前行信息与方位前行信息，其余与实验一相同；实验四和实验五则给予包含了字符与方位的前行信息，只是实验四将两种信息分开呈现，实验五结合呈现，其余同实验一一致。这个实验的自变量为字母 R 的旋转角度，因变量为反应时。结果发现，当字母 R 旋转角度为 0°和 360°时，被试的反应时最小，随着字母 R 旋转至 180°时，反应时增加；当字母 R

旋转至180°时，反应时最长，且随着旋转角度的增大，反应时反而逐渐减小；以180°为界，反应时曲线两侧对称。对结果的解释是：实验的过程其实是将看到的字母与长时记忆中的正位字母表象比较，当偏离正位时，先将其表象旋转至正位，再比较两表象；两端快是因为不需要作旋转，中间慢是因为旋转的幅度较大而耗费时间；曲线两侧对称是因为顺时针和逆时针旋转字母的结果（即表象旋转）（王甦、汪安圣，1992）。

三、信息加工心理学的影响

以符号主义为取向的信息加工心理学研究，运用了科学的研究方法和研究工具，使意识研究重新成为心理学研究的对象，强调了人在认知过程中的能动性，开辟了现代心理学研究的新方向；它关注思维、记忆等高级心理过程的研究，并运用一些科学的研究手段对高级心理过程进行研究，取得了丰硕的研究成果，自此，对高级心理的研究不再被划归为"不可研究"的内容，反而成为研究的热点之一；信息加工心理学继承和吸收了哲学、计算机科学及心理学等学科的有益成分，其研究工具和研究方法代表了当时研究的前沿水平，时至今日，这些研究工具和研究方法仍被研究者们运用。

信息加工心理学虽然解决了过去心理学研究中的一些问题，在计算机模拟心理过程方面取得了重大进展，加深了人们对认知的理解，但由于信息加工心理学的指导思想本身存在缺陷，因此，在实践过程中不断暴露出一些问题。①人工智能无法等同或者完全模拟人的智能，计算机模拟人的认知过程只是基于一种功能上的模拟，人的认知基于复杂的生理过程，这种复杂的生理过程经过了亿万年的进化，不是简单的"信息的接收、加工、存储和输出"过程能够说明的。②人类的认知过程往往还涉及大量的背景知识，基于一定的语境和文化传统，这种背景知识带有特殊性和隐蔽性。一方面，在一定的生活环境中生活的人们能够接收和领会到这种背景知识，但计算机却不可能识别；另一方面，不同生活背景下的人们对某种事物的认知具有文化差异，而计算机也无法辨别出这种差异。③人们在现实生活当中遇到的情况常常是变化的，但计算机处理的信息常常是经过"人工处理"的，具有一定的指向性和确定性。计算机的元件是固定的，缺了其中一个元件将影响整个系统的正常运行，而人们会因为在实践生活当中吸取经验教训而不断调整自己的认知。④计算机没有人类所具有的意向性、情绪等，以计算机的机制为基础研究人类认知，势必会忽略人的这些特点。因此，基于计算机隐喻的符号主义取向，不可能真正地从根本上揭示人类认知的本质。正是因为这些原因，信息加工理论的研究常常只能局限在实验室内，无法有效推广到实际生活当中。

第二节　神经网状结构理论

一、神经网状结构理论的发展历程

神经网状结构理论又称联结主义认知心理学，是20世纪中期与信息加工认知心理学一同出现的认知心理学的另一研究取向，但这种理论与信息加工认知心理学奉行的"心理活动像计算机"的隐喻不同，神经网状结构理论认为"心理活动像大脑"，把人的认知过程类比为神经网络的整体活动。与同时期的信息加工认知心理学一样，它也是哲学、计算机科学、神经科学、控制论、心理学等众多学科综合发展和影响的产物。

一种理论的发展离不开一定哲学思想的滋养，神经网状结构理论亦如此。神经网状结构理论的哲学来源主要包括联想主义、经验主义和唯物主义。英国哲学家霍布斯首先将人的心理活动分为感觉和联想两种，并认为所谓联想，就是过去一些观念连续运动的结果。洛克继承了霍布斯的观点，认为"我们一些观念相互之间有一种自然的联合"，联想就是观念的联合，而我们心中存在的复杂观念是通过自由联合和机遇习惯联合两种方式实现的。哈特莱（Hartley）则用联想来解释各种心理现象，把联想分为同时性联想和继时性联想，并将传统的三条联想律（即相似律、对比律和接近律）归结为一个接近律，认为接近律是联想的根本规律。他把牛顿的振动说应用于神经系统，提出了神经振动说并试图用这种理论来解释联想的生理机制。约翰·穆勒（John Mill）则认为，联想不是被动的过程，而是主动的联结，这种联结不仅是观念的联结，而且也指动作的联结；在桑代克（Thorndike）看来，联想就是"刺激与反应间的联结"。贝恩（Bain）认为类似联想比接近联想更重要，并进一步提出了复合联想和构造联想。詹姆斯·穆勒（James Mill）则认为接近律应为三大联想律的主律，其余二者均可归结为接近律。联想主义的这些观点为神经网状结构理论的形成准备了一些理论启发。经验主义强调感性经验是知识的唯一来源，人的一切知识都是通过经验获得的，并提出认识世界的三种方法：观察、思考和实验。而唯物主义则主张一切心理现象都是由物质决定，其中突现论唯物主义认为一切心理状态、心理事件和心理过程都是某种中枢系统的状态、事件与过程，即将心理所依赖的物质看作是一种神经细胞和社会因素等在内的复杂的动力系统（贾林祥，2006）。

神经网状结构理论与信息加工认知心理学出现的时间一致，其学科背景也类似，但各自对学科的内容和思想做了选择性吸收。比如神经网状结构理论吸取了控制论的"模型"思想，但不同于信息加工认知心理学建立计算机模型，它秉持"心理活动像大脑"的核心隐喻，要求建立人工神经网络模型来进一步揭示生物脑的功能；而在接受控制论的反馈思想时，并非简单地将反馈概念作为模型的一个元件，而是直接吸取了负反馈思想的精髓，提出了反向传播算法。计算机科学的发展使两种理论得以借助计算机这一可靠的载体来进行研究，然而信息加工认知心理学是借鉴计算机的程序来模拟心理过程，而神经网状结构模型则是借助计算机模拟脑神经系统的组织和活动。信息加工认知心理学的诞生可以说是借了计算机科学发展的东风，神经网状结构理论则更多是得益于神经科学的发展。西班牙神经形态学家卡扎尔（Cajal）关于突触联结的变化是学习和记忆的神经基础的观点启示了加拿大心理学家赫布

(Hebb)，使赫布提出了关于学习过程中突触传递改变的理论。他认为突触联系强度可以通过学习自动进行调整，从而改变神经元的功能状态，体现了如何按照经验来改变神经网络组织的相互联结问题。赫布的观点突出了突触强度的调变作用，表明突触联系强度能随神经网络运行状态的变化而变化，而此恰恰就是当代联结主义认知心理学的内在学习机制，即通过调整权重来适应新的运行状态（贾林祥，2006）。电子显微镜的出现，使得人们可以借助先进的仪器设备直接观察大脑内的超微结构，从而认识到脑内神经元之间的传递是同一神经元与众多神经元之间存在大量网络状突触联系并形成极其复杂的微回路系统。海马的长时程突触增强和抑制的发现也为脑内活动依赖突触可塑性提供了有力的证据，证明了神经元的某种性质可能因外部刺激的变化而改变。神经科学的这些发现，给人们研究学习、记忆等高级心理过程带来了新的启示。

与信息加工认知心理学类似，神经网状结构理论的出现受到心理学理论的诸多启示。英国著名哲学家和进化论心理学家斯宾塞认为，所有的心理现象，包括知觉、推理等，都与神经机制有关；所有的智力，从最低形式到最高形式，均可根据连续的心理状态的联想得到解释，而这种联想是通过"内在状态之间联想的强度"得到的。联想主义的最基本法则可以应用到"即时的联结变化及一小群变化"之中。斯宾塞的这种观点非常接近神经网状结构模型（联结主义认知心理学）的"知识存在于联结之中"的思想。此外，他明确反对知觉的"祖母细胞"概念，认为任何心理现象实质上都是神经细胞整体活动的结果，而不是单个细胞活动的结果。这种整体活动的观点对神经网状结构模型理论所强调的"整体活动原则"非常具有启发性。美国著名哲学家和心理学家詹姆斯在其代表作《心理学原理》中提出"神经习惯法则"的观点，即"当两个基本的大脑过程被同时激活或继发激活时，一个过程的再次激活将导致把兴奋传导到另一个过程"。这一法则与现代联结主义认知心理学中的"赫布法则"非常相似，即同时被激发的神经元间的联系会被强化。

桑代克以动物实验来研究学习，提出了著名的"试误说"等学习理论，即学习的过程是一种渐进的尝试错误的过程。在这个过程中，无关的错误的反应逐渐减少，而正确的反应最终形成。这种通过将假设结果置于行为与刺激之间的联结之上，从而验证假设或使假设结果得到加强的观点，与现代联结主义认知心理学的反向传播算法非常类似。后来，桑代克把研究对象从动物扩展到人时，其实验结果也支持了他的"情境—反应"联结理论，即通过重复和训练，达到理想的联结效果，学习才能成功。"学习即联结"，而"联结的频率"成为一种变量，不断地加强和应用，这种联结就会加强，反之亦然。这种观点与现代神经网状结构理论（现代联结主义认知心理学）的"知识信息储存于联结之中"的观点不谋而合。俄国著名生理学家巴甫洛夫（Pavlov）在通过一系列的实验和观察的基础上提出了高级神经活动学说，他认为高级神经活动有两个基本过程，即兴奋和抑制。这两个基本过程是刺激引起大脑皮层兴奋或受到阻滞的神经活动过程，在此过程中，兴奋或抑制的神经活动由某个点开始向周围区域扩散，使这些区域也出现同样的神经过程。而这两个过程又是相互作用的：兴奋过程的每次兴奋都加强了抑制过程；抑制过程的每次抑制都加强了兴奋过程。这种"皮层的所有单个的点都是相互作用的"观点与"并行分布加工"的含义如出一辙，现代神经网状结构理论多少受到这种观点的启示。逻辑行为主义代表人物之一赫尔在动物学习实验中研究刺激的联合时，通过观察大量不同的现象提出了一个经验公式，即刺激—反应习惯增长的公式。该公式先设定一个目标值并设定习惯从 0 开始，每一次加强习惯时，联结的增长是以前的值与目标值之间的函数（贾林祥，2004）。而现代神经网状结构理论代表人物鲁梅哈特（Rumelhart）等人所运用的 Δ 规则，可用于在一个已知的网络中通过实际输出向量与期望目标输出的差异的"反向传播"来调节所有的联结权重，这两种观点非常相似。贾林祥（2004）认为，Δ 规则正是在赫尔的习惯强度计算公式的基础上发展起来的，赫尔的关系理论观点无疑为联结主义理论及其学习规则的建立奠定了基础。

神经网状结构理论选择性地吸取了来自各学科的理论思想，逐渐发展出自身的一套理论与研究方法。其发展过程可谓在曲折中前进，具体来说，神经网状结构理论可追溯到麦卡洛克（McCulloch）于 1943 年建立的第一个人工神经细胞模型。他与数学家皮茨（Pitz）合作发表了一篇题为"神经系统中所蕴含思想的逻辑演算"的文章，总结了生物神经元的一些基本特征，提出了形式神经元（formal neuron）的数学描述和结构方法，即 M-P 模型——一种阈值模型，其基本思想是模拟神经元扩布性峰电位的"全或无"性质，注意的中心是神经元的数学特性。这种思想本质上是对大脑的思维过程进行一种功能上的模拟，在当时有利于促进心理学研究，在 M-P 模型被提出以后，学界也的确兴起了对神经网状结构理论的网络模型研究。1949 年，赫布出版了《行为的组织——一种神经心理学理论》一书，提出了突触联系强度可变的假设，即神经系统的学习发生在两个神经元相互联结的突触处，而突触的联系强度随这两个神经元的活动而变化。根据这个假设又提炼出了赫布学习定律，该定律不仅为神经网状结构理论的学习算法奠定了基础，还对后续一些网络模型的发展产生了深远影响。同时，他还提出了联结主义的概念。

20 世纪 50 年代末到 60 年代初，人工神经细胞模型与计算机结合的实践活动不断得到展开，特别是 1958 年心理学家鲁梅哈特提出了感知机模型。该模型具有感受神经网络的输入层、中枢神经网络的联络层和效应神经网络的输出层结构，基本符合生物神经网络的情况，可在有噪声的环境中学习，并且网络构造中存在随机联结，可进行模式识别、联想记忆等活动。感知机第一次把联结主义认知心理学网络模型付诸实践，激发了人们对联结主义认知心理学模型的极大热情，也使得联结主义研究迅速开展（贾林祥，2006）。

然而，随着 20 世纪 60 年代人工智能研究的迅速兴起，神经网状结构理论的发展陷入了低谷。一方面，美国著名人工智能学者明斯基（Minsky）和佩帕特（Papert）在对鲁梅哈特的感知机模型进行深入仔细的研究后，于 1969 年出版了《感知机》，这部著作指出感知机的处理能力有限；另一方面，信息加工认知心理学研究取得了重大成就，逐渐受到研究者们的青睐，由此形成了信息加工认知心理学独领风骚的局面。这种局面直到 80 年代才逐渐被打破，在这一时期，以符号表征为理论核心的信息加工认知心理学在处理一些复杂系统时陷入了困境，通过简单的输入输出系统来处理信息的思想显然无法应对功能复杂的人脑，于是认知心理学的另一研究方向，即神经网状结构理论重新受到了重视。首先是欣顿（Hinton）和安德森于 1981 年发表了"联想记忆的平行模型"一文，再度掀起了研究者们对网络模型研究的热潮。美国学者霍普菲尔德（Hopfield，1982）总结和吸收前人的研究成果与经验，把网络的各种结构和算法概括起来，提出了霍普菲尔德网络模型。这个模型阐明了神经网络与动力学的关系并建立了神经网络的稳定性结构。1984 年，他又设计和研制了联结主义网络模型的电路，并将其成功地运用于很多复杂度很高的计算问题，激发了越来越多的研究者投入联结主义认知心理学的模型研究中。

到了 1986 年，神经网状结构理论发展进入鼎盛时期，在这一年，麦克莱兰等人（McClelland et al.，1986）共同编辑出版了《平行分布加工：认知结构的微观探索》。这部著作被视为神经网状结构理论的"圣经"，主要涉及了神经网络的三个主要特征，即结构、神经元的传递函数和它的学习训练方法，并分别介绍了这三方面的各种网络模型。在多层神经网络模型的基础上提出了多层神经网络模型的反向传播学习算法（back propagation algorithm），解决了多层神经网络的学习问题，证明了多层神经网络的计算能力并不像明斯基和佩帕特所预料的那样慢，相反，它可以完成许多学习任务，解决许多学习问题（贾林祥，2003）。

进入 20 世纪 90 年代，网络模型研究有了进一步发展，如艾德尔曼（Edelman）提出了神经元达尔文（Darwin）模型，建立了神经网络系统理论；艾哈拉（Ihara）在前人推导和实验的基础上，提出了混沌神经元模型，该模型已经成为一种经典的可用于联想记忆的混沌神经网络模型；伊诺（Eno）等人提出用耦合的混沌振荡子作为某个神经元，构造混沌神经网络模型；1994 年，安格林（Angeline）等人在前人进化策略理论的基础上，提出了一种进化算法来建立反馈神经网络，成功地应用到模式识别和自动控制等方面；1996 年，舒艾（Shuai）等人模拟人脑的自发展行为，在讨论混沌神经网络的基础上，提出了自发展神经网络。这一切均说明联结主义模型的各项研究都取得了长足进展。

二、神经网状结构理论的基本观点

神经网状结构理论中强调的神经网络，是依据联结主义理论来模拟人脑神经系统的模型，它实际上是一种具有自我适应、自我组织和自我学习能力的计算机程序。神经网络的基本构成单位称为结点或单元。网络系统根据预置规则调整和改变神经元之间的联结强度，以平行分布加工（parallel distributed processing，PDP）的方式实现自适应、自组织和自学习，从而表现出类似生物神经系统的智慧（王益文、张文新，2001）。具体地说，神经网状结构理论把认知看作是由相互联系且具有活性值的神经单元构成的网络的动态整体活动，"网络"是由类似于神经元的基本单元或结点所构成，单元彼此相互联结在一起，每个单元都有不同的活性，既可以兴奋和抑制其他单元，也可以受到其他单元的兴奋和抑制。网络一有初始的输入，其兴奋和抑制便在单元之间扩散，直到形成一个稳定的状态。在神经网状结构理论看来，心理表征就在于网络突现的整体状态与对象世界的特征相一致。这被称为分布表征，其理论也即分布表征理论。这样，网络的动态过程就可以被看作是认知能力，认知过程就在于网络从初始的状态到最后完成的稳定状态。而知识信息存在于神经网络的联结或权重里，通过调整权重就可以改变网络的联结关系并进而改变网络的功能，这就是神经网状结构理论的基本观点。

三、神经网状结构理论的主要特征与运用

1. 主要特征

作为对真实生物大脑模拟的联结主义网络模型的研究，之所以在20世纪80年代早期能得以复兴并成为当代认知心理学的主要研究取向，主要是因为它具有其他研究取向不具备的以下特征（贾林祥，2006）。

(1) 平行结构和平行处理机制

在神经网状结构理论中，网络采用的是平行分布的信息加工模式，信息或知识也是分布式储存在各个神经单元之间的联结权重中，无论是单个神经单元还是整个网络，都同时具有信息储存和信息处理的双重功能。虽然模型里每个加工单元的功能十分简单，但大量简单加工单元的平行活动使网络呈现出丰富的功能并具有较快的速度。这样，网络就可以以极快的速度感知一个事物并迅速对其做出判断。因此，从接受刺激信息到网络模型做出反应并发出输出信息之间的时间非常短。

(2) 分布式表征

神经网状结构理论采用分布式表征的方式来加工知识，分布式表征强调要素间的依赖与交互，是一种整体论的思想。而神经网状结构理论认为，知识以交互作用的激活模式扩散在整个网络中，也正是体现了这种分布式思想。分布式表征可以同时满足多重约束，节约大量单元，而且加工速度也很快。因此，在联结主义模型中，从单个的神经元或单个的联结权重，是看不出储存的信息内容的，如果想要提取已经储存的信息，网络可以在输入信息的激励下采用"联想"的方法进行回忆，因而具有联想记忆功能。

(3) 连续性和亚符号性

神经网状结构理论强调模拟运算的连续性和信息表征的亚符号性。连续性是指神经网状结构在处理信息时是通过连续性模拟运算进行的；而信息表征的亚符号性，是由于在神经网状结构模型中，计算标志和表征特征相互分离，处于不同水平层次上，亚符号就是位于表征水平之下的计算水平，它表征的是直觉经验以及尚未结晶升华为用语言表达出来的概念，即亚概念。这种对知识结构的低层次的微观分析，使得一些比较模糊的问题得到恰当的描述，也更加接近于大脑的计算水平。

(4) 很强的容错性

由于模型中信息的分布式储存和分布式表征，其中每一联结有助于许多（或全部）记忆，模型激活时会有大量神经单元的平行加工，如果某个神经单元或联结受到损伤或损坏，记忆的一部分就会有轻微的降低,但整个记忆或概念却不会丢失,并不影响整个网络模型的输出模式,对作业成绩也无实质性的影响,因此,少数神经元受到损伤,整个系统的功能将继续有效,局部残缺或者错误的信息,不会从根本上影响整个系统的正常功能,这就是网络模型的容错性。但是,当神经单元缺失太多时也会导致网络的输出发生偏差。人的大脑神经系统本身就具有很强的容错性,比方说脑细胞的自动死亡并不影响人的认知能力,甚至大脑的局部损伤也不影响大脑的总体功能,但是,如果脑损伤过于严重或损伤部位特别关键,就会影响到人脑对信息的加工。这就说明联结主义模型与真实大脑一样,其容错能力也是有限度的。

(5) 自适应、自学习、自组织

自适应性是指一个系统能改变自身的性能以适应环境变化的能力,自适应包含自组织和自学习两层含义。人脑的优越性就在于人脑可以根据环境通过"自学"来认识未学习过的新知识并解决不熟悉的新问题,既能牢固地记住所学的各种知识,又能根据环境的变化不断地进行自我调节以适应变化了的环境。这就说明人脑具有自学习、自组织和自适应的特点。联结主义也模拟了大脑的这一特点,即当网络面对一个全新的输入模式时,其自身可以通过采取一定的训练策略,来调整神经单元之间的权重并修正自身的特性以达到某种预期的效果。

(6) 抵制噪声

人类通常可以在噪声很大的环境下从事工作而不影响工作的效果。联结主义也模拟了人的这一特点,即与人类在嘈杂环境中从事工作类似的情况下,联结主义网络经常可以抵制噪声,假如噪声没有大到混淆网络的思维,输入与所存储的一切不同模式相类似,网络就可以正确地提取所存储的记忆(贾林祥,2006)。

2. 主要模型

(1) 形式神经元

由于是对人脑神经网络的模拟,人工神经网络不可能原封不动地照搬数以几十亿计和生物形式的神经元,麦卡洛克和皮茨总结了生物神经元的基本特征，提出了形式神经元的概念，这种形式神经元具备了生物神经元一般的操作特性，但并非完全一致。形式神经元的概念一经提出，就成为所有人工神经网络的基本单位。

对于一个形式神经元来说，它具有类似生物神经元的阈限活性状态，当输入的信息强度高于某一预先确定的阈限的时候，它就会"兴奋"，其数学赋值1，否则"不兴奋"，赋值0。同样，形式神经元与生物神经元具有多输入单输出的结构，也就是说，单个神经元的活性状态取决于多个输入信息的总的加权强度是否高于阈限。输入信息可以是兴奋的，也可以是抑制的，同时各个输入信息具有不同的权重，权重的正负性可以代表兴奋或抑制。权重实际的含义是一对神经元联结的强度，这种联结强度在生物神经元当中就是突触的联系强度，可以用前突触细胞所释放的媒介物质的量来表示。这种权重设计意味着，对于被输入的神经元来说，不同输入单元对其活性的决定程度是不同的，这也意味着调节输入信息的权重可以改变网络的联结模式，这种权重联结模式实际表征着信息某些维度。

形式神经元一般表现六种基本功能特性：输入装置，接受信息；整合装置，对输入信息进行整合；传导装置，传导整合信息；输出装置，发送信息于其他神经元；计算装置，转换信息类型；表征装置，对内部信息进行表征。单个神经元与其他神经元结合，一起构成某一层次的神经网络，而更大的神经网络模型是由多个层次的网络构建而成，每个层次的神经元不仅与自身层次的神经元有联结，也以加权的方式与其他层的神经元联结，这样构成的神经网络具备了极其复杂和强大的功能。当然，在具体的不同模型中，这些层内联结和层间联结规则安排也不一致。

（2）感知机模型

罗森布拉特（Rosenblatt）的感知机模型是基于视知觉的一种神经网络模型，试图模拟人类视知觉的真实过程，能够完成学习再认的装置。该模型的指导思想认为，真实的模式识别是由输入信息激活已有模式而获得的，更接近真实的情况是，输入的信息可能激活多个模式，其中激活量最大的会进入更高的加工。其差异或许是前者有着有意识的搜索和匹配过程，而后者更多的是一种无意识的联结。

感知机包括感知层 S 单元、联想层 A 单元和反应层 R 单元三层结构的视觉脑模型。其中，S 单元直接从环境接受刺激输入相当于视网膜，S 单元层与 A 单元层的联结权重固定，一个 S 单元可以输入信息到单个 A 单元，也可以输入到多个 A 单元。A 单元层与 R 单元层联结，而 S 单元层与 R 单元层不联结，A 单元与 R 单元的联结权重可以根据学习而得到改变。每一个 R 单元的活性由与之联结的所有 A 单元的加权活性强度决定，如果加权强度高于 R 单元预先设定的阈限，R 单元就兴奋，否则就不。

由于感知机当中 A 单元与 R 单元的联结权重可以随着学习而不断调整，所以理论上，感知机可以学会将感知模式分为几类。在最简单的双类区分任务当中，当期望输出与实际输出不符合（归类失败），网络就试图调整相应的联结权重，以获得期望输出。它的这种在失败后调整权重的方式或者说学习算法是这样的：如果期望输出是 1 而实际输出是 0，那么所有激活的 A 单元与该 R 单元的联结权重将增大；如果期望输出是 0 而实际输出是 1，那么所有激活的 A 单元与该 R 单元的联结权重会消失。直至期望输出与实际输出是一致的时候，学习停止。

尽管罗森布拉特证明了感知机收敛理论，即只要有足够的练习，感知机能够将权重模式调整到解决一个特殊线形分类问题，但这一收敛仅当两层感知机时成立，并认为权重调整与实际输出及期望输出的误差成正比。对于三层感知机来说，学习的有限性是难以预料的，因为如果出现一个输入结果引起的调整模式恰恰是原有模式相反方面的表现的话，那么可能会出现反复的调整模式的震荡，使得学习无法结束。这说明还需要更加完善和复杂的模型来模拟人脑基本运行特性。

（3）三层前馈式网络模型

三层前馈式网络模型是具有隐单元层的多层网络模型的一种，比较典型，其训练方法和学习规则都是由鲁梅哈特和麦克莱兰在《平行分布加工：认知结构的微观探索》当中所提出。其他多层网络模型虽然在结构上有所不同，但是在基本原理上与三层前馈式网络模型是一致的，这里就以三层前馈式网络模型为例，简要概括具有隐含单元层的多层网络模型的基本特性。

三层前馈式网络模型由输入层、隐单元层和输出层组成，其中输入层与输出层只与隐单元层联结，彼此不联结。与感知机不同的是，输入层与隐单元层的联结权重是可以改变的，这样具有双层可调节联结权重的网络，其处理能力将大为增加。层与层之间的联结可以是兴奋性的，也可以是抑制性的，而层间的联结被规定为或者是抑制性，或者没有。与上面模型类似，隐单元层和输出层单元的活性都取决于与之联结的上层多个单元加权联结强度。与一般神经网络类似，三层前馈式网络模型也需要通过训练和学习来获得能解决特殊问题的联结权重模式。在这种模型中，训练的方法采用了鲁梅哈特和麦克莱兰所提出的反向传播算法。

网络逐渐形成所需要的权重联结模式关键在于这种权重模式调整的方式，或者说网络的学习规则。这里，三层前馈式网络模型采取类似赫布规则的 Δ 规则。在这样的学习规则和训练算法下，具有隐含单元层的三层前馈式网络模型可以解决很多问题，比如奇偶性、对称性等。在改进的反向传播算法支持下，网络可以以更快的方式达到期望输出。但这种已经具备强大处理能力的网络还是不能解决更高层次信息处理的任务，近年来，新的具有多层次多模块的网络模型被研究出来，这种模型模块与层次之间互相联结，具备了更强的信息处理能力，同时也是对人脑的更接近性的模拟。

3. 学习算法

(1) 赫布学习规则

赫布学习规则是由加拿大心理学家赫布在其著作《行为的组织：一种神经心理学理论》中提出，他认为 A 神经元如果引起 B 神经元的兴奋，那么，反复使 A 激活 B，会产生偶然的生理变化，使得 A 激活 B 的效率增加。这实际上隐含着这样的重要思想，那就是，当两个神经元彼此兴奋且联结，它们的联结权重就会增加，更推进一步，联结权重的变化与两个神经元的活性成正比。但赫布规则不适用于复杂的网络，因为它仅能说明两个互相兴奋且激活的联结（贾林祥，2006）。

（2）反向传播算法

反向传播算法的基本思路是通过样本获得实际输出与期望输出的误差梯度来调整权重，使得误差均方差最小，其权重变化的方向就是使得误差均方差最小的方向。初始的误差反向传播，使得隐单元层与输出单元的联结权重、输入单元层与隐单元的联结权重向使误差均方差减少最大的方向调整。然后，新联结权重获得新的输出，以及再次的实际输出与期望输出的误差梯度。反复重复这一过程，使得误差收敛到最小，甚至是0。

反向传播算法虽然具有清晰、简明、易理解的优点，但也存在很多问题，比如概括能力差、训练时间长等。之后的研究对反向传播算法做了很多修改，使得网络学习速度加快，网络的震荡情况减少等。

四、神经网状结构理论的影响

神经网状结构理论是在神经生理学、心理学等学科的研究取得一定成果的基础上提出来的认知心理学的一种研究取向或理论，它把"心理活动像大脑"作为其隐喻基础，因此，它对大脑的模拟更接近真实脑的实际情况，对认知活动的解释更具有说服力。由于神经网状结构理论具备自学习、自组织、自适应以及容错性等特点，因而能更好地解决很多复杂性更高的问题。它可以通过连续改变各单元之间的联结强度，来实现记忆内容的模拟提取并进行模拟推理，其自身的"自我完善性"决定了只要为其提供片段的模糊的甚至残缺的输入，它就可以完成推理任务，给出问题的解答，这是信息加工心理学所无法做到的。联结主义的这一特性也更加符合人脑解决问题的真实情况。

神经网状结构理论的亚符号理论可以对传统的符号系统理论进行补充和修正。例如，在思维领域研究中，在保持符号系统理论的思维模型精髓的基础上增加神经网状结构理论的亚符号理论的内容正是对软约束的满足（soft constrained satisfaction），以此来达到对"网络"中多重限制的最佳总体解决的目的（高华，2004）。另外，神经网状结构理论的模型也被应用到相关的研究当中。例如，马雷沙尔和舒尔茨（Mareschal and Shultz，1999）提出一个模拟儿童认知发展的联结主义神经网络模型，该模型采用级联相关（cascade-correlation）算法，应用于研究儿童排序能力的发展，效果好于符号规则模型。神经网状结构模型还成功地用于模拟传统条件反射和联想现象、白痴天才、言语获得、概念习得和长时记忆等大量的心理功能及心理现象。作为认知心理学的元理论基础，神经网状结构理论可以解释人脑与电脑之间的某些差异和相似性。正是由于吸收了神经网状结构理论的观点，认知心理学才获得了新生，有了突破性的进展。

尽管神经网状结构取得了许多重大的成就，但它在揭示认知心理方面也是具有一定的局限性的。首先，神经网状结构理论以"心理活动像大脑"为隐喻基础，以对大脑的同构型或同态型模型为研究对象本身就具有一定的局限性，类似大脑并非是大脑，其落足点依旧是人工智能。我们知道尽管神经网状结构理论对大脑的模拟相对于以往研究来说更贴合大脑活动的实际情况，但是，人脑是生物亿万年进化的结果，其社会文化性等复杂内容使得人的认知活动表现出一种创造性和独特性，这是任何脑模拟研究都无法做到的，作为人类产物的人工智能网络最终还是受制于人的"理解"。

此外，神经网状结构理论只是证明了在神经学层次上，心智非常可能是一种服从联结主义的系统。但这对于心理学本身价值有限，心理学关注心智在意向描述层次上的因果结构。关于意向因果的关系，神经网状结构理论并没有做出回答，其所强调的心理表征也不是事物本身，更不是认知本身，因此，它并没有从根本上揭示心灵是一种怎样的存在（赵泽林，2011）。

第三节 社会建构论心理学

一、社会建构论心理学的发展历程

社会存在决定社会意识,社会建构论心理学的产生与时代背景息息相关。"信息时代"的到来,使得人们的生活方式发生了巨大的改变,人际交往的方式与途径不断扩大,社会关系迅速增长,人们时常处于不同的话语情境之中并需要遵从不同的规则行事,因此人们常常是处在"关系中的人"。此时,现代心理学也爆发了危机。现代心理学以二元对立的思维方式开展研究,经验主义与理性主义的争论无休无止,现象学和释义学等哲学思想为此提出要摒弃主客思维,主张以一种统一的方式来理解人与世界的关系。受当代哲学语言学转向的影响,心理学研究逐渐把目光转向外部社会建构过程,试图用个体与社会的相互建构来取代主客思想,并逐渐接纳其他研究方法。具体而言,社会建构论心理学最直接的哲学基础是胡塞尔的生活世界观、海德格尔的生存论及德里达的话语解构主义。此外,各种后现代的哲学与社会理论,如福柯的知识考古学等理论,与社会建构论心理学的思想和理论普遍具有"开放性"的联系。社会建构论心理学代表人物格根坦言,社会建构论心理学思想由20世纪70年代早期的历史主义范式向后来的社会建构论的发展,主要受益于维特根斯坦后期语言哲学与库恩范式论的影响。

胡塞尔的"生活世界"是指人们生活于其中的现实的世界,是人以自主的地位、自主的意识和自主的选择同其他具有同样自主性的人进行交往的世界。在其中展开的是"主体间关系",而不是科学世界观中人与认识、征服、控制对象之间的主客体关系。生活世界是主客体统一的现实的世界。胡塞尔指出,超越于人之外的独立存在的东西是没有意义的,他的"生活世界观"就是要把外在、独立于人的自然的世界(客观)和抽象的概念的世界(主观),统一到现实的生活世界中来。以胡塞尔的生活世界观为始点，当代西方哲学开始发生重大转向，其主要特征是以超越主客关系，主张人与世界的一体为旨归（杨莉萍，2006）。随后，海德格尔在其生存论中对胡塞尔回归生活世界的哲学思考进行了更加充分的发挥。海德格尔认为，人一出生就融于生活世界之中，作为世界的一部分与其他部分打交道，主张"在这个世界之中来认识世界"。伽达默尔吸收了海德格尔生存论的思想元素，将"理解"或"解释"本身作为此在存在的方式，并否认任何文本（包括心理、行为）存在某种客观、确定、现成的意义，而理解者自身因受到各种文化条件的限制，不能实现对文本的客观理解，比如"一千个读者内心有一千个哈姆雷特"，不同的读者所读到的意义是不同的。伽达默尔认为解释是解释者与文本之间的对话，意义是在对话途中生成或建构出来的。这种对话的观点为社会建构论心理学所吸收，成为社会建构论心理学的基本主张。维特根斯坦在《哲学研究》中，用语言的"游戏隐喻"取代了语言的"图画隐喻"，将语词比拟为国际象棋游戏中的棋子，并以此说明语词的意义取决于它所处的语言游戏中，它和外在现实之间不具有对应关系。德里达的话语解构主义进一步促进"言语观"的改变。他指出，任何一个语词的意义都依赖"这个词"（the word）与"非这个词"（not the word）的分离。例如，"白色"的意义依赖与它相区分的"非白色"，民主与专制，物质与精神等，彼此相互"依赖"而获得意义。因此，文本之外无物，任何意义都不可能在外遭遇"现实的事情"。由此，原来被看作是媒介工具的"语言"被赋予了"先在"的地位，人与现实一道成为语言的构成物。而社会建构论心理学恰恰是要研究"言语"是如何构建心理，构建人自身。

范式论是库恩在1962年出版的《科学革命的结构》中，通过对科学的历史分析所提出的一种理论。所谓范式，是从事某一种科学活动的科学共同体成员共同遵循的研究"模型"。它包括共同体成员共有的世界观、基本理论、范例、方法等，是科学家共同体从事科学活动的共有信念和价值标准，也是科学家共同体的集团心理结构（杨莉萍，2006）。范式论对社会建构论心理学的影响，首先在于它以"范式优先"强调科学知识的社会文化制约性，冲击了科学心理学中的经验主义、客观主义；其次，它对主客思维、本质主义等现代文化特征进行批判，认为无论是作为心理学研究对象的"心理"，还是作为心理学研究结果的"心理学"，都是经由主观的客观化和客观的主观化生成的社会建构物。此外，范式论还倡导用"相对主义"和"视角主义"等观念来对现象进行解释。这些观点正是社会建构论心理学的主张，也是社会建构论心理学解决心理学史上各种研究取向和理论之间的矛盾的新思路。

福柯的知识考古学强调要将现代人眼里的各种"现实"，即"知识"，放到历史的过程中考察，探究知识与不同历史时期的社会结构、思想模式之间的建构过程。福柯在对精神治疗学的知识考古研究中，考察了不同时期欧洲精神病患者和精神病医生的话语实践，提出任何"疯狂"或"异常"都不是"现实的"自然现象，而是特定文化的产物的观点。福柯的话语理论亦强调了建构的作用，他提出人的感性经验为话语所建构，并在其著作《临床医生的诞生》中通过对两个病例的分析阐述并证明了人的感性经验的变化受制于话语，话语在特定的历史条件中构造着人的感性经验。福柯还用"话语"揭露话语与权力之间的关系，认为话语中潜藏着各种划分、关系及一部分人对另一部分人的权力控制，如教师对学生、医生对病人等。决定某一话语的最重要因素在于"谁在说话""对谁说话"，接受一种话语，意味着臣服其中包含的权力关系和秩序。福柯的这一命题后来被转换为"心理是话语的建构"，成为社会建构论心理学的核心命题，而话语分析是社会建构论心理学最重要的研究方法，因此，可以说福柯的知识考古学就是社会建构论心理学的直接思想来源。

在社会学方面，在20世纪70年代早期兴起的科学知识社会学研究科学与外部社会因素的关系，关注科学知识的内部建构，并采用经验主义及人种学的方法来研究知识是怎样从实验室中被生产出来的。研究者通过对科学家在实验室中的谈话进行话语分析，认为从实验室中得到的"科学结果"是科学家根据仪器的标记构造出来的，是一种"人工的事实"。也就是说，从实验室中观察到的结果实际上是被科学家自身的文化所建构的。这种强调科学知识的社会历史性和文化建构性的思想为社会建构论心理学所继承。

在心理学方面，米德尔（Meader）的社会行为主义将个体行为放到社会过程中加以研究，分析个体的社会交往或群体内的互动。米德尔认为，只有根据个体作为其成员的整个社会群体的行为，一个个体的行为才能得到理解。比如，一个孩子对他的父亲大声嚷嚷，父亲举起手来威胁，小孩害怕，停止了喊叫。在这个过程中，"小孩"获得了一种意义，即对父亲喊叫是不被允许的。而人的"自我"是在社会化过程中，与他人的符号互动中形成的，比如在上一个例子中，孩子在体验到该行为是不被允许的同时，也逐渐明白他人与"我"的区别。社会角色理论认为，个体行为是由他扮演的角色在社会结构中所处的地位以及社会对该角色的期望规定的。而社会标签理论更加强调社会建构的作用，比如被贴上小偷、同性恋等标签的人，周围人会根据该标签对他做出相应的反应，而不管他如何反抗，他最终还是不得不接受这一标签并不断内化该标签，表现出与标签对应的行为，直至行为成为习惯，这实际上也是标签的实现。皮亚杰认为，从感知运动阶段永久性客体观念的获得到形式运算阶段物理规律的成功概括，都是外化建构的产物，而相应地从内部动作的协调到整体认知结构的形成，则是内化建构的产物。内化建构不断地导致新图式的产生，是"顺应"过程的发展，而外化建构则不断运用主体图式去组织转变客体经验或客体本身，是"同化"过程的发展。因此，儿童认知结构的发展在本质上是内化和外化双向建构过程的辩证统一（车文博，1998）。维果茨基区分了两种不同性质的心理机能，即低级心理机能和高级心理机能，其中对高级心理机能的发生问题还做了详细说明，并强调高级心理机能产生于人们的协同活动及人与人之间的交往之中。维果茨基在个体性知识和社会性知识的关系上持循环的观点，即由个体主观建构所产生的新知识通过媒介发表，再经他人以一定的社会标准加以评判而为世人接受，成为社会性知识。个体学习并内化社会性知识，成为个体性知识，两种知识如此循环往复，相互促进。这也说明个体是积极参与到知识的建构过程中的。在个体性知识和社会性知识双向建构的过程中，语言在其中发挥着媒介的作用，而"话语"正是社会建构主义心理学的重要研究课题。

社会建构论 1966 年产生于知识社会学。早期主要是一种知识论、认识论，后来进一步发展成为人性论、本体论和方法论。社会建构论认为，知识既非来自客观的世界，也非来自主观的世界，而是来自社会共同体的建构。1973 年，格根发表"作为历史的社会心理学"一文，首次向心理学的实证范式发难，揭示了心理学理论的时代历史性、文化依赖性及蕴含其中的价值偏好。与格根有着相同立场的心理学研究者纷纷响应，发表了一大批批判实证主义研究范式的文章。格根于 1985 年发表"现代心理学中的社会建构论运动"一文，正式确立了其社会建构论的立场，这也是社会建构论心理学诞生的标志。在世纪更替之时，社会建构论心理学的发展达到顶峰。在此阶段，不但不同版本的社会建构论的阐述都已成型和完整，对此理论的应用也逐渐拓展，围绕社会建构论的讨论也达到顶峰。而在此后的十几年中，以社会建构论为专题的著作和论文呈下降之态（郭慧玲，2015）。

二、社会建构论心理学的基本观点

社会建构论心理学强调知识的文化历史性，因而它没有具体的观点。因此，我们从社会建构主义否定性的主张，即反对什么，以及肯定性的主张，即弘扬什么，来阐述它的基本观点（叶浩生，2003a）。

1. 社会建构论心理学的否定性主张

（1）反经验主义和实证主义

社会建构论心理学反对经验主义原则认为所有对事实的认定都是人为的、武断的，所谓的真理和事实都是以社会的协商与共同的理解为基础的，不存在所谓通过经验方法获得的"客观真理"。反对经验主义要求研究对象必须具有客观可观察的观点，事实不是通过观察得到的，而是通过语言"建构"的，是社会互动的产物和协商的结果。主张通过客观的测量和相关的事实可以描绘出人类心理的真正模型的观点，在社会建构主义看来是行不通的。

（2）反本质主义

社会建构论心理学接受后现代主义思想家的反本质主义观点，反对那种主张万事万物都存在一个普遍的本质，人们可以从变化万千的现象和过程中发现稳定的特性及共同的特点的本质主义的观点，认为任何事物都没有恒定不变的普遍本质。

（3）反基础主义

心理学中的基础主义观点认为心理学的知识有着确定和可靠的实在作为基础，我们对心理现象的分类，对心理特征的认识都是以实在作为基础的，是对心理实在的知觉和表征。社会建构主义认为，任何一种知识的形成都渗透了人对认识对象的处理，所谓的真理并不是被发现的，而是被发明的，是建构的产物。以心理现象的分类来说，西方有西方的分类方法，东方有东方的分类方法，所以心理现象的分类是社会建构的结果，是一种文化的、历史的认识，不存在一个实体的心理结构作为分类的基础。认识活动是一种社会行为，认知同文化历史相联系，所以，对于心理事实的建构是社会过程的产物，同文化价值观相互交融、密不可分，没有什么客观的东西充当基础。

（4）反个体主义

个体主义是传统西方心理学的一个典型特征。不是从社会历史、风俗文化方面寻找心理或行为的原因，个体主义促使心理学家从个体本身的内在因素或直接的环境刺激中寻求解释。依照这种观点，即使在社会心理的研究中，首要的也是了解个体的心理，了解了个体就了解了社会，似乎个体先与社会，个体心理决定了社会心理。社会建构主义反对心理学的个体主义传统。他们接受马克思关于人是社会关系总和的观点，认为态度、信念、认知、情感等心理现象的原因并不在个体心理的内部，而在于社会生活中的人际互动。因此，心理学家关注的焦点不应该是内部的认知结构、中枢加工机制等。

2. 社会建构论心理学的肯定性主张

（1）知识是建构的

知识不是现实的"映像""表征"或"表象"，知识是建构的，建构是社会的建构，而不是个体的建构。知识不是价值中立的主体采用客观的方法所作的发现，而是在社会生活的互动过程中，在人际交往中协商、会话和建构出的一种社会约定。人格、态度、情绪等心理知识也是文化历史的产物，是社会建构的结果。人们的认识过程是积极主动的建构过程，而不是被动的反映过程。

（2）语言是先在的

语言规定了思维的方式，为思维提供了基础。人类是通过语言来认识内部心理状态。人们在使用语言报告自己的心理内容时，语言不仅表征了心理现象，而且建构了心理现象。由于语言总是具体的、文化的、历史的，不同历史时期、不同社会的语言是不同的，因而心理现象的社会建构也是不同的，不存在一个具有超越时间、超历史文化的"心理结构"。

（3）没有超越历史和文化的普遍性知识

我们对于心理现象的理解是受时间、地域、历史、文化和社会风俗等制约的。换句话说，知识是相对的，其正确与否并没有一个绝对的标准，而是相对于具体的历史和文化。在心理学的研究中，心理学家应该看到其研究成果的相对性，因为这种研究成果本身就是一种社会建构，没有所谓的真假，只有对于特定社会的适用与不适用。

（4）心理学家应该关注话语的作用

话语分析是心理学的基本研究方法。心理学家对于行为的研究不在于寻找行为背后的个人内部世界的原因，而在于对建构行为的话语进行分析，分析是哪些话语通过其操作特点而导致行为产生的，话语分析因而成为心理学研究的基本方法。

三、社会建构论心理学主要的方法与运用

社会建构论心理学并没有专用的研究方法,对任何方法都持开放的态度。只是相对来说比较偏好话语分析。根据波特和韦斯雷尔在《话语与社会心理学》一书中提到的,话语分析的实施过程可分为十个环节:①选题,即选择文本记录中的"话语";②取样,选取少量典型的文本;③录音与文档的收集,通过多途径收集文件档案,但要注意录音的技术性问题和伦理问题;④访谈,创设生成性谈话情境,事先准备好详细的访谈计划,详细记录问答;⑤记录,访谈过程也需要记录;⑥编码,将材料归类和初步加工;⑦分析,对文本进行反复、细致、深入的阅读,尽可能站在研究对象立场上对他们的生活故事和意义建构做出解释;⑧确认,对话语分析结果进行检验和确认;⑨报告,尽可能详细地介绍整个研究过程;⑩应用,话语存在于生活当中,成功的话语分析能够促进不同话语之间的相互沟通和理解(杨莉萍,2006)。

在应用于心理咨询与治疗的实践时,社会建构论心理学将"意义"和"关系"作为治疗的重点,治疗的目的在于通过治疗师与来访者的互动,以新的意义建构来消除既有矛盾,帮助来访者恢复或达到理想状态。常用的方法有焦点解决短期心理咨询与治疗(SFBT)和叙事心理咨询与治疗。在应用于教学实践时,重视学生的主观能动性,主张学生是积极参与学习当中的,主动建构意义,允许学生从不同的视角给予现实事物以不同性质的建构;教师是学生建构意义的参与者、帮助者和促进者。社会建构主义教学并非否定传统教学,只是认为学习和教学可以有多种方式。

四、社会建构论心理学的影响

首先,社会建构主义心理学在批判科学主义和心理学中的自然科学研究模式之余,以主客统一的生活世界代替了主客对立的二元论思想。

但是社会建构主义心理学否定的并不是现代文化，而是客观真理的唯一性，它主张用多元化方法进行心理学研究，为克服现代心理学发展中面临的方法论危机提供了一种有效的解决方法。社会建构主义肯定知识的产生过程并非是对客观世界的被动反映，而是一种能动的过程，这种双向"互动"的观点对于克服机械反映论的观点有着明显的积极作用。其次，社会建构主义心理学认为知识是"建构的"，而不是"反映"的，建构是社会生活中人际互动的结果，启示仅仅从个体本身来探索行为的原因是远远不够的，应该注重对行为的社会因素的分析，因此，这种观点有利于克服西方心理学的个体主义倾向（叶浩生，2003a）。此外，强调理论的社会建构特性及其功能，有利于心理学的主流范式从实证研究的垄断控制中解脱出来，提高心理学的理论研究地位。

社会建构主义心理学也面临众多的批评。批评最多的是社会建构主义的相对主义观点。按照这种相对主义的观点，一切知识或现实都是社会的建构，真理便不再存在，那么，我们该以怎样的标准判断一个观点的优劣呢？否认心理学知识的客观性，势必会陷入虚无主义和怀疑论的泥淖之中，亦无法验证自身理论的正确与否。此外，社会建构论心理学目前只能在心理学的人文领域等边缘地带发挥作用，而在核心的自然科学领域则基本上没有市场。自然科学界为了维护自身的垄断地位往往不屑于理睬社会建构论的观点（霍涌泉，2009b）。由于面临如此众多的批评，社会建构主义本身也在对自身的理论作出修改，一些社会建构主义者试图结合新实在论的观点，承认建构与实在的关系，由此产生了所谓的"新实在论的社会建构主义"。

第四节 心理学中的具身认知

一、具身认知的发展历程

20世纪70年代中后期以来，受认知语言学、文化人类学、哲学、机器人技术、人工智能等学科发展的影响，实证主义受到极大的冲击，认知心理学的研究范式不断受到质疑，人们越来越关注现实生存中的人是如何认知的，并以非实证的观点重新开始认知的理论探索。在这样的背景之下，具身认知成为心理学研究的新热点。实际上，虽然心理学过去长期以身心分离的思想作为研究的出发点，但也有不少研究者关注了身体与心理之间的相互作用，这些研究和思想为具身认知观点的诞生打下了厚实的基础。

在哲学方面，现象学反对将心灵视为一种独立的实体或属性，并通过对主体、对象、心身关系以及认识活动的辩证理解，展示了一种身中之心的非二元论心灵观念。现象学家坚信，人所独有的意识使人与自然有本质的区别。人类意识经验最根本的、典型的性质是意向性，也就是意识的根本的指向性，人的每一个意识动作都必然具有意向性。意向性意味着意识动作总是指向超越自身的客体，它表达了人的自我与外部世界之间动态的结构关系，"世界暗含着人，人也暗含着他的'此在世界'。现象学思想一个重要价值就是对人与世界间统一体的再强调（re-emphasis）"（费多益，2010）。也就是说，人的心理活动总会涉及与周围的情境的互动，我们不能孤立地研究人或人的世界。身体与世界是"共在"关系。德国哲学家海德格尔试图以"存在"（being-in-the-world）的概念超越二元世界的划分。人从一开始就处在世界中，同世界浑然一体，人认识世界的方式是用我们的身体以合适的方式与世界中的其他物体互动，在互动的过程中获得对世界的认识（汪新建、张曜，2015）。

法国身体现象学的代表人物梅洛-庞蒂（Merleau-Ponty）在其代表作《知觉现象学》一书中提出了具身哲学的思想。主张知觉的主体是身体，而身体嵌入世界之中，就像心脏嵌入身体之中，知觉、身体和世界是一个统一体。例如残疾人的"幻肢"现象，若残缺的肢体是产生疼痛的生理基础，那为何肢体残缺的人仍然能感觉到缺失肢体的疼痛呢？按照现象学的解释，残肢疼痛的体验是因为残肢的运动经验依然存在。我们对于身体的意识是一种本体感受。这种本体感受的基础是身体经验，是通过身体的位置和状态、肢体的动作和姿势而形成的。认知之所以是具身的，是因为认知在本质上并非抽象符号的加工或运算，而是由身体经验构成（叶浩生等，2018）。

从心理学发展史的角度来看，具身思想可追溯至杜威（Dewey）和詹姆斯的机能主义。杜威指出，把经验和理性截然分开是错误的，一切理性思维都是以身体经验为基础。杜威批判了传统哲学将经验视为是偶然的、对知识和理论构建没有价值的观点，否定了传统哲学存在的心灵与物质、自然与经验的二元论，对"经验"一词进行了新的诠释，赋予了新的内涵。首先，经验的产生以有机体为基础，人通过身体感知世界，利用身体对环境施加作用，自然是"经验"的对象；其次，在人施加作用于环境的同时，身体也受到环境的限制与反作用。杜威将之称为"主动的因素"与"被动的因素"，前者是尝试，后者则是承受结果，两者是不可分割的两个方面。经验和自然是交织在一起的，这种连续性的实质是身体与自然的交互作用。人通过尝试错误的方式作用于环境，通过环境的反馈，将尝试的方式与反馈进行结合，然后寻找到"最一致的思维"。杜威在重新定义"经验"概念基础上，进行了"新"教育理念的构建（司亚楠，2018）。

杜威认为，在传统的教育中，学生"经验"到的是消极和错误的经验，教师的任务在于灌输和控制，这种被动的、忽视人的学习，使学生不但毫无所获，而且失去了学习兴趣与信心。杜威呼吁一种"新"教育，一种具有连续性的，学生在与材料互动中形成经验，并利用旧有经验不断生长的教育。在家庭教育中，父母应该做出更明智的处理，以使客观条件和儿童主观状况产生一种"相互作用"。由此出发，针对教育教学，杜威提出了"从做中学"的观点。通过操纵和探索材料，儿童可以体验到欢乐的情绪，从而激起对学习的兴趣。而这种兴趣能够促进个体和他所研究的对象"融为一体"，使儿童将心智和智慧更多地投入到操作材料的运动中，在这个循环的过程中，儿童的心智和外部世界逐渐成为一个统一体，而儿童的意志得到发展，知识也得以形成。杜威通过对"经验"及"活动"概念的改造，突出了认知过程中环境与身体的交互作用，以及在教学中身体行为与认知发展的联系（司亚楠，2018）。

詹姆斯的情绪理论更是直接提出了身体在心智和情绪形成中所发挥的作用。逃跑的身体动作导致了恐惧情绪体验，是身体动作造就了情绪。我们不是因为害怕而逃跑，而是逃跑才害怕；不是伤心而流泪，而是流泪才伤心。身体反应在先，情绪体验在后。詹姆斯的情绪理论强调了身体动作在情绪体验形成中的作用，而现代具身认知思潮的核心观点之一就是强调身体的感觉—运动系统对认知和思维的塑造作用。

此外，皮亚杰和维果茨基也着重分析了认知与其他高级心理机能对外部活动的依赖性，这些理论观点都强调了身体活动（感知运动）的内化对思维和认知过程的作用，促进了具身认知研究思潮的形成。

皮亚杰强调活动在儿童心理发展中的作用，认为知识来源于动作，而不是来源于物体，智力的发展是动作的内化和动作之间的协调。知识经常是与动作或操作联系在一起。智慧起源于活动，思维不过是内化了的动作，是在头脑中进行的契合整体结构的代替活动。只有参与活动，儿童才能获得真正的知识。皮亚杰在对儿童心理发展的叙述中，提出儿童心理发展存在四个主要阶段，在其中的感知运动阶段，儿童依赖感知与动作的协调来区分主客体，建构客观现实。在这个阶段，儿童没有语言和表象，只有感知和动作。儿童依赖感知和动作的协调，构建起复杂的动作图式，脱离了以其身体和动作为中心的"自我中心主义"，形成了客体永久性。

20世纪上半叶，维果茨基也提出了与具身认知相近的思想。维果茨基提出，在儿童的言语发展中，我们能够确证有一个前智力阶段，而在思维发展中，有一个前语言阶段，只是在后来的发展过程中，思维才变成了言语的东西，言语则成了理性的东西。揭示前智力阶段和前语言阶段是为了说明"认知的相互作用论，即认知是主体和环境相互作用基础上的进化的和历史的建构；高级水平的思维活动是人类最初的身体活动（感知运动）的内化"（李恒威、肖家燕，2006）。在维果茨基的理论中，活动占有非常重要的地位。他认为，心理是在活动中发展的，是在人与人之间相互交往的过程中发展起来的（韩冬、叶浩生，2013）。"最近发展区"理论便强调了同伴之间的互动交流对个体认知和知识获得的重要性。

生态心理学家吉布森（Gibson）指出，知觉形成同身体获得的刺激经验息息相关。身体动作是完整知觉不可分割的组成部分。一个物体知觉的形成，不仅取决于物体本身提供什么样的刺激，也取决于有机体本身的结构和能力。物体能让你做什么，身体能让你做什么等等，都决定了有机体形成什么样的知觉。所以，知觉与身体是不可分割的。而从生态学的角度来看，认知发生于解决问题的日常活动中，因此，认知是由身体与环境的互动塑造的。

镜像神经元的发现也佐证了认知对身体的依赖性。20世纪90年代，意大利科学家里佐拉蒂（Zoratti）等人在恒河猴大脑皮层F5区发现了一种新的视觉—运动神经元。这种神经元"在下面两种情境中产生反应：当恒河猴执行一个手部动作和当观察另外一个体（人或另外一只恒河猴）执行同样或类似的动作时，这种神经元都产生反应。典型的表现是，这类神经元既不对简单的物体呈现做出反应，也不对缺乏目标物的简单模仿动作做出反应"（Fogassi，2011）。这说明镜像神经元是理解他人动作的神经机制，用我们自己动作的意义去理解他人动作的意图，说明认知同身体的运动系统是一致的，即身体作用于世界的动作造就了我们的思维和理解过程。

哲学和心理学研究领域中对客观主义的批判，以及认知科学中的相关学科的研究重点向身体（包括脑）及其经验的回归，使得具身认知研究得以蓬勃发展。1977年开始出版的《认知科学》和1979年召开的第一次认知科学年会是其发展史上重大的标志性事件。这一具身主义运动在哲学上集中反映在拉考夫（Lakoff）在其1987年提出的新经验主义（experientialism）的思想中。拉考夫以后又将这一新经验主义在他与约翰逊（Johnson）合写的名著中（Lakoff and Johnson，1999）更明确地表述为一种新的哲学体系，即所谓具身哲学（the embodied philosophy，或称体验哲学）。

二、具身认知的基本观点

1. 具身认知的概念

具身认知也被译为涉身认知、寓身认知，其中心含义是指身体在认知过程中发挥着关键作用，认知是通过身体的体验及其活动方式而形成的。

叶浩生（2010b）指出具身认知可以从下列三个角度加以理解。第一，身体的状态直接影响着认知过程的进行。比如，苏帕和库勒（Schuber and Koole, 2009）的研究发现，握紧拳头提高了男性学生的坚定、自信和自尊感，握拳头的身体状态改变了学生的自我概念。第二，大脑与身体的特殊感觉—运动通道在认知的形成中扮演着至关重要的角色，即在身体与外部环境互动的过程中，大脑通过特殊的感觉和运动通道形成具体的心理状态。比方说在理解热情这个形容情绪的词时，我们常常会借助身体上所感受的"热"来达成。第三，具身认知的另一个含义是，扩展认知的传统概念，不仅把身体而且把环境的方方面面包含在认知加工中。认知既是具身的，又是嵌入的，大脑嵌入身体，身体嵌入环境，它们构成一体的系统。综合以上观点，具身认知的核心思想应包括这三个成分：一是身体的生理结构、身体的运动等特征影响认知的产生和发展；二是身体所处的环境、情景影响认知的产生和发展；三是大脑与身体的特殊感觉—运动通道神经系统影响认知的产生和发展（胡万年、叶浩生，2013）。

2. 基本理论

为了深刻理解具身认知的概念内涵，李其维、叶浩生、李恒威等比较全面地概括了具身认知的理论特征：具身性（embodiment）、情境性（situation）、生成性（enactment）和动力性（dynamic）等（李其维，2008；叶浩生，2010b；李恒威、肖家燕，2006）。

（1）具身性

认知的具身性是具身认知的核心特征，认知不是凌驾于身体之上的抽象活动，而是依赖于身体的生理和神经结构以及活动方式。因此，人的认知源自活生生的身体，而不是机械的装置，它自然会受到人的身体及其大脑、生理和神经结构的影响。人认识客观世界是从自己的身体感知开始的，身体与外界事物发生各种关系而使得个体的记忆里形成丰富的意象，大脑又从丰富的意象中抽取共同的部分，形成图式，形成概念。例如，我们能够感受"白色"，前提是我们的视网膜上存在三类视细胞以及适宜的光照和反射光波长，在此基础上，我们会对"白雪""白云"等白色的事物加以"提炼"，形成"白色"的概念。

（2）情境性

认知的情境性强调认知过程并非发生在个体内部，而是认知主体在与环境相互作用中产生的，因此，认知过程并非是大脑内部的心理表征活动，而是被置于更大的物理、社会、文化和历史环境中。比如，图腾的概念并非是通过其物质属性得以界定，而是通过复杂的信仰、制度和习惯等才得到界定的。个体对图腾的身体姿势和行为皆能说明图腾的意义。

（3）生成性

认知的生成性批判身心、主客等传统的二元论，认为认知主体和世界不是对立的，而是处于交互循环之中。人类认知不是心智对世界的表征，而是认知主体即身体在与环境（世界）相互作用中历史地生成的。

（4）动力性

认知动力性所要研究的是认知主体与环境耦合情况下认知发展的动力机制，它强调认知过程是动力的、非线性的、混沌的、涌现的特征。人类认知是大脑—身体—环境三者耦合构成一个复杂的动态的自组织系统。这种动力系统理论也被用到动作发展的机制上。比如，西伦（Sillen）将动力系统观引入儿童发展研究，她对婴儿行走和踢腿动作的发展进行了研究，提出精确（fine）动作模式的形成和转变是神经系统指令与身体姿势、肌肉重量、肢体长度、动作活动的环境条件等相互作用的结果，动作依赖于动作系统中的所有要素。

三、具身认知的相关研究

目前的具身认知实证研究主要采用传统认知的实验范式，集中于研究身体的结构属性和静态动作对认知的影响。根据具身认知概念的三个核心成分，可以将国内外已有研究分为三类。

1. 以身体结构、身体运动为中心的相关研究证实了具身认知理论

已有的研究表明，具身认知理论极大地促进了以身体知觉为中心角色的相关研究。身体知觉的研究表明，身体对个体认知有强烈的影响（Barsalou，2008）。在有关身体知觉的具身认知研究中，一般通过肌肉动作（胳膊的收缩与伸展、头和手的运动）、面部表情及整个身体等来研究具身的效果。早期有研究发现，点头有助于产生更多认同性评价，摇头则有助于产生更多否定性评价（Wells and Petty，1980）。福斯特（Forster，2004）进一步揭示点头只对正效价事物产生更多积极评价，摇头只对负效价事物产生更多消极评价；握一个拳头会影响与权利相关的词的自动加工。甚至用肥皂洗手或用清洗剂擦手，还能减轻违反道德的罪恶感，影响一个人的道德判断（Schnall et al.，2010）。由此可见，手势运动有利于人对客体的认知加工，也有利于认知主体对自身的认知。具身研究中的整个身体运动主要包括身体的接近或回避行为、与积极消极情感相关的典型的身体姿势、身体运动如行走的速度等。社会认知的研究也证明，蜷缩的身体动作导致被试更倾向于赞同他人的观点（黎晓丹等，2016）。福斯特和斯特拉克（Forster and Strack，1998）在研究中要求被试对名人名字进行分类，分为喜欢、不喜欢、中立。在名人名字任务中，那些有接近行为的被试会回忆更多他们喜欢的名字，那些有回避动作的被试会回忆更多他们不喜欢的人名。因此，被试的动作趋向会影响其对态度客体的回忆。斯特普和斯特拉克（Stepper and Strack，1993）在实验中要求被试直坐或者斜坐，发现那些笔直的被试

相比倾斜的被试在接受任务反馈后，报告了更多的自豪感。

2. 身体所处的环境影响认知

身体所处的环境既包括环境的空间结构，也包括环境的空间大小、环境的温度、清洁度、整齐等特征。特韦尔斯基和哈德（Tversky and Hard，2009）指出，自我中心观的人通常以自身身体如前后左右为参照物来表征和描述客观物体，而非自我中心观的人通常以周围环境如东西南北为参照物来表征和描述客观物体。甚至环境的温度也能影响认知，如研究者发现被试拿热咖啡之后，把他人知觉为更温暖，相反，被试经过社会拒绝后，会觉得房间更冷。

3. 大脑的与身体的特殊感觉—运动通道神经系统影响认知的产生和发展

大脑的与身体的特殊感觉—运动通道神经系统影响我们认知的产生和发展，但认知加工经常是以多感觉通道的方式进行的，那么，这些不同的感觉通道之间有何关系？李和施瓦兹（Lee and Schwarz，2010）通过巧妙的实验设计发现，用嘴撒谎会导致对刷牙的心理需求的增加，用手打字撒谎会导致对洗手液的心理需求的增加，这说明不同感觉—运动神经通道以特异性的方式影响认知加工（陈玉明等，2014）。还有研究表明，当被试佩戴不同重量的背包并评估地势情况时，更重的背包会使人高估环境的复杂程度，表现出"重量—负重"效应（Proffitt et al.，2003）。

四、具身认知对心理学的影响

与其他认知理论相比，具身认知的特征是找到一种并非作为机械通道，而是作为存在自身的生物基础。心灵和精神不是一种生物学的升华，而是生物体的一种活动方式。具身认知不再把计算看作认知活动的本质和唯一路径；同时，具身认知不再坚持经典框架的大脑假设，而是把大脑、身体与环境组成的整体活动系统，作为理解和建构认知活动的实在基础。

费多益（2010）认为，具身认知是对认知主义和联结主义等经典认知研究框架的一种发展，它比传统的认知心理学更加适合理解日常生活中人们的心理与行为。传统认知研究并不是全然没有看到身体与环境等因素在认知中的作用，但它们事实上的确轻视这些因素。具身认知不仅在一定程度上克服了经典框架的理论"瓶颈"，而且对人类认知活动重新进行了建构；它不仅大大扩展了认知科学研究的理论视野，而且在形而上学层面上引导了对心灵的重新审视。

当然，具身认知理论还很年轻，无论在体系上还是在具体方法上，都还处在发展中，这就导致它在一些问题上不能达成一致的理解，也缺乏统一的理论体系，因此，具身认知理论还有待进一步整合。具身认知在批判分析哲学的主客体二元对立的绝对化错误的同时，也犯了绝对化的毛病，因为它反对任何超验的东西，这就有用绝对的一元主义的具身论代替绝对的二元论之嫌。此外，它不可能对所有涉及的问题都达到理想的深度和广度，论述观点的偏激和逻辑上的瑕疵也在所难免，这表现在它关于身体主体、表征、现象学方法等方面的理论都存在缺陷，这些问题是从事认知研究的学者们所必须正视的。

第五节 实体理论的发展分析

自冯特1879年建立第一个心理学实验室以来，心理学作为一门独立的学科开始了其独特的学科内容研究，不同的研究者根据其认同的思想，利用时下最先进的研究手段对人的心理进行了相关研究，并提出自己的主张，形成不同的心理学理论。其中，实体理论的研究占据了心理学研究的主流。实体理论以心理行为作为研究对象，各种不同的学说流派和理论体系，都是心理学实体理论的研究对象。对心理学研究而言，实体理论为其提供方法论的指导，提供严谨的研究程序。也就是说，每一个实体理论都包含了一种哲学上的方法论和具体的研究方法,使得其研究活动顺利展开。实体理论的发展与所有思想理论一样,都有其外因和内因的作用,也都曾在一段时间内推动了学科的发展,留下丰硕的成果,但也因为时代迁移和学科发展等因素,其理论会逐渐暴露出局限性,这些局限性或成为该理论继续发展的动力,或成为新理论诞生的摇篮,但无论如何,都是一定时代社会文化的产物,都代表了当时人们研究的最高水平。行为主义心理学研究中的操作主义思想、认知心理学中的信息加工心理学取向和神经网状结构理论心理学取向、社会建构论心理学和具身认知心理学都是一定时期内心理学研究的焦点与亮点,这些理论的发生、发展都顺应了时代的潮流,其研究方法至今还为人们所用,一些经典的研究成果也还在经受重复的检验。

操作主义是行为主义心理学研究中的一种范式,其核心思想就是要使某一概念变得可观察和测量,在这种思想的指导下,心理学研究便脱离了那种哲学上的思辨和探讨,变得客观而可观察、可重复。实际上,操作主义的提出,正顺应了心理学想要往真正科学靠近的需要,也和当时的时代背景和社会背景有关。我们知道,将操作主义发挥得淋漓尽致的行为主义心理学诞生于美国本土,美国是著名的移民国家,相对于形而上的理论探讨,其民众更关注生存问题,因此,实用主义和客观主义的思想在这片土地上广为传播,广为接受。在操作主义提出以前,华生就已经在其著作《行为主义的心理学》中呼吁心理学的研究完全建立在客观的观察测量之上,并力图在心理学体系中摈弃一切不能客观测量的东西,包括意识、心灵等。这种思想与操作主义的主张不谋而合,因为对操作主义者而言,不能测量和记录的概念是没有意义的。而后,操作主义的思想被介绍到美国本土之际,得到了斯金纳和托尔曼等心理学家的积极响应,一些概念如强化和需要获得了操作定义,于是相关的心理学实验纷至沓来,量化研究不断受到肯定。只是操作主义将意识等排除出研究范围以外,其研究就势必是一种没有心理的研究,但从另一个角度来说,这样的主张又为后续的认知心理学提供了完善和发展心理学研究的机会。此外,操作主义在后续的发展当中,不再局限于物理操作,心智操作的观念逐渐为研究者们接受，并演化出一种新的研究模式——符号操作系统或称信息加工系统。

信息加工心理学的隐喻是"心理活动像计算机"，因此，其研究就离不开计算机模拟。从世界上第一台计算机的诞生到纽厄尔等人提出用计算机模拟来验证人的心理过程，科技的进步和学科内部的矛盾冲突为信息加工心理学的诞生提供了极大的助力。"二战"以后生产力恢复发展，生产自动化得到普及，人机系统的研究进入到人们的视野，关于认知的研究迫在眉睫，于是将意识排除在外的行为主义的那一套研究已经不合时宜，人们需要一种新的研究范式来重启关于心理的研究。信息加工心理学主要以计算机模拟法来研究人的心理过程，对注意、记忆等做了大量的研究，但它实际上说明和解释的是人在心智活动过程中是如何进行信息加工的，例如人们知觉到外界事物的哪些特征，怎样把外界的信息储存起来，又怎样利用信息解决问题等。然而这种用计算机仿真或复制出思维的程序距离真正的认知还有好长的一段路程，尚不论人脑的生理复杂性和社会文化性是计算机不能企及的，信息加工心理学所仰仗的计算机程序就存在一些问题。例如，计算机中一个元件的出错就会影响到整个系统的运行，而且计算机处理的数据必须是明晰的、确定的，而人的大脑所处理的信息往往比较复杂。因此，基于计算机隐喻的符号主义取向，不可能真正地从根本上揭示人类认知的本质。但是不论如何，信息加工心理学对人的心智活动过程与机制的研究，极大地促进了人们对心智现象及其内部过程的细微认知和理解。

与信息加工心理学同时期诞生的神经网状结构心理学也反对行为主义忽视内部心理机制的理论假设，认为思维等高级心理过程才是行为产生的决定性因素，因此，心理学的任务是研究这些内部心理机制。和信息加工心理学的立场不同，神经网状结构心理学以"心理活动像大脑"为隐喻，并在结构和功能上模拟大脑。神经网状结构心理学的发展过程比较曲折，由于同时期信息加工心理学研究取得重大突破，而自身提出的感知机模型却被指出存在缺陷，相关的研究随之陷入了低谷。但随着人工智能的发展，信息加工心理学的问题逐渐暴露出来，加上脑神经科学的发展及其一系列的发现，更是给予了神经网状结构心理学更加允分的依据，在这样的环境中，神经网状结构心理学以复兴之态归来。其研究范式和信息加工心理学类似，主要是采用计算机模拟的方法对某种高级心理过程进行模型的建构。由于神经网状结构心理学的模拟是对生物脑的模拟，因而其模型也具有自适应和容错性等特征，相对于信息加工心理学来说，运用更广，能解决更为复杂的问题。此外，由于神经网状结构理论模型可以通过连续改变各单元之间的联结强度来实现记忆内容的模拟提取并进行模拟推理，因此，只要为其提供片段的模糊的甚至残缺的输入，它就可以完成推理任务，给出问题的解答，可以说，这是对信息加工心理学理论的一种补充和完善。不过，神经网状结构心理学中的单元毕竟是抽象化的产物，实际的神经单元却要复杂得多，且有着许多不同的属性，所以不应把神经网状结构理论模型与神经系统模型混为一谈。神经网状结构心理学用人工神经网络来代替计算机类比，在一定程度上克服了信息加工认知心理学的缺陷，尽管它只是对认知过程的一种模拟，但神经网状结构心理学的立足点和采用的研究技术又是对以往研究的一种超越。

尽管信息加工心理学和神经网状结构心理学取得了诸多成就，但很明显的是，两种理论都是偏个体主义，而忽视社会文化的影响。比方说按照两种理论的研究范式所进行的研究大多只能在实验室中进行，其结果推论到实际生活中的效果则大打折扣，这也就是心理学研究中常提到的外部效度低的问题。从本质上来说，两种理论都是建立在主客二元论的认识论基础之上的，都是对实证主义、客观主义的一种继承与延续，因此其理论所要确立的是不受认知过程影响的客观真理。然而，这明显与真实情况不符，个体总是生活在一定的情境当中，不可能不与外界发生交流和联系，人的主观能动性也是不容否定的客观实在。随着后现代主义运动的兴起，人们把目光聚焦在人际互动的关系当中，重视人的价值，认为人是积极主动的，社会建构论心理学正是诞生于这样的时代背景之下。社会建构论心理学主张要以主客统一的生活世界代替主客对立的二元论思想，认为知识（包括心理）存在于人与人之间，是文化历史的产物，是社会建构的结果，而建构的过程是通过语言来完成的。假设这种观点成立了，那么以往的心理学研究成果就会被完全推翻，特别是它还否定了客观真理的存在，可见社会建构论心理学对以往的理论都是持一种否定的态度。尽管社会建构论心理学的观点十分激进，但它对任何方法都持开放的态度，只是更偏重话语分析而已，这种新的方法论为心理学研究提供了新的研究方案。此外，社会建构论心理学从社会文化的角度揭示了知识的社会属性，对于克服传统心理学的个体主义倾向有积极的影响。

叶浩生（2013）指出，行为主义的产生成功地把心理学关注的焦点由内部的心理构造转向了可观察的行为，研究的重心由主观的意识元素转到可观察的行为反应；认知革命则把心理学家的关注焦点再次转到内部的心理因素，心理过程的内源论分析再次占据主流地位。社会建构论站在后现代的立场上，力图避免主观—客观、内源论—外源论的两分法，认为根本就不存在一个脱离话语而独立存在的"心理实体"，心理现象是人在社会生活的人际互动中的话语建构物，在人的内部，并没有什么情绪、动机、人格，促动行为产生的，不是什么内部的动机，而是话语的操作特性。具身认知观点使研究的焦点由"离身"认知转向"具身"认知。

具身认知和社会建构论一样，也批判个体主义，亦强调社会互动的作用。在这一点上，可以说具身认知理论继承了社会建构论心理学的部分主张。而且由于社会建构论心理学对实证主义强烈抨击，学者们将拒绝把方法看作真理的保证或者说护身符，研究过程不再被看作对某种客观的社会现实的不偏不倚的摹写，而是在具体的、当下局部的情境中通过与研究对象的对话、互动而共同构建研究对象的过程（费多益，2010）。这无疑为具身认知思想的提出做好了思想准备。但具身认知观点更加强调认知过程对身体的依赖性，具身认知理论认为认知是通过身体的体验及其活动方式而形成的，认知具有情境性和动力性。它不再把计算看作认知活动的本质和唯一路径，也不像认知心理学那样将大脑视为认知的来源，而是将大脑与身体、环境组成的整体活动系统作为理解和建构认知活动的实现基础。身体不再是独立的生理结构，而是处于环境中体验的身体。从某种角度上来看，具身认知是对以往认知心理学理论和社会建构论心理学的辩证否定。

具身认知的研究虽然在传统认知研究的基础上有所突破和发展，将传统认知所忽略的身体与环境因素纳入研究的范围并逐渐形成一套完整的研究范式。但在其自身的发展中也出现了一些问题，比方说把心智看成是被动的身体活动的产物，就好比行为主义一样忽视了心智和认知对身体的影响，但这并不妨碍它促成认知范式的改变，认知神经科学的发展将会为其做好技术的准备，当下便有许多通过核磁共振技术来开展具身认知研究的实验。只是身体影响认知的内部机制目前尚未揭晓，且该理论目前仅在人文社会科学，尤其是教育领域应用较多，其他学科的应用极少，这些问题都是具身认知观点未来需要解决的问题。

总体而言，实体理论的发展是随着时代的进步而进步的，一定时代出现的理论呼应了该时期先进思想和先进技术的要求，既获得了支持，也受到了限制，各个理论均无法超脱时代背景的制约。同时，每一个理论都是建立在前人研究的基础之上，其观点是对前人思想的继承、批判与发展。

第六章 以子学科为例剖析微观实体理论的演进

从微观层面来看，理论心理学跟其他学科一样，根据研究的具体对象的不同，可以分成多个子学科。目前发展比较成熟、关注度比较高的子学科主要是实验心理学、发展心理学、社会心理学三大方面。

随着研究的不断深入，各个子学科的理论假设也在不断地更新、演进，极大地丰富了整个理论心理学体系。接下来本章将以实验心理学、发展心理学以及社会心理学三大子学科为例，剖析微观实体理论的演进。

第一节 实验心理学理论假设的演进

在冯特创建世界上第一个心理学实验室，标志着科学心理学的诞生前，心理学只是哲学下的一门分支学科，人们普遍认为心理学研究的对象是看不到、摸不着的，无法预测，因此心理学一直不受重视。随着来自各个领域的科学家对人类精神世界的不懈探索，人们开始改变对心理学的看法，为心理学的诞生提供了可能。

根据实验心理学的研究对象、方法技术的不同，实验心理学理论假设的演进可以简单分为实验心理学的酝酿、实验心理学的诞生与初期发展、完形主义与行为主义的对立时代以及认知心理学的兴起与发展四个阶段。

一、实验心理学的酝酿

实验心理学的诞生并非一蹴而就，是哲学与自然科学共同孕育的结果，邓铸在《应用实验心理学》一书中写道，"科学家的成果启发着哲学家，哲学家的思想武装了生理学家，生理学家从感官生理自然接触到了感知问题，由此开始对心灵进行系统的实验探索，这就是实验心理学诞生的一般逻辑"（邓铸，2006）。

1. 哲学中的实验心理学

古希腊哲学诞生之初，哲学便分成唯心主义和唯物主义两条截然不同的路线，两者的代表人物德谟克利特（Demokritos）和柏拉图（Plato）分别就心理学的问题提出了原子论与理念论；随后，亚里士多德综合原子论和理念论，提出了生机论，探讨人类的感觉、记忆、认识、情感、统觉等问题，而这些问题也是目前心理学研究的重点对象。后来，随着基督教哲学的迅猛发展，著名的哲学教父奥古斯丁（Augustinus）首次提出了官能心理学和内省法，为人们探究心理现象开辟了新的方法。而经院哲学中的唯名论坚持感觉经验论心理学思想，其代表人物培根首次提出实验科学一词，认为人类的内心世界可以通过经验和实验来进行探讨，为实验心理学的萌芽提供了可能。

在欧洲文艺复兴时期，人们要求将人的个性从宗教和封建专制的压迫中解放出来，极大地促进了心理学的发展与研究，特别是著名的意大利艺术家达·芬奇提出了外部世界是感觉和印象的源泉，而感觉是形成认识的基础，让人们开始重视个体的感知觉，也为后续感知觉的心理学研究奠定基础。

进入 18 世纪后，欧洲哲学心理学的研究在各种相互矛盾、冲突的观点中变得愈加复杂，主要可以分成以经验主义为主的英法心理学思想和以理性主义为主的德国、荷兰心理学思想。在英法心理学思想理论中，影响较大的则是来自法国的笛卡尔和来自英国的洛克。笛卡尔提出了身心交感论，还指出了反射和反射弧的关系。洛克则提出了著名的白板说，认为感觉和内省是认识的源泉，并首次提出"联想"一词，促使欧洲心理学进入经验研究的阶段。另外，联想主义和感觉主义也同样对实验心理学的诞生起着不可忽视的作用。例如，哈特莱集中探讨个体的联想，逐渐形成了较为系统的联想心理学体系，贝恩则着眼于探讨心理学的生理基础，成为桑代克提出效果律的理论基础。卡巴尼斯（Cabanis）和孔德更是把心理学推向一个新的高峰发展时期。在以理性主义为主的德国、荷兰心理学思想中，代表人物主要是理性心理学的创始人莱布尼茨和洛策（Lotze）。莱布尼茨首次提出了近代唯理论心理学和身心平行论，而洛策是实验心理学诞生前的最后一位哲学心理学家，在哲学心理学与实验心理学之间起到重要的承前启后的作用。

哲学中的实验心理学始终围绕着人的感知觉、认识、联想等进行，也提出了重要的心理学研究方法——内省法，为实验心理学的诞生提供了巩固的理论基础。

2. 自然科学中的实验心理学

如果说哲学为实验心理学的诞生指明了研究对象和理论基础，那么，自然科学则是以其科学的方法、严谨的实验设计，指引着实验心理学走上一条实证研究之路。其中，对实验心理学的诞生影响最大的自然科学当属生理学和物理学。

人类的心理看似十分虚幻，难以像数据、现实事物一样可以一眼看穿、准确把握，为心理学的研究构成极大的难题，而生理学有关感官生理和神经生理的相关研究成果却能够很好地把心理现象数据化、具体化，促使心理学从哲学中分离出来，成为一门独立的学科。首先，在感官生理方面，生理学家约翰尼斯·缪勒（Johannes Muller）和他的学生赫尔姆霍兹（Helmholtz）通过大量的研究，共同建立了感官生理学，极大地丰富了人类关于视听觉方面的理论体系；著名的解剖学家韦伯专注于探讨人类的感觉的规律，提出了影响极大的"韦伯定律"。另外，在神经生理方面，感觉神经和运动神经差异律的提出为反射与反射弧之间的关系提供了可靠的神经基础；神经传导速率的测定为后续实验心理学观测个体的心理活动和反应时提供了有效的途径；还有大脑功能的定位说、统一说以及缪勒的神经特殊能量说等，都为实验心理学开辟了有价值的研究方向。

心理学要想成为一门真正的科学，严谨的科学研究方法是必不可少的，众多科学家也开始尝试着用实证的方法进行心理学研究，其中影响甚大的是来自德国莱比锡大学的费希纳（Fechner）。他首次把物理学的研究方法融入心理学的研究中，出版了对心理学研究具有划时代意义的著作《心理物理学纲要》，创立了心理物理学。费希纳心理物理学主要是探讨物理刺激变化和感觉变化之间的关系，其对心理学的研究贡献主要包括三大方面。①费希纳定律。费希纳定律是费希纳基于韦伯定律所提出的，该定律指出随着刺激的物理量的不断增加，个体感知到的心理量的增加速度会逐渐减慢。费希纳定律的提出让人们开始发现心理学并非完全无法猜想，心理现象也可以通过数学的形式进行准确预测。②心理物理学实验方法。通过大量的心理物理学研究，费希纳提出了三种测量人类阈限的方法，包括最小变化法、恒定刺激法以及平均差误法。这三种方法为心理学研究提供了新的研究途径，实现了心理学数据化的目标，让不同个体的心理量进行比较成为现实。③对现代心理学的影响。费希纳关于阈限的思想激发了科学家积极开辟针对不同心理活动的量表，提出新的心理物理研究方法——信号检测论，推动艾宾浩斯首次以实验的方法研究记忆等高级心理活动。

自然科学中的实验心理学虽然主要是以简单的生理学、物理学的研究方法为主，其所研究的对象也只是较为简单的心理现象的测量，但它却根本性地改变了以往人类对心理现象不可预测的观点，开始尝试以实证的方式探究心理现象。

有了哲学与自然科学的理论和研究基础，一门新的学科——心理学应运而生。

二、实验心理学的诞生与初期发展

前人在哲学心理学上的探讨为心理学提供了基本的思想、观点和方法论，而生理学、心理物理学则是为心理学提供了一定的生理基础和研究技术。鉴于此，来自德国莱比锡大学的冯特决心要开创一个新的科学领域，"实验心理学"一词首次出现在冯特所编写的《感官知觉理论的贡献》一书中。随后，1879年，冯特在莱比锡大学建立了世界上第一个心理学实验室，标志着心理学正式成立。同时，冯特还培养了一大批来自世界各地的心理学人才，与学生们一起构建完整的实验心理学体系，注重采用实验的方法进行心理学研究，实验心理学正式诞生。

冯特的实验心理学认为心理学的研究对象应该是个体纯粹的"直接经验"，也可以说是直接感知到的"经验"，心理学家需要对组成人类直接经验的简单元素进行分析和解释，例如感觉、感情等，而其所推崇的实验心理学研究方法是结合了实验和内省的实验内省法，简单来说，就是在严格的实验控制的条件下进行自我观察的过程。

冯特在德国莱比锡大学培养了大批的心理学人才，铁钦纳则是冯特成就颇大的得意门生之一。铁钦纳在传承和发展冯特的心理学思想的基础上，成功建立了构造主义心理学，认为意识是由经验构成，意识囊括了三种元素性状态，分别是知觉的元素——感觉、观念的元素——想象以及情绪的元素——情感，心理学家应该致力于探索上述三大元素是如何形成人类经验的。虽然该学派受到当时很多其他心理学派的抨击，但其在感觉领域所取得的成就是无法被抹杀和否认的。

冯特的实验心理学坚持用实证的方法研究感觉、感情等心理现实，而非神学、哲学所推崇的灵魂，让心理学的研究正式走上量化的道路。但也正是因为冯特坚持认为心理功能只能分解成简单的元素才能被研究，导致一些高级心理过程，如记忆、思维等，在当时的环境中始终被排除在研究对象之外，无法用实验的方法进行研究，只能简单地用观察法进行探讨。为了弥补这一缺陷，跟冯特同一时代的研究者艾宾浩斯和屈尔佩（Kulpe）分别开展了针对两大高级心理学过程——记忆和思维的研究，并取得了巨大的成就，拓宽了心理学的研究领域。

艾宾浩斯是首个致力于开展人类记忆实验研究的科学家，他认为记忆这些高级的心理过程也应该是实验心理学的研究对象。为了证明他的想法，艾宾浩斯做了大量的研究，最终他先是创造性地使用了多达2 300个无意义音节作为实验的研究材料，让世界各地的研究者意识到实验材料不应该只局限于自然材料，可以扩大到人工材料，提高了心理学实验开展的便利性。他还尝试运用控制严格的实验方法对人类的记忆时间和遗忘程度之间的关系进行探讨，成功建立了著名的遗忘曲线，标志着高级心理过程量化的实现。最后，通过总结大量的实验，艾宾浩斯提出了一种崭新的研究方法——节省法，来对实验中个体的学习和记忆效果进行记录，提高实验效率的同时，也为实验心理学提供了不一样的变量测量方法。

面对艾宾浩斯在研究人类记忆上所取得的巨大成就，屈尔佩更加坚定地走上用实验的方法研究人类高级心理活动的道路，他致力于探究的高级心理活动，主要包括人的判断、思维、联想等。屈尔佩及其所建立的符兹堡学派关于"无意象思维"的研究就是对冯特所构建的心理学系统的继承与延伸。

19世纪与20世纪交替之际，可以说是实验心理学的诞生与发展初期，实验心理学从冯特、铁钦纳坚持心理学的研究对象是纯粹的"直接经验"，心理功能只有被分解成简单的元素成分才能进入实验室进行研究，发展到后来艾宾浩斯、屈尔佩等人成功在实验室探索人的高级心理过程——记忆、思维，直接向世人证明了用实验法研究高级心理过程的可行性，极大地丰富了实验心理学的理论体系。

三、完形主义与行为主义的对立时代

20世纪前半叶，随着冯特的实验心理学以及科学的发展，全世界掀起了对心理学的研究热潮，也涌现了不少的心理学流派，例如机能主义心理学、完形主义心理学、行为主义心理学、精神分析心理学等。不同的流派有着不一样的理论体系和研究方法，其中始终以实验作为主要研究方法的心理学流派是完形主义心理学和行为主义心理学。

完形主义心理学是由韦特海默（Wertheimer）、考夫卡（Koffka）和科勒（Kohler）等人建立的，也可称之为"格式塔心理学"。该学派认为心理现象都是完形的，是有组织且不可分割的一个整体，研究的主要对象是知觉和问题解决，基本概念是"心理场"，也称为"心理生活空间"，是由个体需要和他的心理环境相互作用的关系所构成的，认为人的行为都是行为主体和环境双重作用的结果。完形主义心理学主张对现象完形进行整体观察，而不是像构造主义那样，把心理现象拆分成简单的元素进行分析，这种理论假设受到一系列实验和经验的支持，在当时具有一定的先进性，但由于该流派过多地关注知觉的研究，而忽略了其他心理现象、心理过程的探索，其所能了解、挖掘的心理世界相对而言比较狭窄。

行为主义心理学则是在20世纪初兴起于美国的一个新兴心理学派。当时逻辑实证主义和操作主义正盛行，而行为主义心理学则是一个着重实证研究、排除意识研究的流派，这无疑为行为主义的兴起与迅猛发展提供了一个绝佳的时代背景。事实上，行为主义确实统治了心理学长达半个世纪之久，被称为西方心理学的第一势力。

行为主义心理学的创始人是华生，他反对前人所提出的心理学研究对象是心理或意识，他认为心理学的研究对象应该是行为，只能针对那些能够被观察到还要能被客观地测量出来的刺激、反应进行研究。鉴于此，华生摒弃了内省法，转而采用客观法进行心理学研究，主要有观察法、条件反射法、口头报告法以及测验法四种。华生的行为主义心理学从人或动物的行为出发，打破了传统心理学研究意识的局限性，提高了心理学的客观性、实证性，同时他还把研究对象扩大到动物身上，拓宽了心理学的研究领域。

斯金纳则是新行为主义心理学的代表人物。他认同华生的看法，认为行为是心理学的研究对象，但他并不像华生那样在意刺激与行为之间的联结，他在意的是个体的反应。斯金纳经过改良巴甫洛夫的经典性条件反射，提出了操作性条件反射并创造了斯金纳箱，对后续的心理学研究产生巨大影响。另外，除了斯金纳，新行为主义的代表人物还有赫尔、托尔曼等，认为个体所受的刺激与行为反应之间存在中间变量，中间变量的提出深深地影响了后续的认知心理学的发展。

总的来说，这一时期的实验心理学的理论假设与前一时期相比，已经有了质的改变，前一时期虽然提出了无论是高级还是低级的心理活动都可以用实验的方法进行研究，但由于构造主义的盛行，当时的研究者倾向于把心理活动分割成单一的元素进行分析，而这一时期的完形主义心理学则认为心理现象是有组织、不可分割的整体，应该对现象完形进行整体观察。另外，行为主义心理学的理论假设有了更大的突破，其不再专注于研究人类的意识，而是专注于探索人和动物的行为，一个看得见、摸得着的对象。同时，这一时期的实验心理学在研究方法上也变得愈加成熟、复杂，实验条件的控制变得更加便利，记录个体反应的精确度也得到了提升。

四、认知心理学的兴起与发展

由于行为主义的长时期盛行，很多研究者都致力于探究个体的行为，放弃了对感知觉、思维、想象、记忆等内部心理过程的探索。由于传统的行为主义心理学无法说明行为的实质和认知活动的发生机制，其弊端随着科学技术的发展而变得愈加明显。因此，在第二次世界大战后的几年里，心理学界掀起了一股"认知革命"，越来越多的学者开始对人类的认识过程进行研究，例如知觉、记忆、言语和问题解决等，并构建了一定的理论体系，促使人们开始思考个体的内部活动也许会通过一定的形式对其外部行为产生影响，这就是认知心理学的萌芽阶段。

认知心理学萌芽于 20 世纪 50 年代末，形成于 20 世纪 60 年代，其形成的标志是美国心理学家奈瑟所出版的第一本系统性探讨人类认知活动的著作《认知心理学》。认知心理学形成的初期，强调认知是对个体所获取到的感觉信息的转换、简化、存储、提取和运用的过程，大量的实验也证明了认知与一系列的高级心理过程都有着密切的关系，例如模式识别、记忆、问题解决、判断推理等。这让人们意识到认知几乎已经渗透到心理学所有的领域。由于认知心理学所提出的理论观点既崭新且极具说服力，还获得了大量的研究成果，让当时的心理学的基本研究内容、方法技术都有着质的改变。20 世纪 70 年代，认知心理学已然成为心理学的主流。

20 世纪 80 年代，科学技术迅猛发展，学者们发现人类的认知过程跟计算机的信息加工过程十分相似，认为人的认知过程就是一个信息加工过程，认知系统类似于计算机。例如，人们在进行模式识别的时候，可以通过自上而下或自下而上的信息加工过程实现，这就是信息加工理论。叶浩生在《心理学史》一书中提到，信息加工论的基本理论观点主要有四点：第一是人脑和心灵与计算机一样都是物理符号系统，都具有产生、操作和处理抽象符号的能力，完全可以在形式系统中通过用规则操作符号演算来生存智能；第二是任何信息加工过程都是先把信息符号化，然后操纵和处理符号；第三是信息加工系统具有对环境的适应能力，表现出目的性行为；第四是信息加工论主要研究信息的描述、分解、连续性、动态性和物理具体化（叶浩生，2009c）。

但也有学者对信息加工理论提出质疑，他们认为如果人类的认知过程类似于计算机的信息加工过程，那么人类在进行信息加工的时候应该是一步一步地进行，但根据神经生理学的相关研究结果，人类的认知过程应该是平行加工，而不是系列加工，简单来说就是个体可以同时进行多种操作。这种质疑的提出，直接推动了认知心理学中联结主义理论的提出。联结主义理论认为，心理活动类似于大脑，一切认知活动均可归结为大脑神经元的活动；信息分布在各个单元和单元联结之中，信息加工采用了类似于神经元联结的方式，是通过合作并行的形式来运用单个的神经元；所处理和表征的是亚概念或亚符号，是处于符号水平和真实神经元层次之间的无意识加工（叶浩生，2009c）。

符号主义与联结主义都是认知心理学的核心理论，但其仍旧存在一定的不足，为了弥补这些不足，人们提出了崭新的活动主义认知心理学。活动主义认知心理学不仅吸收了心理学多个领域的理论和方法，还结合了其他多门学科，例如人工智能、神经科学、遗传学、生物学等。活动主义认知心理学认为，人类的认知行为应该以"感知—行动"反应模式为基础；认知系统具有自学习、自组织、自适应等特性；认知或智能是整个有机体的活动结果，是在整个有机体进化和对环境的适应过程中产生与发展的；生命是系统内各组成部分的一系列有计划的功能，这些功能的各方面特性能够在物理机器上以不同的方式被创造；进化可看作搜索试验过程，完全可以独立于特殊的物质基质（刘晓力，2005）。

认知心理学发展至今，仍旧是心理学的主流方向，随着研究技术的不断发展，人们开始探究大脑的神经机制与心理活动、心理现象的关系，也就是目前所兴起并迅速风靡世界的认知神经科学。这一阶段的实验心理学发展迅猛，硕果累累。首先在研究对象上，跳出了行为主义只研究个体行为的局限，集中探讨人类的高级心理过程，填补了心理学历史上高级心理过程研究的空白；其次，在研究假设上，不再认为个体的行为是环境、刺激作用的结果，而认为个体的行为与其自身的内部心理活动有着密切的关系，更多地朝向人类内部心理活动进行探讨；最后，在研究技术和方法上，除了不断产生新的实验范式、统计方法外，更重要的是引进了各种探究脑机制的仪器，例如 fMRI、ERP 等，一步一步地深入探索人类大脑与心理活动、行为之间的联系。

总的来说，从酝酿到诞生和初步发展，再到完形主义心理学、行为主义心理学的对立时代，最后到了如今的认知心理学的兴起与发展，实验心理学的理论假设都在不断地更新、演进。从一开始的"灵魂是禁忌"，发展到可以进行测量、实证研究；从只能探索简单、基本的心理过程、心理功能，发展到研究各种高级心理过程，甚至是脑机制；从研究对象只能是人，发展到可以同时探究人类跟动物。这一切一切的发展，一方面是时代、科学技术发展的结果，因为科学技术的不断更新，让心理学的研究可以有更多更好的方法、技术可以选择，获取更精准的研究结果；另一方面则是研究者孜孜不倦追求真理的结果，研究者通过不断地探索，不断地发现更多的问题，直到现有的理论、流派已不足以解释，这样才能促使新的理论、流派的出现，实验心理学才能发展得更好。

第二节　发展心理学理论假设的变化

　　世界上的每一种生物都有其独特的发展过程，人类也不例外，每个人都经历着生老病死，这是人类生理上的发展规律，那么，人的心理也应该有着一定的发展规律，发展心理学则是一门研究个体心理发生发展变化的学科。虽然发展心理学诞生至今只不过一百来年，但其相关研究却给人类提供了一个认识自身心理发生发展规律的机会，并灵活运用在现实生活中，促使人类为自身及其后代追求更好的发展。

　　根据研究对象的不同，发展心理学理论假设的变化可以简单分成儿童心理学的诞生与发展以及从儿童心理学到毕生发展心理学的推进两大阶段，研究对象也从只关注儿童时期发展到关注人类毕生发展。

一、儿童心理学的诞生与发展

　　1. 儿童心理学诞生的准备时期

　　在"儿童"一词被提出前，人们认为儿童是一种"比较小、比较弱、比较笨"的成人，因此，一直都没有重视儿童的成长和培养，儿童的社会地位也十分低微，只能算是成人的一个点缀品，这种状况一直到文艺复兴时期才得到彻底的改变。文艺复兴运动肯定人的价值、尊严，儿童也不例外，因此，越来越多的人文主义教育家、思想家提出要尊重、热爱儿童，了解并根据儿童的特点来培养儿童。例如，洛克提出了著名的"白板说"，认为儿童就是一块白板，父母和教师的教育决定了白板的内容，也就是说他们能随心所欲地把儿童培养成任何一种人。后来，行为主义心理学创始人华生也提出了跟"白板说"类似的观点。法国思想家卢梭（Rousseau）认为，儿童不是成人，是一个有自己的意识和情感的人，随着年龄的增长，会表现出一定的特性，因此，在进行儿童教育的时候，一定要遵循他们的特性。意大利著名教育家蒙台梭利（Montessori）认为，儿童具有自主性，只有当儿童自己把握学习的方向和速度时，他的学习效果才是最好的，父母和教师不应该过多地进行干预，只需在需要的时候进行指导即可。

虽然上述各思想家、教育家的观点不一，但他们都在强调儿童的发展具有一定的自然规律，呼吁要尊重儿童的天性，重视儿童的身心发展规律。另外，除了自然主义教育运动的盛行促进了儿童心理学的诞生外，生理学发展也同样为儿童心理学的诞生起到不可忽视的促进作用，其中影响甚大的是达尔文的进化论。达尔文通过长期观察自己孩子的身心发展过程，撰写了《一个婴儿的传略》，让世人对儿童的身心发展有了更为系统的认识。

2. 儿童心理学的诞生

有了前人在理论和实践方面所取得的成果，儿童的地位和关注度得到明显提高，也吸引了大批的学者开始投身于儿童心理学的研究，其中就包括儿童心理学的创始人普莱尔（Plaire）。普莱尔是德国的一名心理学家，自他的孩子出生之日到其3岁之间的每一天，普莱尔都详细记录孩子的一举一动，最后他于1882年把自己的观察和追踪结果编写成《儿童心理》一书。该书不仅是世界上最早的一部系统的、科学的儿童心理学研究专著，更是儿童心理学诞生的标记，还被翻译成十几种语言传播到世界各地，促进了各国儿童心理学的发展。该书反对洛克的"白板说"，强调遗传也会对儿童心理发展产生重要作用，还通过描述观察和实验的相关研究过程与结果，向世人证明儿童心理也是一个值得探究的对象。

除了普莱尔之外，也有部分学者在儿童心理学诞生时期为儿童心理学的发展做出重要贡献。例如，美国心理学家霍尔（Hall）首次把问卷法引入儿童心理学的相关研究中；法国心理学家比纳（Bine）和西蒙编制了世界上第一个智力测验，为儿童智力的比较提供有效的研究技术。

3. 儿童心理学的分化

第一次世界大战到第二次世界大战这一时期被称为儿童心理学的演变时期，这期间儿童心理学的研究成果不断增加，不同的儿童发展观不断涌现，其中较具代表性的主要有瑞士的皮亚杰、美国的格塞尔（Gesell）等，标志着儿童心理学开始进入成熟阶段。

皮亚杰很早就开始对儿童的语言和思维等方面进行研究，基于多年的研究成果，他提出了著名的"发生认识论"，还首次提出了关于儿童道德发展的理论和儿童思维发展的特点，被誉为最伟大的发展心理学家之一。

格塞尔则从生理方面着手，认为在儿童的心理发展过程中，遗传起着最为重要的作用，在研究中，也更为注重不同儿童在同一发展阶段之间的差异。

4. 儿童心理学的演变与发展

第二次世界大战后，儿童心理学的研究也逐渐发生一些改变，可以简单分为理论观点的演变和研究方法的更新两大方面。在理论观点的演变方面，主要是一些陈旧的理论观点被摒弃或者得到新的修订，例如霍尔的复演说和比纳、西蒙的测量学说；在研究方法方面，随着现代科学技术的发展，儿童心理学的研究技术和途径也变得越来越多，研究者不断取得新成果，一步一步地丰富着儿童心理学的理论体系。

在儿童心理学诞生及发展的整个时期，儿童心理学展现了从无到有，再从有到成熟的发展轨迹。先是儿童一词的出现，再到儿童并非成人的一部分，具有一定的特性，遵循着一定的自然发展规律，再到儿童心理的发展不仅取决于后天的教育环境，还应该与遗传有关。儿童心理学的兴起与发展，让世人了解到个体早期心理发生发展的规律，更加重视早期教育。

二、从儿童心理学到毕生发展心理学的推进

从 1882 年儿童心理学诞生后的近一百年来,发展心理学方面的研究几乎都是围绕着儿童心理,特别是婴幼儿心理的发生发展规律而开展的。后来,越来越多的研究者发现,人的一生都处于变化之中,每一个时期的变化都会对人类以后的生活造成一定的影响,关于人的心理的发生发展规律的探索不应该只局限于童年,甚至婴幼儿时期,而应该关注人类一生的心理发展,于是便有了儿童心理学向毕生发展心理学推进的出现。但从儿童心理发展演进到毕生发展心理学的过程并非一蹴而就,而是一步一步地前进。

1. 从儿童期扩大到青春期

20 世纪初,美国心理学家霍尔通过总结多年来对青少年心理发展的探索,出版了《青少年:它的心理学及其与生理学、人类学、社会学、性、犯罪、宗教和教育的关系》。该书的出版标志着儿童心理学是发展心理学代名词时代的结束,发展心理学的研究对象不再局限于婴幼儿时期,而是扩大到了青春期。另外,据记载,霍尔还是首个研究老年心理的心理学家,甚至还针对老年的心理发展规律撰写了《衰老:人的后半生》一书,遗憾的是,虽然霍尔注意到发展心理学的研究应该包括人类的年轻时期和衰老时期,但他并没有明确地提出毕生发展心理学的观点。

2. 从青春期首次扩大到生命全程

霍尔成功地把发展心理学的研究对象从儿童期扩大到青春期,无不激励整个心理学界用更长远的眼光来看待发展心理学的研究。20 世纪 20 年代,著名的精神分析学家荣格便开始对成人期心理发生发展规律进行探索,在 20 世纪 30 年代时提出了关于个体生命全程心理发展的理论体系,其核心观点主要包括三点。①心理的生命周期可以分成两个阶

段，每个阶段有着不一样的发展任务。生命前半段的发展任务主要是形成人格面具和发展自我，以便达成个人生存、文化适应与担负养育子女责任的目的；生命后半段的发展任务则是要达到自性化，成为一个通过整合而颇具特色的人，一个不可分割的整合的人（范红霞等，2006）。②重视"中年危机"。荣格认为人类在青年时期把过多的心理能量花费在物质性的事物上，而忽略了对精神价值层面的追求，到了中年，由于人生目标已实现，其心理能量无处可用，进而出现了价值感丧失和人格空虚的现象。③对老年心理的阐述。个体步入老年期，就会开始反思生命的本质，并思考死亡后，生命是否是自己生命的延续等。

随后，基于荣格的发展观，新精神分析学派的心理学家艾里克森进一步扩大了弗洛伊德关注的年龄段，提出了著名的人格发展的八大阶段，把个体整个人生的人格发展分成八个阶段，指出每个阶段需要解决的心理冲突。婴儿前期：0～2岁，信任与怀疑；婴儿后期：2～4岁，自主与羞耻；幼儿期：4～7岁，主动与内疚；童年期：7～12岁，勤奋与自卑；青少年期：12～18岁，角色同一与混乱；成年早期：18～25岁，亲密与孤独；成年中期：25～50岁，繁衍与停滞；成年后期：50岁后，完善与失望、厌恶。

3. 毕生发展心理学的诞生

随着霍尔、荣格等人一步一步地把发展心理学的研究年龄扩大，发展心理学的研究应该扩大到人的整个生命全程的观点似乎已经开始蔓延整个心理学界，促使了儿童心理学向毕生发展心理学的转变。美国心理学家何林渥斯（Hollingworth）于1930年出版了世界上第一部关于毕生发展心理学的著作《发展心理学概论》。随后不久，另一位美国心理学家古迪纳夫（Goodenough）也认为发展心理学应该研究人的心理发展全貌，并于1935年出版了《发展心理学》一书，此书的科学性和系统性超过了何林渥斯的《发展心理学概论》。该书的畅销也象征着，人们心中都坚定地相信儿童心理只是发展心理学的一部分，完整的发展心理学应该贯穿人的一生。鉴于此，美国的《心理学年鉴》从1957年起，正式用发展心理学替换儿童心理学,极大地促进了发展心理学的研究。

德国柏林的巴尔特斯(Baltes)是毕生发展心理学的代表人物。根据张向葵先生的说法,毕生发展的核心假设是:个体心理和行为的发展并没有到成年期就结束,而是扩展到了整个生命过程,它是动态、多维度、多功能和非线性的,心理结构与功能在一生中都有获得、保持、转换和衰退。其核心的发展观主要有四点(张向葵,2012)。

(1) 个体发展是整个生命发展的过程

传统的心理发展观认为,个体的早期经验直接决定了其后续的发展,因此,过于重视个体的早期经验,而忽视了个体成年后的发展。毕生发展观则认为人的一生都是一个变化的过程,任何一个时刻都可以是个体心理发展的起点和终点,因此,个体生命全程中任何时期的经验都对其自身的心理发展有着不可忽视的作用,生命的全程都应该是发展心理学的研究对象。

(2) 个体的发展是多方面、多层次的

个体的发展不仅是生理上的发展,还包括认知、社会情绪等。其中,认知方面的发展主要涉及感知觉、记忆、思维、智力等方面,而社会情绪方面的发展主要涉及情绪、情感、依恋和爱等,因此,个体的发展是多方面的,各个方面同时进行,甚至互相影响。

至于个体发展的多层次,毕生发展观认为个体的发展并不完全等同于功能上的增加,而应该是获得与丧失、成长与衰退共存,其速率和强度在不同的年龄段会呈现出一定的变化,因此,个体各方面的发展都不是简单地用一条直线就能很好地描绘出来。毕生发展观还提出了"成功发展"一词,他们认为成功发展就意味着个体在同一时间获得最大、丧失最小,其中儿童期就是处于获得最大、丧失最小的阶段。

(3) 个体的发展是由多种因素共同决定的

毕生发展观认为,个体的发展主要由三大因素共同决定:第一是年龄的影响,主要指个体生理上的成熟以及随着年龄增长所面临的社会文化事件,例如按年龄接受国家规定的义务教育、成立家庭等;第二是历史、时代的影响,主要指与历史阶段有关的生物和环境因素的影响,例如经济改革、政权变动等；第三是非规范性事件的影响，主要指对某些特定个体发生作用的生物与环境因素的影响，例如自然灾害、疾病等，同一件非规范性事件对于不同个体的影响效果是不一样的，不同的非规范性事件对于同一个体的影响效果也是不一样的。

(4) 发展是带有补偿的选择性最优化的结果

毕生发展心理学的代表人物巴尔特斯指出，个体发展就是一个选择、最优化、补偿的过程，鉴于此，他构建了一个带有补偿的选择性最优化模型。其中，选择是指个体对自身发展的方向、目标以及结果所表现出的趋向或回避；最优化是指个体获取、优化以及维持利于获得理想结果、避开非理想结果的手段和资源；补偿则是由资源丧失所引起的一种功能性反应，这种反应可以是达到目标的创新手段，也可以通过调整不恰当的目标来降低自身的焦虑。要想达到成功发展，个体需要尽可能多地获得新知识，减轻因生理上的衰老而引起的部分能力下降所造成的影响，根据自己的实际情况调整目标，有意识地锻炼自己最重要的部分，或采用最佳的方法来应对无法避免的丧失。

随着儿童心理学向毕生发展心理学的推进，这一时期的发展心理学的理论假设有了质的飞跃，从发展心理学是研究儿童，特别是婴幼儿时期的心理发生发展的规律，转变成研究个体毕生发生发展的规律，并指出个体整个生命全程中的每一个时刻都可能是影响个体发展的关键时刻，每一个时期都有其特定的发展特点。毕生发展观的提出可以让世人能够更全面地了解自身的发展，同时也为世人做好人生规划、创造更美好人生指明道路。

三、发展心理学的新进展

随着毕生发展观的提出，心理学界对人类发展的关注度逐日提升，而研究技术的更新、时代的变迁、观念的转变等让发展心理学的研究始终走在各类研究的前列，同时发展心理学的理论假设也出现了一些令人瞩目的新进展。

1. 生态系统发展观

在常规的心理学实验中，为了做到足够的严谨性，研究者常常会把被试放置在一个控制严格的特定环境中，这种做法虽然能够很好地排除干扰、控制无关变量，但同时它也会在一定的程度上约束或引导被试做出某种行为。为了弥补这一缺陷，心理学家布朗芬布伦纳（Bronfenbrenner）提出了生态系统理论，他将人类生活及其中与之相互作用的不断变化的环境称为行为系统，并细分为微系统、中系统、外系统和宏系统。其中，第一个是微系统，是个体活动和交往的直接环境并且是不断变化与发展的，学校和家庭都属于学生群体的微系统，对个体的发展有着直接的影响，因此，在儿童的成长中，家庭与学校教育都是极为重要的；第二个是中间系统，指的是各个微系统之间的联系和相互关系，如果微系统之间的联系较强并且是积极的，这有利于个体的发展实现最优化，反之亦然，第三个是外层系统，是指儿童并没有直接参与，但却会对其自身的发展产生影响的系统，例如亲人的工作环境；第四个是宏系统，指的是存在于以上三个系统中的文化、亚文化和社会环境，规定了应该如何对待儿童、教育儿童，对儿童的发展有着直接或间接的影响。除了上述四大系统外，布朗芬布伦纳还提出了时间维度的概念，他认为要想更好地了解儿童发展的动态过程，就应该把时间和环境结合起来考量，而不是把两者拆分开来，因为个体每一次对环境的选择都伴随着时间的不断推移以及个体知识经验的不断积累（刘杰、孟会敏，2009）。

布朗芬布伦纳的生态系统发展观进一步扩大了心理学研究中环境的概念，让心理学研究中的"环境"不再局限于实验室、家庭，而是扩大到整个现实社会和文化环境，进而提高了实验结果的可推广性和实践意义。另外，他还强调个体发展的动态性和生活事件，特别是重大生活事件对个体的影响，推动了发展心理学的发展。

2. 发展认知神经科学

发展认知神经科学是发展心理学与脑科学交叉的学科，希望通过采用脑科学的相关研究技术来全面探究个体心理发生发展的规律，了解毕生发展中先天基因和后天环境之间的相互关系。目前发展认知神经科学也已经取得了不少重要成果，例如详细探究了人脑在毕生发展历程的四个时期中的功能发展变化模式及其脑结构基础，绘制人脑毕生发展轨线和建立常模等。发展认知神经科学的诞生，利于研究者更好地揭示心脑关联的内在机制，为促进个体更好地发展提供实证依据。

发展心理学虽说诞生不久，而且在很长的一段时间里，儿童心理学始终占据着发展心理学的主流位置，但这并不影响发展心理学的不断更新。近年来发展心理学更是以惊人的速度蔓延至整个心理学界，研究的对象从儿童中的婴幼儿时期一步步扩大到青春期、成年期、生命全程，研究的技术也变得愈加丰富，从单个个体的简单生活记录，发展到心理测验、常规的实验室研究，再到脑机制的探索。相信随着时代的变迁和科学技术的革新，发展心理学理论体系也随着理论假设的推进而变得愈加完善。

第三节　社会心理学理论假设的发展

纵观人类悠久的发展进程，人们早在两千多年前便开始对自身所表现出的多种多样的社会心理和社会行为进行探索，也就是如今我们所称的"社会心理学"的研究范畴，然而社会心理学的建立，至今也不过百年的时间。社会心理学作为一门应用性很强的学科，在人们的生活中处处可见。本节将对社会心理学的理论假设的发展进行梳理，以期更好地了解社会心理学的理论发展脉络，进而开辟新的社会心理学研究视角。

社会心理学作为一门介于心理学与社会学之间独立的边缘学科，虽然学者们对其建立的具体时间一直无法得到统一的结论，但总体而言，社会心理学的诞生与发展可以简单分为孕育期、形成期、确立期、发展期以及自我批判期。

一、社会心理学的孕育期

与众多学科一样，社会心理学也是在西欧思辨哲学的孕育中逐渐建立起来的，其哲学渊源主要包括两大方面。第一，古希腊著名哲学家苏格拉底（Sorates）与柏拉图指出人性的形成一方面受到生物遗传的影响，另一方面也受到个体所处的环境和教育的影响。其中，苏格拉底认为询问者通过使用"辩证法"，可以帮助其更好地明白并遵循真理。柏拉图在《理想国》中阐述了通过调控教育与政治制度可以使儿童得到适当的塑造，进而建立一个理想的国家。第二，与苏格拉底、柏拉图不同的是，亚里士多德认为社会的发展源于人性，而人性受到生物或本能的力量所支配。美国早期社会心理学家奥尔波特认为柏拉图和亚里士多德都是"在哲学知识内部建立了社会心理学的主题思想"。

在这一时期中，由于社会心理学并没有形成，因此，并没有学者对社会心理学进行专门的探讨，大多数研究都是围绕人性开展的。

二、社会心理学的形成期

社会心理学的形成并非是偶然事件，而是依赖于当时的社会发展的需要、一系列重大事件的推动以及一定的理论和研究基础。

首先，在18世纪下半叶和19世纪初，资本主义的经济变革引发了一系列的社会问题，为了缓解这些问题，人们开始对当时的人口、死亡率、家庭收入、生活状况以及犯罪类型等进行调查，这是社会心理学研究的雏形。

其次，各国学者的不懈努力也在推动着社会心理学的形成。1895年，来自德国的拉扎勒斯（Lazarus）和斯坦达尔（Standar）创办了名为《民族心理学和语言学》的杂志并发表了"民族心理学序言"一文，标志着社会心理学步入了社会经验论阶段。1875年，来自德国的学者舍夫勒（Scheffler）首次在现代意义上使用了"社会心理学"一词。随后在 1894 年，斯莫尔（Smol）和文森特（Vincent）在美国率先使用了"社会心理学"一词，还将"社会心理学"作为《社会研究导论》一书的主要章节。1897 年，美国学者鲍德温（Baldwin）把"一种社会心理学研究"作为《心理发展的社会和伦理解释》一书的副题，该书阐述了个人是个体化了的社会我，是社会的一部分，也是社会的结果。同年，普利特（Pret）在《美国心理学杂志》上首次发表了关于社会心理学的实验报告，因此，1897 年被业内称为美国社会心理学的诞生之年。1898 年，法国学者塔尔德（Tuld）撰写了《社会心理学研究》一书，指出可以用模仿来解释个体的社会行为。随后在 1908 年，英国心理学家麦独孤（McDougall）和美国社会学家罗斯（Ross）分别从心理学与社会学的角度撰写了第一本《社会心理学》教科书，标志着社会心理学成功地从心理学和社会学中脱离出来，成为一门独立的学科。

最后，任何一门学科的建立都离不开理论与研究的基础，社会心理学也一样，其理论与研究的基础主要包括德国的民族心理学、法国的群众心理学和英国的本能心理学。

（1）德国的民族心理学

德国哲学家黑格尔早在 1807 年便提到独立于个体精神的绝对精神，开辟了民族心理研究的先河。随后冯特在此基础上进行探索，用了近 20 年的时间撰写了《民族心理学》一书，冯特在书中提到把人群和兽群区别开来的一个标准是原始人的语言，对巫术和魔鬼的信仰构成了原始人的风俗，更重要的是他认为民族心理学既是一种高级的心理过程，也是一种社会心理现象。虽然这十卷的《民族心理学》对世人的影响远不及冯特的实验心理学，但不得不承认冯特的《民族心理学》是一部里程碑式的著作，对社会心理学有着重大的影响。

（2）法国的群众心理学

在法国的群众心理学中，促使社会心理学形成的代表人物主要是塔尔德、杜克海姆和古斯塔夫（Gustaf）。塔尔德认为个体的模仿不仅是犯罪的根本规律，还可以用来解释所有的社会现象。而杜克海姆认为集体意识不是简单地将个体意识相加，集体意识应该大于并决定个体意识。古斯塔夫既是一名政治活动家，也是一名科普作家，他认为群众的思想可以分为两类：一类是传承积淀所致的思想，这一类型的思想难以改变；另一类是由传染、暗示和煽动所导致的临时思想，这些思想同样可以通过传染、暗示和煽动而改变。美国社会学家罗斯基于杜克海姆和古斯塔夫的思想理论，经过一定的传承与发展后，他撰写了《社会心理学》一书，对当时众多的社会学家关于社会心理学的理论进行了系统的阐述。

（3）英国的本能心理学

麦独孤基于达尔文进化论的思想，开始对个体行为的动力问题进行探索。他指出本能作为一种先天的或遗传的倾向，既是一切思想和行为的动力，也是民族性格形成和发展的基础，而对于人类而言，本能又伴随着相应的情绪和后天形成的情操，情操可控制个体的本能和情绪。麦独孤所提出的本能主要包括求食、拒绝、求新、逃避、斗争、性及生殖、母爱、合群、支配、服从、创造、建设等。

这一时期的社会心理学已经初见雏形，越来越多的学者开始在社会心理学的研究范畴内进行探讨，社会心理学的理论假设已经从简单地探讨人性的来源转变成探讨个体与社会的关系，人口统计等方式的社会调查为社会心理学进行研究提供了一定的途径，但由于此时的社会心理学仍未完全摆脱哲学的思辨和抽象的性质，社会心理学的研究更多是描述性的定性研究，应用性不强。

三、社会心理学的确立期

20世纪20年代，奥尔波特开创性地使用实验对个体的社会心理学的许多领域进行独特性研究，包括社会态度、群体影响、习俗行为等，并于1924年以自己多年的实验成果为基础，撰写并出版了《社会心理学》一书，标志着以实验分析为基础的社会心理学从此得以确立。人们也把20世纪20～30年代称为社会心理学的确立时期。

由于社会心理学是独立于心理学与社会学的边缘学科，从确立开始便形成了两种不同的研究取向：一是以心理学为取向的社会心理学，着重探讨社会情境中的个体心理变量，如需要、认知和学习等对社会心理、行为的影响机制；二是以社会学为取向的社会心理学，着重探讨各种社会因素，例如角色、互动、群体等对社会心理、行为的影响机制。

在心理学取向方面，许多不同的心理学流派都尝试着对社会心理学的理论构建做出构想，其中影响较大的主要是精神分析理论、社会学习理论、社会认知理论及符号互动理论等。

1. 精神分析理论

精神分析学派的代表人物是来自奥地利的弗洛伊德，在研究初期，他以精神分析学为主，注重对人精神世界中潜意识部分的分析，人的一切心理与行为活动是由潜意识中的本能所决定的。后来，弗洛伊德借助文化人类学的资料开始涉足社会心理学，标志是其在1913年出版的《图腾与禁忌》一书，他认为包括社会心理在内的一切社会现象的起源都可以用"俄狄浦斯情结"来解释。针对社会群体心理的分析，弗洛伊德认为集群心理只有粗俗的情绪和粗糙的情感，易受他人操纵，因此，群体是一种具有易受感染、模仿、暗示的人群组合。同时，他还认为以性为目的的"力比多"在人类群体中进一步得到转化，形成"爱"，这是每一个个体受到群体的影响而产生心理变化的实质。

与弗洛伊德的本能论不同的是，荣格、阿德勒、霍妮（Horney）以及弗洛姆（Fromm）等人对社会心理学的理论又有了不一样的看法。例如，荣格提出了"集体无意识"，以代表每一个个体从出生开始就一直保留着历代祖先积累下来的知识与传统。阿德勒则认为个体的行为表现并不是取决于其过去经历，而是取决于个体身处的社会环境，个体一生下来便具有一定的自卑感，为了克服自卑感，个体将会用一生的时间不断地去追求超越。霍妮则认为文化是神经症的真正渊源，十分强调社会和环境因素在个体人格形成过程中的重要作用，指出社会制度是产生焦虑和神经病症的原因之一。弗洛姆则提出了社会潜意识学说，他认为社会潜意识是被社会意识所压抑的部分，是不被社会所普遍接受与允许的个体的欲望和要求。新精神分析学派强调自我的独立性和自主性，认为自我是负责社会心理学发展和社会发展的一种独立的、理性的指导系统，同时也提倡要重视社会环境对人类心理的影响，文化因素对人格的形成具有决定性的作用（郑雪等，2004）。新精神分析学派理论的提出促使传统的精神分析理论从严格的生物学观点走向社会文化的观点，拓宽了社会心理学的研究领域。

2. 社会学习理论

社会学习理论主要是从学习的角度探讨人类社会行为形成的机制，代表人物是班杜拉（Bandura）、多拉德（Dollard）和米勒等人。其中，班杜拉提出了"交互决定论"来解释人们的社会行为，他认为行为、人的因素、环境因素实际上是作为相互连接、相互作用的决定因素产生作用的。具体来说，环境是决定行为的潜在因素，人和环境交互决定行为，而行为则是三者交互的相互作用。

20世纪30年代，米勒和多拉德基于霍尔所提出的工具性条件学习论，指出个体学习行为的发生必须同时具备内驱力、线索、反应和强化四种基本因素。具体来说，只有当一个人想要得到些什么（内驱力）、注意些什么（线索）、做些什么（反应）以及获得些什么（强化）时，学习才能发生。另外，米勒和多拉德还探讨了人类的模仿学习，认为强化是儿童进行模仿学习的先决条件，而其他社会行为如从众、态度改变等也同样受到强化的影响。

社会学习理论是在行为主义的直接影响下所形成的一种社会心理学理论，十分关注个体的社会行为、学习和强化以及实验室研究等，促使社会心理学的研究方式、技术手段变得更加多元化，对丰富社会心理学的理论体系起着重要的推动作用。

3. 社会认知理论

社会认知理论是指个体的行为受到其内在的认知过程所支配，其理论渊源主要是格式塔学派和勒温（Lewin）的场论，同时也受到现代认知心理学的强力推动。

在众多社会认知理论中，传播较广的主要是社会认知的一致性理论和归因理论。社会认知的一致性理论包含海德（Hyde）的认知结构平衡理论、纽科姆（Newcomb）的认知均衡理论、奥斯古德（Osgood）的认知和谐理论以及费斯汀格（Festinger）的认知失调理论。具体来说，海德认为个体有使自己的认知系统保持平衡的倾向，一旦个体意识到自己在认识上存在不平衡和不和谐时，就会产生紧张感和焦虑感，从而促使个体的认知结构向平衡、和谐的方向靠近，但海德的认知结构平衡理论总体来说还是过于简单，只交待了关系的方向性，却没有进一步阐明关系的程度。针对人类行为及其相互间的活动规律，纽科姆提出了"A-B-X"理论，A 和 B 分别指的是两个相对独立但又相互联系的相关者，X 是指两个相关者的共同关注点。他认为如果沟通双方能够存在较为友好的人际关系，并且对同一事物也持有一致或相近的观点或看法，两者就处于平衡状态，将会感到舒适和放松，沟通的有效率也会得到一定的提高。但当个体处于不平衡状态时，则会感到紧张，与此同时还会产生一种力求恢复平衡的力量。奥斯古德的认知和谐理论主要由认知者、认知对方及认知对象三个认知要素构成，如果认知者与认知对方对于同一认知对象的评价尺度值都是一致的，那么两人处于认知平衡状态；如果不一致，则两人处于认知不平衡状态。费斯汀格的认知失调理论指出每个人的心理空间或认知结构都是由各种各样的认知元素构成的，人的心理空间或认知结构的状态取决于这些认知元素之间的关系，而认知失调的方式主要包括两大方面，分别是逻辑上不一致以及态度与行为间的不一致。前者如认为所有的树叶都是绿色的，当看到红色的树叶时便会出现认知失调；后者如个体不喜欢阅读，却又不得不阅读时，也会出现认知失调。认知失调的出现会导致个体心理上出现紧张的情绪状态，产生不愉悦的体验和特定的心理压力，促使个体尝试去消除认知矛盾，减少失调，重新恢复协调的状态。

社会认知的归因理论则主要包括琼斯（Jones）和戴维斯（Davis）

的相应推断理论以及凯利（Kelly）的三度归因理论。其中，琼斯和戴维斯的相应推断理论是尝试说明与寻找行为后果及其意图之间的对应关系，该理论的提出首先是建立在两大先决条件的基础上的，分别是行为者本人对于自己的行为后果有所预见以及观察者对于行为者的能力、经验有所了解。琼斯和戴维斯的相应推断理论可以帮助人们在人际交往中更准确地把握人的行为。凯利的三度归因理论认为归因是个人对环境中的事件，去觉察或推论其性质或原因的过程，这一过程包括行为者对自己或他人行为原因的推论，归因的线索主要包括区别性、一贯性和一致性三个方面。区别性针对客观刺激物，注重分析行为者是否对同类其他刺激产生相同的反应；一贯性针对刺激情境，注重分析行为者是否在任何情境和任何时候对同一刺激做出相同的反应；一致性针对人，注重分析其他人对同一刺激是否也做出与行动者相同的反应。

4. 符号互动理论

在社会学取向方面，对社会心理学影响最为深远的是米德所提出的"符号互动论"，他认为符号是社会生活的基础，人们通过各种符号进行互动，可以借助于符号理解他人的行为，也可以借此评估自己的行为对他人的影响。每个人的行动都是具有一定社会意义的，人与人之间的互动是以各种各样的符号为中介进行的，人们通过解释代表行动者行动的符号所包含的意义而做出反应，从而实现他们之间的互动。米德的"符号互动论"对萨宾（Sabin）的"社会角色"理论、海曼（Hyman）的"参照群体"理论、戈尔曼（Goleman）的"社会戏剧"理论以及勒默特（Lemot）的"社会标签"理论等理论体系的提出都有着直接的推动作用。

此外，社会学取向的社会心理学家在具体研究上也取得了不少的重大成就。例如，罗伯特·林德（Robert Linde）对社区心理和社区流动进行了大量的调查，乔治·盖洛（George Gelo）也开展了民意测验，使社会心理学的研究更加贴近社会现实。

在社会心理学的确立期，心理学取向与社会学取向的社会心理学都取得了一定的成就，研究特点与以往也存在较大的不同。总体而言，这一时期的社会心理学是从描述转向实验，从定性转向定量，从理论转向应用，从大群体转向小群体。另外，两种取向的研究方法虽不同，但都在一定程度上推动了社会心理学的研究，心理学取向的社会心理学主要采用的研究方法是实验法，同时也有学者开创了新的研究方法。例如，博加德斯（Bogardus）提出的"社会态度测量法"、勒温的"场论"等，而社会学取向的社会心理学多采用能在较大范围中使用的研究方法，包括观察法、问卷法、跨文化比较研究法等。社会心理学的研究从这一时期开始逐渐走出实验室，开启现场实验的时代，提高了社会心理学研究的应用性。

四、社会心理学的发展期

20世纪40年代至60年代中期被称为社会心理学的发展期，对这一时期的社会心理学影响巨大的事件便是第二次世界大战。战争给社会心理学家带来了思考，促使社会心理学迅猛发展，面对社会需求做出了巨大的贡献。例如，在美国参战后不久，美国心理学会便成立了12个委员会来满足战争的不同需求，其中一个名为心理学与战争的委员会便是为战时的心理学任务和战后的心理学地位制订计划；耶基斯委员会编制了著名的军队智力测量——阿尔法测验和贝塔测验，用以测量新兵的心理适应状况，以筛除不适合参军的士兵；心理学家积极研究战争中的精神卫生问题等。

在这一时期，不同心理学流派的心理学家都开展了许多社会心理学研究并取得辉煌成就，主要包括行为主义、精神分析以及认知流派三个方面。

在行为主义方面，行为主义心理学家斯金纳提出了操作性条件反射，行为主义影响的社会心理学在业内掀起一股研究热潮并影响着人们的现实生活。随后，班杜拉和米契尔（Mitchell）开创性地提出了社会学习理论，极大地丰富了社会心理学的理论体系。

在精神分析方面，虽然很多精神分析学家的研究对推动社会心理学发展的影响力不如前面的确立期，但精神分析的很多理论、原则仍旧是社会心理学研究的理论基础，如阿多尔诺（Adorno）的权威人格研究、舒兹（Schulz）的人际行为三维理论等。

在认知流派方面，海德、费斯汀格等人提出的社会认知论，极大地推动了社会心理学的发展，其两大主干——认知与归因，也是20世纪60～70年代社会心理学研究的主体部分。

在社会学取向的社会心理学方面，在确定期所提出的符号互动论经众多学者的研究与探索，衍生了一系列的社会心理学亚理论，如角色理论、群体参照理论、戏剧理论、本土方法论、标签理论等。这些亚理论认为人类社会既是沟通系统，也是人际关系系统，注重个体在社会中的交互作用过程，利于了解与解释个体的社会行为模式。另外，美国社会学家霍曼斯（Homans）所提出的社会交换理论更被公认为是一个精致的、完整的具有强解释力的现代社会学理论。

总体来说，虽然这一时期心理学取向的社会心理学的主流研究方法仍旧是实验法，但各项实验的实验设计、实验控制乃至数据分析都变得更加严谨与科学，应用更加广泛，抽样调查技术也在这一时期开始被学者提出并得以推广。在社会学取向的社会心理学方面，霍夫曼（Hoffman）引入归纳法和演绎法来阐述各种社会现象；戈夫曼（Goffman）所采用的人类经验报道和社会生活调查也同样取得巨大成就，验证了非量化研究方法的科学性。

五、社会心理学的自我批判期

20世纪60年代后期，社会心理学面临来自学科内外的强力抨击：一方面，学科内部对社会心理学实验的有效性提出了质疑；另一方面，社会心理学无法解决当下社会所发生的严重社会危机问题。面对上述质疑，社会心理学家开始重新对社会心理学特别是心理学取向的研究方法论和理论探索进行多方面的自我批判（马利红，2005）。

在心理学取向的社会心理学中，社会心理学家认为危机的出现很大程度是因为当下的社会心理学研究的方法与手段过分关注实验条件的控制，过分追求实验设计，导致社会心理学与现实社会的真实情况产生严重的脱节，在实验室中所探讨、设计的情境与现实不符，导致实验结果无法解释和解决现实问题，同时也忽略了对理论的丰富和发展。

尽管如此，心理学取向的社会心理学家仍旧在不断地努力促进社会心理学的发展，特别是社会认知学流派中的归因理论，他们不断地根据现实情况对归因理论进行扩充，促进了社会心理学的发展与传播。

在社会学取向的社会心理学中，研究者不断地尝试扩大社会学取向的社会心理学的影响力，改善心理学取向一支独大的现状。另外，结合心理学的相关领域研究，社会心理学也在尝试做出一些创新，主要包括认知社会学和情绪社会学两大方面。

总体来说，这一时期的社会心理学一直处于自我批判与发展相互促进的阶段，通过心理学取向以及社会学取向的自我批判，促使社会心理学家更为准确、迅速地看清当下社会心理学所存在的问题，并积极寻求解决途径与方法，调整了社会心理学发展的方向，为后续社会心理学的进一步发展奠定稳固的基础。

社会心理学是一门融合了心理学与社会学的学科，从其形成至今也不过一百来年的时间。社会心理学研究的对象与社会个体及其发展息息相关，促使社会心理学家始终坚持从多个角度去研究社会心理，希望丰富社会心理学的现有知识体系的同时也能够服务社会、解决社会现实存在的问题。

经过对实验心理学、发展心理学与社会心理学三个主要的心理学分支学科的理论以及形成发展脉络的梳理，不难发现，微观实体理论的演进首先都是需要建立在一定的理论基础上的，根据前人的理论衍生出作为一门独立的学科所需要的根本理论，前人的理论就像是给独立学科的衍生与发展所种下的种子，经过外界现实世界的滋养而不断生根发芽并茁壮成长。然而一门学科要想保持长期的发展，就必须不断地注入新鲜的血液，更新理论体系，这就促使微观实体理论不断壮大，研究对象不断扩大。最后，理论的发展与丰富往往都是需要实实在在的研究方法、技术所推动的，随着社会的发展，心理学研究的方法、技术手段也在不断更新，技术的进步与方法的更新极大地扩大了学科的研究范畴，丰富了学科的理论体系。

第七章 理论心理学的发展趋势

1879年，德国学者冯特受自然科学的影响，在莱比锡大学建立第一个心理实验室，心理学凭借实验方法脱离思辨性哲学开始成为一门独立的学科，实证主义随之成为心理学研究的主流，长期影响着心理学的发展方向。实证主义对心理学的影响主要体现在两条原则上：一是"经验证实原则"，即一切知识来源于经验，只有可以被直接经验观察或被实验证明的概念和理论才是科学的、有意义的；二是"客观主义原则"，即主张纯客观的方法，把主体和客体明确地区分开来，在认识过程中要把情感等主体因素排除在外。换言之，主体的概念和理论与外在的客体必须具备一一对应的条件，否则这些概念和理论就是非科学的。实证主义这两条原则给理论心理学的发展造成了致命性的打击，因为理论心理学是从非经验的角度来探讨心理学的问题的，既不可能满足经验证实原则，也不可能具有客观主义的精神，它只能是对理论的一种探索（叶浩生，1998b）。因而，理论研究成为"非科学"的领域，理论心理学长期处于学科发展的边缘地带。

实证主义的大行其道并没有让心理学朝着更好的方向发展，因为践行实证主义的心理学家只顾着埋头做实验，认为实验就是心理学的全部，把人类的心理看成是机器的延续，试图单纯用数字来对人类的行为、心理进行预测和解释，传统心理学的科学性遭到了质疑，逐步陷入困境。随着时代的发展，加上实证主义的日益衰落和人文科学精神的迅速崛起，西方心理学强烈呼唤理论心理学的发展，要求大力发展理论心理学，以理论指导实证研究，对实证研究的结果进行解释（苟雅宏，2004）。理论心理学的地位得到承认和巩固，出现了繁荣和复兴的景象。

西方心理学的权威刊物《美国心理学家》(American Psychologist)上的一篇文章指出,理论心理学以其重要的方式成为一门富有活力和发展前途的分支学科,在过去几十年中,理论心理学工作已取得了显著的、持续的进步,这些工作大多数已经成为学科发展的主流(霍涌泉、梁三才,2004)。

可见,理论心理学有着广泛的发展前景和巨大的发展潜力,有学者甚至认为,21世纪将会是理论心理学的主场。探讨理论心理学的发展趋势及其在相关领域所取得的一些重要成果,可以为理论心理学研究的进一步繁荣提供一些方向,同时对促进心理学指导思想的进步和发展也有积极的意义。理论心理学的发展趋势可以大致总结为实体理论的整合研究、后基础论运动取向、研究方法的突破以及跨文化心理学理论研究四个方面的内容。

第一节 注重实体理论的整合分析

一、以元理论研究为发展重点的局限

元理论在理论心理学中扮演着核心的角色,是体现理论心理学学科特色的关键所在。所以,理论心理学的发展重心曾长期放在元理论研究上面,近年来国内诸多学者也提出要加强对心理学元理论的研究,希望通过这样的努力来实现"建构统一的元理论"这个长远目标,创造出"大心理学观"(霍涌泉、梁三才,2004)。尽管将元理论研究作为发展重点符合其核心地位,但也存在着一些问题。

在侧重发展元理论研究时容易忽略元理论的实践内容,可能造成形而上学的元理论,这样一来单单依靠理论思维对心理学进行研究和推断,或者发明许多抽象的命题却不说明使结论成立的具体条件范围,可能会使得理论研究缺乏科学生命力。科学理论来源于人们的现实经验,自然也要通过具体的使用范围和条件进行应用,如果仅仅停留在本质和基础层面的话，理论的科学性会受到一定程度的质疑，"探讨理论和模式假设的应用问题"是今后理论心理学的研究任务之一。其次，元理论整体性、概括性的研究对现阶段心理学现实的参考作用微弱，元理论一方面作为理论发展的前奏，其研究理论是为了产生新的理论；另一方面作为中心观点的来源，研究目的是为了产生一种大多数或者全部学科理论之中心的核心观点，即"理论应该是什么"这一类结构问题，但这类问题已经不是当前理论心理学所急需和关心的。国际理论心理学编辑委员会的专家在"关于新千年开始之际心理学理论的本质思考"的撰写中指出，应该放松理论心理学对于"什么是理论以及理论能干什么"的概念限定，哪些整体性研究应该被拒绝才是心理学理论中最为迫切的问题（霍涌泉、安伯欣，2002）。

另外，理论心理学以元理论为主的发展重点与现阶段的发展要求不相符合，建构统一的元理论是理论心理学的长期目标和最终的发展宗旨，这个目标的实现并不是一蹴而就的，需要过程的积累。而现阶段处于理论心理学的初中期阶段，过分注重元理论的发展和元理论的堆积并不是适宜的方法和实现最终目标的捷径。还有一点就是元理论研究多使用抽象和思辨的方法，理论研究过程中的高度抽象和倾向于一般性理论的概况可能会加深人们对理论心理学所谓的"空泛"误解。

当前心理科学正处于一个充满中度水平理论的学科体系之中，例如知觉与认知、发现与偏离、历史与后现代主义等等，所以对心理学相关问题的探索并不意味着一定使用一般抽象性的术语和对元理论的重新创造。

二、发展重点的转变：实体理论的整合分析

西方理论心理学存在一个明显的发展趋势，即将发展重点从注重元理论研究转变为实体理论的整合分析。近年来西方理论心理学对于实体理论的整合性研究内容主要集中于12个主题：①认知、知觉和符号学；②方法学、假设检验、数学模型；③临床心理学和心理病理学、精神病

学和疾病的研究；④心理学的哲学；⑤社会心理学与发展心理学；⑥女权主义、性别社会实体；⑦社会建构主义与推论的心理学；⑧历史研究或涉及编史工作的研究；⑨批判性理论与心理学的社会性评论；⑩精神分析与新精神分析；⑪解释学和现象学；⑫后现代主义和解构主义（霍涌泉、梁三才，2004）。

为什么理论心理学的发展重点会发生这样的变化趋势？或者说以实体理论的整合分析作为理论心理学的发展重点有哪些必要性？以下将围绕这个问题进行探讨。

1. 当前心理学理论水平的现状与研究转向

现阶段很多心理学理论仍属于实体理论的范畴，所以首先要做的工作是对诸多实体理论的成果进行整合，这也能够为长期的学科发展目标，即元理论的统一，做好科学理论方面的准备，符合理论心理学现阶段发展目标的要求。一个理论可能不会穷尽所有真理，但随着理论的发展、深化及同类理论的不断增加，基于经验的理论最终一定能无限地切近真实（叶浩生、杨文登，2012），而加强对实体理论的整合分析本身就是一种积累。其次，在理论心理学的发展过程中发生了研究方向的转变，其研究开始转向对具体小范围问题的思考上，转向实际问题以及心理学怎样才能了解到这种差别的理论整合性学术探讨，转向心理学学科发展的内部研究问题和心理学适应社会而形成的外部研究问题上（罗新红，2005）。而实体理论与元理论的不同之处就在于，它并不是以心理现象或心理科学的整体作为研究对象，而是研究一些特殊的和具体的心理现象或问题。因此，对具体实体理论的整合工作迎合了心理学理论研究方向的转变。

2. 难以找到一种统一的实体理论

在科学发展的一定时期内，如果一个理论没有在总体上优于其他理论时，多种理论在学科中共存是一个普遍的规律。对心理学科而言，其研究对象的具体性、研究过程的复杂性以及现阶段研究水平的局限性，想要在众多实体理论中找到一个具有优先性且居于统治地位的理论是困难的，加上对心理学理论的评价往往具有延时性，这就要求对心理学众多实体理论成果进行整合分析。况且心理学从来就不是一门纯而又纯的学科，从哲学中独立出来的心理学一直就是哲学、生物学、物理学等多门学科的"组合"（唐日新，2002）。而实体理论是理论心理学与其他分支学科共同研究的交叉领域（叶浩生、杨文登，2012），对实体理论的整合探讨可以拓展心理学的研究领域，提高心理学理论的生命力。

3. 实体理论体系内部完整性、一致性的要求

实体理论包括意识心理特性理论（包含研究意识起源与特征、身心关系、遗传与环境的关系、自由意志与决定论、意识或心理的结构等问题）和具体的心理过程理论两个部分的内容，其中第二个部分的理论存在一个明显的缺陷，就是理论与理论之间缺乏一致性，难以构成完整的理论体系（叶浩生，1998b）。一方面，只有专门的心理学科才能够对身心关系、心理过程间的关系、心理过程与个性心理之间的关系等问题进行总结性、规律性的把握，而这些问题恰好是实体理论整合研究正在做的工作；另一方面，加强实体理论整合研究能够帮助心理学家更好地去完成相关具体理论的归类工作，在一定程度上弥补具体理论自身的不足，推动实体理论体系的统一与完整。

4. 心理学科自身发展的需要

恩格斯指出："经验自然科学积累了如此庞大的实证的知识材料，以致在每一个研究领域中有系统地和依据材料的内在联系把这些材料悉心整理的必要，就成为不可避免的。建立知识领域相互间的正确联系，也同样成为不可避免的"（马克思、恩格斯，1971）。在这里，恩格斯不仅指出了系统整理材料的重要性，还指出了建立知识间的联系、知识的整合对形成系统理论的意义。斯塔茨（Staats）给出了类似的观点，"现在，由于（心理学）知识的洪流淹没了这一领域以及知识的混乱不堪，如不加以组织，科学的成果依然停留在不一致、竞争、不相关和无意义

状态"(李炳全,2002)。如今众多的实体理论成果正是庞大的知识材料,因此,注重实体理论的整合分析,建立理论间的良好联系,对于心理学科的发展尤为重要。

第二节 后基础论运动的兴起

一、后基础论运动产生的背景

由于心理现象具有复杂性、多水平、多层次、多样性等特征,没有一种统一的研究范式可以解释心理层面的一切内容,因此,心理学家们不得不承认心理学处于分裂状态。心理学的课题研究、指导思想和方法自始至终呈分裂状态,在西方心理学的发展过程中就一直存在心理学的学科性质、研究任务、研究方法及科学观、世界观等问题的争论,这种争论包含了心理学的方方面面,贯穿心理学发展的全过程。当代心理学的分裂主要表现在理论体系的破裂、研究方法的分裂、基础研究与应用研究的对立、学科的恶性分化四个方面(叶浩生,2011a)。心理学分裂的结果是巨大的日益增加的多样化,即出现许多方法、发现、问题、理论、语言、分裂的项目和哲学观点,这将使心理学的科学性受到影响,面临着科学危机的新困境,正如美国心理学家黎黑所言,"心理学似乎成了一门永远都存在危机的科学"(韩立敏,2001)。

从一种科学危机走向另一种科学危机,是当代心理学面临的新困境。为了在中等范围的理论中找寻心理学的发展支撑点和心理学领域共同的理论基础,西方理论心理学家们试图在心理学无穷无尽的分裂、分化和不断寻求整合的过程中,对心理学的方法论、认识论及本体论等基础问题进行重新解释和说明,即产生了"后基础论"运动。

二、发展新取向:后基础论运动的新潮流

"后基础论"运动趋势日益高涨,引领了当前西方理论心理学发展

的新取向,这是理论心理学另一个重要的发展变化特点。该研究运动的主要代表势力包括社会建构主义、解释学、女权运动和后认知主义。

1. 社会建构主义对现代心理学的重建

社会建构主义的观点最为突出,它始于20世纪80年代中期,由美国社会心理学家格根所倡导,是西方心理学中后现代主义取向的主要理论建构。社会建构论在对现代心理学的认识论和方法论等基础领域的批判方面成果颇丰,它实际上是一种新的认识论,是科学研究的元理论或元话语。格根从批判心理学的元理论入手,试图瓦解传统心理学的基石,全面挑战现代心理学的传统解释,那些早已不满传统观点的心理学家纷纷从各自的研究领域积极响应,从而在心理学研究中逐渐形成一种新取向(易芳、郭本禹,2003),兴起了一场新的"理论革命"。

在认识论方面,社会建构主义者提出了社会认识论这一新的认识方式,认为心理现象并非"实在",心理学的概念、理论乃至心理学本身都是社会建构的结果,这样就颠覆了传统的本体论基础,意思是说如果我们没有对实在进行建构的话,那么它就不是我们认识的样子或者说它根本是不存在的。同时也产生了一个问题,是否存在一个独立于社会建构之外的实在呢?对于这一难题,社会建构论试图回避本体论的回答。格根认为世界就是世界,一旦我们尝试去表达存在的东西,就已经开始进入建构的过程了。其他的社会建构论者也指出,实在是社会的建构并不是说独立于我们而存在的客观世界是被我们建构出来的。伯格和拉克曼在《实在的社会建构》一书中大胆地宣称,实在是在社会互动中创造出来的,但是立即补充说他们所说的实在和通常使用的术语含义是不一样的,在社会建构主义者看来实在仅仅被视为对于这个世界的信念,即对实在的知觉而并非其本身。因此,社会建构论在本体论上并没有陷入虚无主义,强调有关实在的认识和信念是社会建构的产物(叶浩生,2008)。

社会建构论主张,语言不是反映现实的工具,而是建构世界的活动形式。每一种知识的生成都是人在社会交往中,用特定文化历史背景下的语言，结合自己已有的知识经验和理论观点积极建构的结果。也就是说，知识并非经验归纳的产物，而是人们为了方便而建构出来的，大多数人都认为它是对的，那么它即是真理，这表达了对传统经验心理学知识积累观和绝对真理观的不满。另外，社会建构主义指出知识和观念的建构产生于人际交往之中，建构于受特定文化制约的话语实践，"我们用于理解世界和我们自身的那些术语及形式都是一些人为的社会加工品，植根于特定文化历史条件下的人际交往"（麻彦坤，2006），知识是人际互动、社会协商的结果，动摇了传统心理学实证方法的基础。

在方法论方面，社会建构主义者认为心理学最基本的方法是话语分析法，其精确性并不逊色于自然科学。知识的建构过程是通过语言实现的，因此，语言规则是科学事实产生的语言前结构。一些学者总结认为，社会建构主义建立其社会认识论元理论的原则之一是话语知识论原则，话语成为人们理解和把握世界的基本方法与方式（霍涌泉，2004），且建构主义持的是"相对主义"的观点，认为"事实"是多元的，而不是单一的，会随着情境、地域、历史以及个人经验的不同而有所差异，而头脑对于外界存在的认识是通过建构产生的，不是单纯对现实世界的表征。从这个层面来看，话语分析的意义十分重要。话语分析研究者可以通过话语分析来验证人们是如何通过话语这一媒介来建构他们所生存的世界以及从这种建构的过程中获得了什么（谢蒙蒙、麻彦坤，2016）。与话语分析相关的方法还有访谈法、叙述—写作法、介入观察、协商理解、争论研究等，这些方法也被建构论者加以使用。在这里还要特别提到一种方法：Q方法（Q methodology），它与强调客观性的科学主义心理学常用的R方法（R methodology）相反，强调在对人的行为分析中要考虑到主观性的问题并使用科学的方法进行测量。虽然目前使用Q方法的社会建构者数量不多，但它提倡用科学方法来对社会建构物进行测量，这有利于促进社会建构论与现代心理学的融合，并减少社会建构论由于过度批评现代心理学而带来的谬误。

总的来说，社会建构主义解构了传统心理学的基石，既为重新理解和审视固有研究模式、理论体系提供了一个基点，又拓展了人类价值这个新的研究领域。

2. 解释学转向背景下心理学的变革

"解释学转向"（interpretive turn），把分析和解读统一起来，通过语言理解、经验分析与解释实践相互融合，使解释学能更好地对实践进行解释，它反映了重新建立心理现象解释的内部要求。伴随着解释学转向运动的深入开展，心理学能更好地发现在本学科领域内存在哪些理论盲点和死角，审视自身存在的局限与不足，从而产生一些变革，这些转变对心理学自身发展以及解决主流心理学面临的难题具有积极意义。

解释学转向背景下心理学产生的变革主要有以下三个方面。

一是从本质论到建构论的转变。建构论心理学重视对片段的描述和理解，因为心理生活的全部内容都是由这些真实的场景及片段组成的，建构论体现出来的理解性、现实性和情景性也是心理学解释学的主要特征，因此，从本质论到建构论的转变是心理学的解释学转向最显著的表现。

二是从以方法为中心转变为以问题为中心。主流心理学视"客观方法"为唯一，导致心理学研究长期关注的不是所研究的问题，而是所采用的研究方法是否客观，并排斥其他方法的有效性，使现代心理学在方法论上陷入"唯科学主义"的泥潭。心理学的解释学转向主张以问题为中心的原则，拒绝方法的唯一性，根据实际情况选择研究方法，打破以往"方法至上"的局面，做到具体问题具体分析。

三是从价值无涉到价值关涉的转变。主流心理学追求心理学研究中价值无涉（value-free）或价值中立（value-neutral），也就是说心理学研究要具有客观性，这样就可以得到"没有污染"的结论，同时要求心理学研究者在研究过程中尽量不带入个人的感情色彩和价值观。解释学转向打破了价值无涉的原则，渐渐形成了价值关涉（value-laden）的立场，认为心理学研究与研究者所处的社会价值取向和意识形态有着密切的联系，心理学不可能完全脱离社会价值文化观念而进行所谓的"纯"客观研究（周宁、刘将，2008）。而且，心理学研究也在一定程度上反映了心理学家本人的意识形态、兴趣和价值偏好，价值中立是不存在的。解释学转向瓦解了不合乎现实的"中立"原则，促进了事实与价值的结合，有助于心理学在现实社会文化生活中的应用。

首先，解释学转向推动了心理学理论多层次、多方位的变革，其中最根本的是方法论的变革。心理学的"方法论危机"得到一定程度的缓解。其次，解释学还促使心理学把目光投向更加丰富多彩的生活世界，拓宽了心理学研究的视野，并且解释学也能够在心理学面临各种困境和危机的时候为其提供一个"解释性"的策略后盾。

3. 女权主义运动浪潮

女性主义心理学（feminist psychology）是在20世纪六七十年代西方女性主义运动中发展起来的一个心理学分支，它以女性主义的态度和立场重新剖析了主流心理学的科学观与方法论，揭示了主流心理学对女性经验的排挤与曲解。

当代西方女性主义心理学对心理学方法论的重构有着重要的指导意义，具体表现为以下三点。

一是女性主义心理学对客观性神话和价值无涉的批评，推动心理学对历史文化价值的关注，使心理学成为一门价值关涉的学科。女性主义心理学家认为，科学是一项人类的活动，完全客观和价值中立是不可能存在的，研究过程难免会受到研究者价值和信仰等方面的影响，因此，她们重视社会文化情境，考虑社会阶层、社会性别和种族等对人类行为的影响。女性主义心理学家文德亚（Vindhya）指出："女性主义观点对心理学的一个主要贡献就是对人类行为普适性的质疑，它使我们关注历史与文化因素对社会性别建构的复杂交互影响"（郭爱妹、叶浩生，2003）。

二是动摇了主流心理学的男性中心主义霸权，将女性经验和女性纳入心理学领域的合法研究范畴。主流心理学忽视了女性和女性经验的存在，过分注重男性所关注的课题，并且在进行心理现象的相关研究时总是站在男性的立场去考虑，从主流男性群体的利益出发。在女性主义心理学家眼中，主流心理学是一种男性中心主义的"无女性心理学"（womanless psychology）：首先，轻视女性和女性经验的重要性，认为其不具有代表性，所以不能成为心理学的研究对象；其次，从男性经验出发来给心理学的概念下定义；最后，主流心理学界很少肯定和承认女性心理学家的学术成果，使她们成为边缘化的群体。这种"无女性"的心理学受到了女性主义心理学家的强烈批判。女性主义心理学认为男女之间存在一种后天形成的"社会性别"，这个概念是女性受社会压迫和轻视的原因，因此，要将社会性别纳入心理学的研究之中，让女性经验成为心理学的研究范畴。

三是方法论的兼容性，主张多种研究方法的使用。女性主义心理学在批判主流心理学的同时并没有否认实验方法。采取包括实验法在内的多种研究方法有利于了解女性复杂的生活现实，但在使用这些方法的时候，要求研究者必须对各种研究方法的价值假设、优缺点有所认识和了解。只要研究者能够在研究过程中遵从如下两个原则：一是观点主张和研究结论不是完全价值中立的；二是社会性别意义的来源受社会历史等因素的影响，那么，所有方法都可以为女性主义心理学所采用。正是女性心理学家对研究方法多样性的包容和提倡，才让现代主流心理学在研究方法多样化有助于提高研究结果效度这一点上达成了共识。

总的来说，女性主义心理学批判并重新建构了西方主流心理学的方法论、认识论，在西方心理学界具有特殊的意义和价值，是心理学理论研究逐步走向成熟的体现。

4. 认知心理学的后认知主义革命

以往的认知主义心理学多以信息加工的模式来研究人的认知过程，集中研究认知导致心理学研究范围萎缩等局限性逐渐凸显，人们开始对认知主义产生怀疑，引发了各领域学者对认知主义的反思。越来越多的研究者意识到，计算机终究不是人，用计算机功能来和人进行类比的认知实验室研究取向存在"外部效度"不足的问题，忽略了文化、知觉和记忆等方面的现实差异。1990年之后，受认知语言学、文化学、人工智能等学科领域的影响,各种新颖的研究思路开始出现,后认知主义逐渐发展形成。后认知心理学在发展过程中主要有生态心理学(ecological psychology)、话语心理学(discursive psychology)和具身认知(embodied cognition)三种取向,它们从心理学科的方法论和认识论方面分别提出了各自的观点。

生态心理学倾向于研究那些处在生态环境下具有功能性的心理现象,它从个体和社会环境的相互作用这个崭新的角度对心理的发展趋势进行探讨。在方法论方面,生态心理学以解释和预测为主,同时强调生态效度和自然主义,以人和环境的交互关系为媒介来发现行为和心理现象的规律。在主流心理学面临困境时,生态心理学逐渐走入人们的视野,生态心理学所强调的生态效度成为当代心理学研究设计过程中的重要参考标准。

话语心理学是聚焦心理主题的一种话语分析的形式,它认为心理存在于社会、文化和人际交往的复杂语境之中,是一门具有话语转向特征的"新"认知心理学。关于认识论,话语心理学认为知识的本质是人们在话语过程中使自己具有取向性的方式,比如事件被描述的方式等。话语心理学较为关注言谈和书写的行动取向。话语心理学主张在勾画心理学主题的时候要考虑到话语、主体性和立场等因素,因为心理现象真实地存在于这些方方面面之中。

具身认知也译作"涉身认知",其中心含义是指身体在认知过程中发挥着关键作用,认知是通过身体的体验及其活动方式而形成的,身体参与甚至决定了人的认知(杨文登,2012)。在方法论层面,具身认知提高了认知心理研究的生态效度。它提出认知的本质是活的身体在实时环境中的活动,强调其情境性、具身性和动力性,同时将实验法和自然法结合起来,要求研究情景必须是自然的,把人为性较强的实验控制应用于自然环境中,保证了研究结果的可靠性和生态性。在研究对象方面,具身认知拓宽了心理研究的道路,社会心理学家通过设计一些和生活息息相关的实验来证实身体对社会认知的影响机制,如让被试手持不同温度的水杯来证明身体温度感觉对人格印象的影响,对相关问题的探讨有助于验证人类的触觉经验是如何以"特定的维度和隐喻的方式去影响高级社会认知过程的"(薛灿灿、叶浩生，2011)。

总的来看，后认知主义的兴盛，不仅推动了心理学理论研究的实证化进程，还使心理学关于认知方面的研究路线从最初的控制条件转向自然条件下的研究。后认知主义心理学家在探索的过程中，从历史和文化等人文心理学的角度来探究人类行为的机制，在科学心理学与人文心理学从对立走向整合的过程中起着不可忽视的推动作用。

第三节 研究方法的突破是理论心理学发展的新亮点

理论心理学方法论研究的日益深入发展，对于克服心理学理论研究的虚弱化痼疾问题具有实质性的方法论意义，研究方法的不确定性是多年来制约心理学理论研究的一大"瓶颈"。虽然心理学的研究从一开始就免不了同理论打交道，但理论心理学分支学科的发展还是落后于心理学的其他领域，其中一个重要原因是缺少具体的研究方法程序。值得我们关注的是，近年来理论心理学研究在方法领域做出了许多积极的探索，不仅取得了"价值理性"方面的积极进展，而且在"工具理性"领域也有了明显的突破(霍涌泉、魏萍，2010)。

一、话语分析在理论心理学上的应用

话语分析(discourse analysis)是一种探讨不同场景下话语的组织方式及话语互动过程和结果的研究立场。话语分析在国外很早就已经被广泛地运用在了认知心理学、社会心理学和心理治疗方面，且在各个心理学分支上发挥了实践作用。有学者总结了国外将话的语分析的方法应用于实际课题如犯罪研究、精神病治疗的研究。例如，米德尔顿(Middleton)运用话语分析，通过对一组照顾慢性肾病孩子的父母的谈话来

验证共同体验是怎样建构的。可见，话语分析拥有相当大的实用潜力和应用价值（朱韶蓁、张进辅，2006）。

既然话语分析具有如此实用的潜力和价值，那么，作为一种研究方法，它是如何促进理论心理学的发展呢？学者陈玉娟（2006）提到了以下四点。

1. 重构心理的本质

一直以来，人们都认为心理的本质是人脑对客观事物的反映，但是对于话语分析者来说，人的心理是话语建构的产物。人在建构心理的过程中，内在的主体经验和外在的环境都会对人的心理产生影响，而这些影响都是通过选择一定的话语策略来体现的。在心理建构的过程中，话语发挥了主要的作用。重构心理的本质，也使得人们开始重视身体与意识的结合，同时也促进了身心一元论的发展。

2. 重构心理学的研究对象

长期以来，心理学的研究对象都是人们内在的、稳定的心理结构和心理状态。推崇话语分析方法的学者认为，心理学应该研究承载着人们自我、心理的话语（或者称为文本）。文本通常存在于各种不同的场合和不同的情景中，话语分析就是分析在不同背景下文本的真正含义。在这个意义上，话语分析重构了心理学的研究对象。

3. 重构心理学的研究目的

话语分析者认为，心理学的研究目的不再是揭示内在不变的心理规律，并把它们抽象为一套概念。事物的本质是被外界赋予的，是社会通过话语对它的建构。因此，话语分析者认为，心理学的研究目的是揭示话语如何在社会活动中生成。

4. 重构心理学的研究重点

心理学关注的不再是精确描述事物的本质，而是探讨人们建构心理的方式，以及在建构过程中哪些因素发挥了作用。

理论心理学研究的内容很大一部分是围绕着心理学的本质、研究对象、研究目的和研究重点等元理论进行讨论的，话语分析法在这几个方面的重构，为理论心理学的发展提供了新的方向。

二、Q方法在理论心理学上的应用

Q方法由英国物理学学者和心理学学者威廉·斯蒂芬森（William Stephenson）首创。作为一个研究主观性的方法，Q方法最独特的地方，是让主体直接表述他们的内在世界。Q方法的前提是人的主观性可以交流，并且总是从言及自身开始的。然而，主观性总是稍纵即逝，有时被认为是不可能被系统而精确地研究的。Q方法认为，只要对交流进行客观分析的手段在分析过程中不破坏或改变交流这种言及自身的特性，就能对主观的交流进行客观的分析和理解（周凤华、王敬尧，2006）。

自1879年冯特建立科学心理学以来，科学心理学始终追求着自然科学的客观性，心理学能够在短短的时间内取得巨大的成就，某种意义上归功于客观的研究方法。然而，随着心理学的发展，人们日益发现客观的研究方法并不能揭示人类全部的心理，复杂心理现象的研究需要多种方法。客观研究方法在某些方面限制了理论心理学的发展，Q方法作为一种另类的质化研究方法，为理论心理学的发展做出了贡献。

客观研究方法多数是使用标准化的测验和来自大样本的评定量表和心理问卷，然而，采用群体指标很可能掩盖真正有价值的个体指标，统计学中的平均数不等于大多数（M≠D），更不代表个别情况，个体特征是不依赖于群体特征而存在的（翟文杰，2011）。另外，在研究过程，研究者往往通过标准化的研究流程或者标准的评定量表，限定了被研究者的思维和认知，使得被研究者陷入了研究者的预设中。可想而知，从这样的研究结果中概括出的理论往往掺杂了研究者的预设，从一定程度上来说，客观研究方法限制了理论心理学的发展。

与客观研究方法相对应的是质化研究方法。有学者提出，Q 方法具体操作的优点之一是，与理论密切结合，适于探索性研究，有助于研究者提出和发现新的思想和假设（赵德雷、乐国安，2003）。Q 方法与客观研究方法在研究对象数量方面的不同是，它并非将大量的被试置于先前设计好的模型中，而是通过几个有代表性的被试完成大量的测试项目，并基于个体的测试结果进行评价。这样的方法能够得到大量的、深入个体心理活动的信息，并且可能了解到个体心理活动的整合性，这对于理论心理学的探索起到了关键的作用，为理论心理学重新认识人的心理活动规律提供了新的方法工具。

目前为止，Q 方法还没有得到心理学家的广泛认可，最主要的原因是人们仍然普遍认为科学是应该寻找普遍和一般的规律。除此之外，Q 方法在技术上还不算非常成熟。但是，Q 方法在心理学中的应用，为理论心理学的发展提供了一种新契机。

三、元分析在理论心理学上的应用

理论心理学研究在方法上的另一个突出成就是元分析技术的大量运用（葛鲁嘉，2011）。受到 Q 方法的启示，心理学领域近年出现元分析技术，尽管被称为一种定量方法，但具有明显的主观性倾向，它是一种对分析的分析，借助统计方法，针对同一问题的大量研究结果进行综合分析与评价，从而概括出其研究结果所反映的共同效应，即普遍性的结论。

元分析是对已有研究结果的总体分析，使用测量和统计的分析技术，对已经进行过的一些研究或实验进行定量化的总结，寻找出一组相同内容研究的结果所反映的共同效应，发现中间变量，评价主效应，理解异质获得效应。元分析的基本步骤或基本环节包括以下四个方面：对已有文献的检索与汇总；对已有研究的分类与编码；对已有结果的测定与分析；对已有评价的总结与概括（霍涌泉、安伯欣，2002）。

通过元分析操作的基本步骤，可以更充分的理解元分析是如何对分析进行分析的。对某一心理学的主题进行大量的文献收集，纳入不同文化地区的研究结果，通过科学的方法进行分析归纳，在每一个步骤中都可以很明显地感受到，这类研究为心理学各个分支都提供了新方法，为理论心理学的发展提供了新思路。元分析已成为理论心理学总结和评价研究的有效手段，被认为是研究方法方面的重要革新，为理论心理学的研究提供了一个严谨而规范的程序。

第四节　加强跨文化心理学理论研究

人类心理具有文化属性，这已经成为心理学界的共识。文化心理学的兴起就是研究文化心理差异的要求。西方心理学家认识到他们的心理学研究成果并不一定具有普适性，所以心理学研究者进行心理学研究时必须考虑到生活在不同文化、不同民族、不同社会、不同国家的人的文化背景。

一、盲目崇尚西方理论心理学的局限

众所周知，实证心理学起源于西方，从西方的文化土壤中生根发芽，在西方古老悠长的智慧里发展，由西方科学文化构成，是西方文化历史的产物。实证心理学主张客观实证研究，强调价值中立的立场和持有客观公正的态度，这似乎表明，实证心理学可以在研究中摆脱所有的文化设定（葛鲁嘉，2016）。超个人心理学家塔特（Tart，1975）把实证心理学称为正统的西方心理学。

正统的西方心理学希望将心理学打造成像物理学一样"科学"的科学，以证明它是跨文化的，具有普遍性的，其研究隐藏以下的假定：正统心理学将研究对象当作是客观实在的，而客观实在就是物理的实在。再者，它将研究者在进行研究过程中的各种感官，例如视觉、听觉以及在研究过程中所利用到的工具和收集到的结果，全部当作是客观实在，

也就是物理实在。从以上的假定我们不难看出，正统的西方心理学希望通过这种物理现象的跨文化性，来打造心理学的跨文化性。心理学对客观化的追求，促使其甚至曾经一度抛弃了心理意识，专注于研究客观行为的扭曲发展。值得注意的是，这一批心理学家忽视了一个重大的区别，即相对于物理世界，心理世界则是派生出来的。正统的西方心理学依旧建立在西方的文化基础之上，其发展依旧体现了西方科学文化的主旨，追求像物理学一般的普遍性。

孟维杰（2007）分析了这种自然科学性质的心理学研究的局限。美国心理学家格根（Gergen，1973）指出，因为人的心理是社会文化的产物，随时间、地点、文化背景及历史语境的不同而不同，缺少一定的稳定性，心理学的自然科学研究模式是值得深思的。塞姆森（Sampson，1978）也认为，心理学自然科学模式应向文化模式转变，心理学本应成为文化取向的科学。心理学家文德亚（Vindhya，1998）指出，心理学的主要思想与观念都是在一定社会历史条件下形成的，它不会在真空中产生，只有在特定历史条件下，才具有意义。

根植于西方文化历史的现代心理学，长期被视为世界心理学与正统心理学，为心理学发展迟缓地区奠定了基础，提供了借鉴，这无疑是西方心理学对世界心理学做出的巨大贡献。然而在此期间，西方心理学的传播与发展也体现出一定局限性。在非西方文化地区，不少学者盲目推崇西方正统心理学，不考虑由于文化差异带来的理论心理的差异，直接使用根源于西方文化的西方心理学，这无疑会令心理学陷入狭隘的发展区域。以我国为例，目前而言不少的心理学研究都是基于西方心理学家的各种理论之上的。在过去的几十年，西方尤其是美国出现了大量的原创性理论，例如多元智力理论、情绪智力、学业情绪、习得性无助等举不胜举的概念和理论，反观中国心理学，原创性本土理论仍很缺少。我国大部分学者的研究常以上述各种实体理论为基础，在国内进行心理学的研究。显而易见的是，这些实体理论大部分是西方心理学的成果，根源于西方文化，研究对象和研究者都是来自处于西方文化的人群，它们是否直接适用于具有和西方文化巨大区别的东方文化呢？不少跨文化心理研究者提出了这样的质疑，而这种质疑值得注意。近些年来，不少心理学研究者也提出了盲目推崇西方心理学所引起的局限性。

首先，直接将西方的心理学理论应用到非西方文化地区，最明显的局限性在于会引起研究结果可靠性和真实性的偏差。中西方文化差异巨大，考虑到文化排斥问题，如果不做跨文化检验，很多西方的研究结果就不能直接应用到中国文化的情境。例如，很多人认为，在群体行为中个体都会出现社会懈怠，即当团体规模扩大的时候，团体成员对任务的贡献相对于他们独立完成任务时减少。研究表明，美国人（个体主义取向）在团体活动中确实更多地表现出了社会懈怠。中国人（集体主义取向）在团体中却出现了相反的表现，他们比单独时的表现更好，即社会努力。假设我们直接将依据西方文化建立的心理学成果，如个人主义的"社会懈怠"现象，直接应用到我国集体主义文化之中，必会导致低质量的研究成果。由此可见，如果不经思考地将西方的心理学应用到本土，会导致我国心理学发展走上更加崎岖的弯路。这种脱离本土文化的"拿来主义"式的研究自然得不到高质量的研究成果（汪国瑞、方双虎，2013）。

其次，国内学者过度依赖西方心理学，缺少对于本土文化群体的研究，会制约本土心理学研究成果的文化生态效度、深度、原创性与价值。实际上，国人对于心理学普遍有着较高的需求和期待，但是由于中国心理学家过度关注国外心理学家所关注的问题，这些问题在我国可能并不算问题或者不能算是重要问题（汪国瑞、方双虎，2013），这使得我国在研究本土问题层面存在巨大的缺失，而研究本土问题层面上的缺失又会对我国建立本土文化理论心理学产生消极的影响。心理学研究的问题来源于实际的社会生活与普通民众的需要，中国心理学家对我国现在所面临迫切需要解决的问题的忽略，对于夯实本土文化的心理学根基是极其不利的。

最后，本土心理学长期学习西方科学心理学，不但熟悉其研究范式、操作程序，而且易于不自觉地认同其研究理念、价值立场等，这也在一定程度上弱化了本土化研究的自觉反省、批判的意愿（翟贤亮、葛鲁嘉，2017）。以我国为例，不少心理学研究者对于中国文化了解不深不透，尤其缺乏必要的理论研究，既不能通过与西方文化的比较发现中国文化的操作性概念与理论，也无法提出有价值的研究假设（郭斯萍，2017），这必然对我国心理学发展产生负面的影响。

综上可知，受西方科学心理学学术优势、支配地位影响，以西方科学心理学为标准的这部分心理学本土化研究，既倾向于主动选择成熟、系统的西方科学心理学研究范式，但也不可避免给非西方文化地区的心理学研究带来局限性。

二、跨文化心理学理论研究的必要性

叶浩生和杨文登（2012）曾提到，在当代跨文化心理学与多元文化心理学运动的背景下，各种心理学体系，包括西方心理学、中国心理学、苏俄心理学、印度心理学、阿拉伯心理学等，实质上是多元"文化心理学"中的一元（即一种文化），是世界心理学的一个维度。这些心理学都有着自己的长处与优点，也都存在独特的矛盾与问题。因此，加强各种文化心理学之间的交流与沟通，是非常必要的。从上一节的讨论中我们也可以知道，由于西方心理学的支配和统治地位，它对其他非西方文化地区的心理学发展会带来一些负面的影响，例如产生有偏差的研究结果，大大缩小了心理学的研究范围，以及弱化了非西方地区心理学的发展等。推动跨文化理论心理学的研究，能够为心理学研究开拓更广阔的道路，能够依据不同的文化解决不同地区特定的问题以及加强各地区心理学的交流，推动跨文化心理学研究成为理论心理学发展的趋势。

跨文化心理学理论研究的必要性之一：理论研究与实证研究应该在特定文化地区内相统一。综观心理学历史，真正大师级的心理学家一般既有深厚的理论功底，又善做精巧的实证，进而基于自己的思想，设计出一系列精巧的心理实验、问卷调查或心理测验，用以验证自己的理论观点，同时，在实证中提升、完善自己的理论体系。二者相辅相成，相互促进（汪凤炎，2017）。起源于西方的理论心理学，在西方文化中不断地被西方的心理学家们证实，两者相互统一与促进，形成了良好的循环。然而，目前我国心理学的发展，理论研究与实证研究脱节的现象还是很普遍的。部分心理学研究者更像是西方心理学的搬运工，在西方理论心理学研究的基础上仅对原有的假设、实验设计、问卷或量表做些细枝末节的改变，去验证西方理论心理学，这样的现象使得我国理论研究和实证研究出现了严重的错位。加强跨文化心理学理论研究，可以使心理学家们更加客观地看待本土文化心理学与西方心理学在实证研究上的区别，着重理解本土文化对本土群众心理的影响，增强本土化理论与实证研究的统一。

跨文化心理学理论研究的必要性之二：加强非西方文化理论心理学研究，提高特定文化地区社会服务的总体水平。理论心理学的研究实际上也强调要建设一种面向生活实践的心理学。心理学的作用应体现在解决现实社会中的重要问题上，同时对人的实际生活也发挥着隐性的、实在的支配性作用（迟延萍、霍涌泉，2008）。以中国为例，改革开放 40 年来，经济飞快发展，虽然物质生活水平极速提升，但是中国人民的精神性却出现了缺失。心理学该如何帮助中国人获得精神上的幸福和健康呢？由西方建立的西方理论心理学并未考虑到中国的国情，没有涉及深远而浓厚的中国文化，显然，想要通过西方文化建构的理论心理学、方法和工具来弥补由于中国特定情况造成的人民精神性缺失是行不通的。中国历史悠久，具有诸多优秀的传统文化，其中包含了儒家思想、道家思想等，心理学家可以从中提取与我们的心理健康、人际关系、自我超越等有关的精神性理论素材，用心理学方法验证，形成立足于中国文化的理论心理学，以此提高中国人民群众精神性的健康和幸福感（郭斯萍，2017）。由此可见，加强跨文化心理学理论研究，客观理解地区文化特点，增强理论心理学的跨文化交流，对于提高非西方文化地区社会服务总体水平是很有必要的。

跨文化心理学理论研究的必要性之三：理论心理学的多元化需要在跨文化心理学理论研究中进行。霍涌泉和段海军（2010）提出，合理把握心理学的学科性质，必须坚持普适性与特色性相统一的方法论原则，建构多元同构的心理学元理论基础。西方心理学、中国心理学、苏俄心理学、印度心理学、日本心理学等都是世界心理学的分支，有着各自的特色和优点。增强跨文化心理学的理论研究，有利于心理学朝向更广阔的方向发展。跨文化心理学的理论研究，除了能够使心理学世界化以外，还有利于心理学真正的"普遍化"。心理学是研究人类的科学，最终它会是一门面向全世界人类的学科，只有在跨文化的研究中，心理学家才能准确地、合理地将心理学提炼到普遍性的高度。

在世界一体化的加速过程中，国际的政治、经济、文化和思想等方面的交流进一步加深。作为理论心理学，其特殊的使命原本就决定着应该加大跨文化理论研究，形成一个有机的整体。值得庆幸的是，理论心理学的跨文化研究是西方心理学跨文化研究热潮中的一个组成部分，其重点在于探索不同文化（大文化），包括不同国家、民族、宗教等背景下，心理学之间的联系、沟通及其一般规律（严由伟、叶浩生，2001）。做好理论心理学的跨文化研究和本土研究是非常必要的，只有在研究中充分考虑不同国家和民族的传统文化与风俗，才能使心理学有更广泛的适应性（张妮，2011）。

参考文献

Allport, G. W. 1924. *Social Psychology*. Boston: Houghton Mifflin.
Anderson, R. 2011. Intuitive Inquiry: Exploring the Mirroring Discourse of Disease. In Frederick et al. (Eds.), *Five Ways of Doing Qualitative Analysis*. New York: The Guilford Press.
Barsalou, L. W. 2008. Grounded cognition. *Annual Review of Psychology*, 59 (1): 617-645.
Bishop, R. C. 2005. Cognitive Psychology: Hidden Assumptions. In B. D. Slife, J. S. Reber, F. C. Richardson (Eds.), *Critical Thinking about Psychology: Hidden Assumptions and Plausible Alternatives*. Washington, DC, US: American Psychological Asso ciation: 151-171.
Bohan, J. S. 1990. Contextual History: A Framework for Replacing Women in the History of Psychology. *Psychology of Women Quarterly*, 14 (2): 504-510.
Cooper, L. A., Shepard, R. N. 1973. Chronomentric Studies of the Rotation of Mental Images. In W. G. Chase (Ed.), *Visual Information Processing*. London: Academic Press.
Creswell. 2007. *Qualitative Research Design: Interactive Approach*. Thousand Oaks: Sage Publications: 78.
Forster, J. 2004. How Body Feedback Influences Consumers' Evaluation of Products. *Journal of Consumer Psychology*, 14 (4): 416-426.
Forster, J., Strack, F. 1998. Motor Actions in Retrieval of Valenced Information: II. Boundary Conditions for Motor Congruence Effects. *Percept Mot Skills*, 86 (2): 1423-1426.
Fogassi, L. 2011. The Mirror Neuron System: How Cognitive Functions Emerge from Motor Organization. *Journal of Economic Behavior and Organization*, 77 (1): 1-75.
Gergen, K. J. 1973. Social Psychology as History. *Journal of Personality and Social Psychology*, 26 (2): 309-320.
Giorgi, A. 2009. The Descriptive Phenomenological Method in Psychology: A Modified Husserlian Approach. *Journal of Phenomenological Psychology*,

43 (1): 3-12.
Green, Y. 2003. Mixing Qualitative and Quantitative Methods: A Pragmatic Approach. *British Journal of Health Psychology*, 45 (1): 36-44.
Harding, S. 2004. *Is Science Multicultural? Postcolonialisms, Feminisms, and Epistemologies*. Bloominton. Indiana University Press: 36.
Hopfield, J. J. 1982. Neural Networks and Physical Systems with Emergent Collective Computational Abilities. *Proceedings of the National Academy of Sciences*, 79 (8): 2554-2558.
Keller, E. F. 1985. *Reflections on Gender and Science*. New Haven: Yale University Press: 32.
Lakoff, G., Johnson M. 1999. *Philosophy in the Flesh-The Embodied Mind and Its Challenge to Western Thought*. New York: Basic Books.
Lee, S. W., Schwarz, N. 2010. Dirty Hands and Dirty Mouths: Embodiment of the Moral-purity Metaphor is Specific to the Motor Modality Involved in Moral Transgression. *Psychological Science*, 21 (10): 1423-1425.
Makic, F. 2014. Review of Qualitative Methods for Practice Research. *Qualitative Health Rearch*, 42 (2): 288-289.
Mareschal, D., Shultz, T. R. 1999. Development of Children's Seriation: A Connectionist Approach. *Connection Science*, 11 (2): 149-186.
Matalin, M. W. 2000. *The Psychology of Women* (4th ed.). Fort Worth, TX: Harcourt: 14.
McClelland, J. L., Rumelhart, D. E., Group, P. 1986. *Parallel Distributed Processing, Volume 1: Explorations in the Microstructure of Cognition: Foundations. Parallel Distributed Processing: Explorations in the Microstructure of Cognition: Foundations*. MIT Press.
Michell, J. 1999. *Measurement in Psychology: A Critical History of a Methodological Concept*. Cambridge: Cambridge University Press: 75.
Morrow, S. L. 2007. Qualitative Research in Counseling Psychology: Conceptual Foundations. *Counseling Psychologist*, 35 (2): 209-235.
Newman. 1998. *Hand Book of Qualitative Research*. CA: Sage Publications: 112.
Newman. 2003. *Qualitative Inquiry and Research Design*. Sage Publications: 65.
Potter, J. 2003. Discourse Analysis and Discursive Psychology. In P. M. Camic, J. E. Rhodes, L. Yardley (Eds.), *Qualitative Research in Psychology: Expanding Perspectives in Methodology and Design*. Washington, DC: American Psychological Association.
Potter, J., Wetherell, M. 1987. *Discourse and Social Psychology: Beyond Attitudes and Behaviors*. London: Sage Publications Ltd.
Proffitt, D. R., Stefanucci, J., Epstein, B. W. 2003. The Role of Effort in Perceiving

Distance. *Psychological Science*, 14 (2): 106-112.

Sampson, E. E. 1978. Scientific Paradigms and Social Values: Wanted a Scientific Revolution. *Journal of Personality & Social Psychology*, 36 (11): 1332-1343.

Schnall, S., Benton, J., Harvey, S. 2010. With a Clean Conscience: Cleanliness Reduces the Severity of Moral Judgments. *Psychological Science*, 19 (12): 1219-1222.

Schuber, T. W., Koole, S. L. 2009. The Embodied Self: Making a Fist Enhances Men's Power-related Self-conceptions. *Journal of Experimental Social Psychology*, 45: 828-834.

Shorter, J. 1997. The Social Construction of Our Inner Selves. *Journal of Constructivist Psychology*, 37 (4): 5-10.

Slife, B. 2004. Theoretical Challenges to Therapy Practice and Research: The Constraint of Naturalism. In Lamber (Ed.), *M. B. and Garfield's Handbook of Psychotherapy and Behavior Change* (5th ed.). New York: John Wiley: 69.

Stepper, S., Strack, F. 1993. Proprioceptive Determinants of Emotional and Nonemotional Feelings. *Journal of Personality and Social Psychology*, 64 (2): 211-220.

Sternberg, S. 1966. Memory-Scanning: Mental Processes Revealed by Reaction-time Experiments. *American Scientist*, 57 (4): 421-457.

Tart, C. T. 1975. Transpersonal Psychologies. *American Journal of Psychiatry*, 133 (4).

Tashakkori. 2003. Resolving the Quantitative-Qualitative Debate. *Evaluation and Program Planning*, 20 (18): 20-24.

Tversky, B., Hard, B. M. 2009. Embodied and Disembodied Cognition: Spatial Perspective-taking. *Cognition*, 110 (1): 124-129.

Vindhya, U. 1998. Feminist Challenge to Psychology: Issues and Implications. *Psychology & Developing Societies*, 10 (1): 55-73.

Watson, J. B. 1919. *Psychology from the Standpoint of a Behaviorist*. Philadelphia: J. B. Lippincott Company.

Wells, G. L., Petty, R. E. 1980. The Effects of Overt Head Movements on Persuasion: Compatibility and Incompatibility of Responses. *Basic & Applied Social Psychology*, 1 (3): 219-230.

Wilkinson, S. 2001. Theoretical Perspectives on Women and Gender. In R. K. Unger (Ed.), *Handbook of the Psychology of Women and Gender*. New York: Wiley: 17.

查尔默斯（英）著，鲁旭东译：《科学究竟是什么：对科学的性质和地位及其方法的评价》，商务印书馆，1982年。

车文博：《意识与无意识》，辽宁人民出版社，1987年。

车文博:《西方心理学史》,浙江教育出版社,1998年。
车文博、黄冬梅:"美国人本主义心理学哲学基础解析",《自然辩证法研究》,2001年第2期。
陈玉娟:"话语分析:心理学研究的一种新立场",《牡丹江师范学院学报(哲学社会科学版)》,2006年第6期。
陈巧明、郭田友、何立国等:"具身认知研究述评",《心理学探新》,2014年第6期。
迟延萍、霍涌泉:"试论理论心理学及其应用价值",《心理学探新》,2008年第2期。
邓铸:《应用实验心理学》,上海教育出版社,2006年。
董奇:《心理与教育研究方法》,北京师范大学出版社,2004年。
范红霞、高岚、申荷永:"荣格分析心理学中的'人'及其发展",《教育研究》,2006年第9期。
方双虎、郭本禹:"西方心理学的两种向度——科学主义心理学与人文主义心理学",《自然辩证法通讯》,2011年第2期。
费多益:《寓身认知心理学》,上海教育出版社,2010年。
冯建军:"西方心理学研究中现象学方法论述评",《南京师大学报:社会科学版》,1998年第3期。
傅小兰、刘超:"认知心理学研究心智问题的途径与方法",《自然辩证法通讯》,2003年第5期。
高峰强:"论科学主义心理学的基本原则与立场",《华东师范大学学报(教育科学版)》,2000年第3期。
高峰强:《现代心理范式的困境与出路:后现代心理学思想研究》,人民出版社,2001年。
高华:"认知主义与联结主义之比较",《心理学探新》,2004年第3期。
高觉敷:《西方心理学的新发展》,人民出版社,1987年。
高觉敷:《西方心理学史论》,安徽教育出版社,1995年。
葛鲁嘉:"心理学的科学观与统一观",《吉林大学社会科学学报》,1996年第3期。
葛鲁嘉:"当代认知心理学的两个理论基点",《吉林师范大学学报(人文社会科学版)》,2004年第6期。
葛鲁嘉:"理论心理学研究的理论内涵",《吉林师范大学学报(人文社会科学版)》,2011年第1期。
葛鲁嘉:"理论心理学研究的本土根基",《苏州大学学报(教育科学版)》,2016年第1期。
苟雅宏:"论理论心理学的发展趋势",《陕西师范大学学报:哲学社会科学版》,2004年第S2期。
郭爱妹、叶浩生:"当代西方女性主义心理学研究",《南通师范学院学报(哲学社会科学版)》,2003年第1期。

郭本禹："科恩的科学范式论与心理科学革命"，《南京师大学报：社会科学版》，1996 年第 3 期。
郭本禹："当代精神分析的新发展——精神分析与诠释学的融合"，《南京师大学报：社会科学版》，2013 年第 1 期。
郭慧玲："社会建构论心理学：轮廓、流派和局限"，《心理学探新》，2015 年第 5 期。
郭斯萍："理论心理学的责任与未来——中国文化心理学与精神性研究的角度"，《苏州大学学报（教育科学版）》，2017 年第 2 期。
韩冬、叶浩生："认知的身体依赖性：从符号加工到具身认知"，《心理学探新》，2013 年第 4 期。
韩立敏："心理学分裂的危机及整合的道路"，《河北师范大学学报（教育科学版）》，2001 年第 4 期。
韩秋红、庞立生、王艳华：《西方哲学的现代转向》，吉林人民出版社，2007 年。
胡万年、叶浩生："中国心理学界具身认知研究进展"，《自然辩证法通讯》，2013 年第 6 期。
霍涌泉："后现代主义能否为心理学提供新的精神资源"，《南京师大学报（社会科学版）》，2004 年第 2 期。
霍涌泉："社会建构论心理学的理论张力"，《陕西师范大学学报（哲学社会科学版）》，2009a 年第 6 期。
霍涌泉：《心理学理论价值的再发现》，中国社会科学出版社，2009b 年。
霍涌泉、安伯欣："西方理论心理学的复兴及其面临的挑战"，《陕西师范大学学报（哲学社会科学版）》，2002 年第 6 期。
霍涌泉、段海军："从立论之基、研究内涵到方法进路、发展契机——拷问理论心理学研究"，《南京师大学报（社会科学版）》，2010 年第 5 期。
霍涌泉、梁三才："西方理论心理学研究的新特点"，《心理科学进展》，2004 年第 1 期。
霍涌泉、魏萍："西方理论心理学的演进及方法论意义"，《陕西师范大学学报（哲学社会科学版）》，2010 年第 3 期。
贾林祥："论西方心理学的价值取向"，《南京师大学报（社会科学版）》，2000a 年第 3 期。
贾林祥："实证主义与心理学的发展趋势"，《内蒙古师大学报（哲社汉文版）》，2000b 年第 4 期。
贾林祥："联结主义：涵义的厘清与模型的分析"，《徐州师范大学学报》，2003 年第 3 期。
贾林祥："新联结主义产生的心理学背景"，《心理科学》，2004 年第 1 期。
贾林祥：《联结主义认知心理学》，上海教育出版社，2006 年。
荆其诚：《简明心理学百科全书》，湖南教育出版社，1991 年。
景浩："浅谈托马斯·库恩的《科学革命的结构》"，《知音励志》，2016 年第 9 期。

孔德（法）著，黄建华译：《论实证精神》，商务印书馆，2001年。
库恩（美）著，金吾伦等译：《科学革命结构》，北京大学出版社，2003年。
莱斯利（美）著，高文等译：《教育中的建构主义》，华东师范大学出版社，2002年。
雷玉琼、许康："科学主义心理学理论的哲学反思"，《湖南大学学报：社会科学版》，2002年第S2期。
黎黑（美）著，刘恩久等译：《心理学史：心理学思想的主要趋势》，上海译文出版社，1990年。
黎晓丹、杜建政、叶浩生："中国礼文化的具身隐喻效应：蜷缩的身体使人更卑微"，《心理学报》，2016年第6期。
李炳全："对'心理学危机论'的再思考"，《心理学探新》，2002年第4期。
李炳全："解释学的发展与精神分析学说的演变"，《史学理论研究》，2004年第2期。
李刚："实证主义对西方心理学的影响及其反思"，《学术论坛》，2006年第4期。
李恒威、肖家燕："认知的具身观"，《自然辩证法通讯》，2006年第1期。
李其维："'认知革命'与'第二代认知科学'刍议"，《心理学报》，2008年第12期。
刘寒春、陈君："胡塞尔现象学的发展脉络及思想意蕴"，《华北理工大学学报（社会科学版）》，2011年第6期。
刘杰、孟会敏："关于布郎芬布伦纳发展心理学生态系统理论"，《中国健康心理学杂志》，2009年第2期。
刘晓蕾："胡塞尔现象学的产生和它的心理学意蕴"，《社会心理科学》，2013年第12期。
刘晓力："认知科学研究纲领的困境与走向"，《社会心理科学》，2005年第4期。
罗新红："理论心理学发展及其研究的新特点"，《安阳师范学院学报》，2005年第6期。
麻彦坤："文化转向：心理学发展的新契机"，《南京师大学报（社会科学版）》，2003年第3期。
麻彦坤："社会建构论心理学对维果茨基思想的继承和发展"，《心理科学进展》，2006年第1期。
麻彦坤："自省与完善：西方心理学发展透视"，《社会科学》，2008年第8期。
麻彦坤："心理学研究中的质化运动"，《华东师范大学学报（教育科学版）》，2015年第2期。
麻彦坤、林燕媛："科学神话：心理学者对科学的误解"，《中国社会科学报》，2018年2月27日。
马克思、恩格斯：《马克思恩格斯全集（第二十卷）》，人民出版社，1971年。
马利红："社会心理学创立以来的简要分期研究"，《教育与教学研究》，2005年第5期。

马一波、钟华：《叙事心理学》，上海教育出版社，2006年。
孟维杰："文化心理观：心理学观的检讨与重构"，《内蒙古师大学报（哲社汉文版）》，2007年第5期。
倪梁康：《胡塞尔选集（下）》，上海三联书店，1997年。
倪梁康：《现象学及其效应》，商务印书馆，2014年。
潘菽："论心理学基本理论问题的研究"，《心理学报》，1980年第1期。
彭运石、谢立平："论主客二分的心理学研究范式"，《心理科学》，2006年第3期。
齐振海：《认识论探索》，北京师范大学出版社，2008年。
秦金亮："心理学研究方法的新趋向——质化研究方法述评"，《山西师大学报（社会科学版）》，2000年第3期。
秦金亮、李忠康："论质化研究兴起的社会科学背景"，《山西师大学报（社会科学版）》，2003年第3期。
司亚楠："杜威具身认知思想及启示"，《心理学探新》，2018年第24期。
唐日新："对'心理学危机论'的思考"，《心理学探新》，2002年第3期。
汪凤炎："论我国心理学研究的时代使命"，《南京师大学报（社会科学版）》，2017年第4期。
汪国瑞、方双虎："中国心理学研究本土化：基于科学观的视角"，《池州学院学报》，2013年第6期。
汪新建、张曜："心灵计算理论与具身认知的哲学反思"，《南京师大学报（社会科学版）》，2015年第4期。
王晶："库恩范式理论探析"（硕士论文），延边大学，2012年。
王黎楠、马高才："认知心理学：困境及其变革"，《山西高等学校社会科学学报》，2017年第2期。
王莉、李抗："西方心理学的人文主义研究模式"，《河西学院学报》，2009年第3期。
王沛、张国礼："心理学研究中的科学主义取向和人文主义取向"，河西学院学报，2003年第6期。
王甦、汪安圣：《认知心理学》，北京大学出版社，1992年。
王益文、张文新："联结主义神经网络及其在心理学中的应用"，《心理科学进展》，2001年第4期。
谢蒙蒙、麻彦坤："话语分析的哲学基础：建构主义和批判理论"，《赣南师范大学学报（社会科学版）》，2016年第5期。
徐超、罗艳："试论库恩对'科学革命的结构'的重构"，《华中科技大学学报（社会科学版）》，1997年第3期。
薛灿灿、叶浩生："具身社会认知：认知心理学的生态学转向"，《心理科学》，2011年第5期。
闫杰："后现代主义思潮对心理学质化研究兴起的影响"，《南京师大学报：社会科学版》，2008年第4期。

严由伟、叶浩生:"论西方理论心理学复兴的历史必然性",《江南大学学报(人文社会科学版)》,2001年第4期。

杨莉萍:"范式论对于心理学研究的双重意义",《南京师大学报(社会科学版)》,2001年第3期。

杨莉萍:《社会建构论心理学》,上海教育出版社,2006年。

杨莉萍:"心理学中话语分析的立场与方法",《心理科学进展》,2007年第3期。

杨文登:《心理学史笔记》,商务印书馆,2012年。

杨文登、叶浩生:"论中国理论心理学的概念、困境与实践领域",《华中师范大学学报(人文社会科学版)》,2012年第4期。

叶浩生:"实证主义的衰落与理论心理学的复兴",《南京师大学报:社会科学版》,1998a年第1期。

叶浩生:"西方心理学发展中的若干倾向之我见",《心理学报》,1998b年第2期。

叶浩生:"试论现象学的特征及其对心理学中人文主义的影响",《心理学探新》,1999a年第2期。

叶浩生:"理论心理学辨析",《心理科学》,1999b年第6期。

叶浩生:"理论心理学的界定与厘正",《南通大学学报(哲学社会科学版)》,2001年第2期。

叶浩生:"第二次认知革命与社会建构论的产生",《心理科学进展》,2003a年第1期。

叶浩生:"大力促进心理学的理论研究",《心理学探新》,2003b年第2期。

叶浩生:《西方心理学研究新进展》,人民教育出版社,2003c年。

叶浩生:"社会建构论与西方心理学的后现代取向",《华东师范大学学报(教育科学版)》,2004a年第1期。

叶浩生:"西方心理学中的现代主义、后现代主义及其超越",《心理学报》,2004b年第2期。

叶浩生:《心理学史》,高等教育出版社,2005年。

叶浩生:"后经验主义时代的理论心理学",《心理学报》,2007a年第1期。

叶浩生:"释义学与心理学的方法论变革",《社会科学》,2007b年第3期。

叶浩生:"社会建构论及其心理学的方法论蕴含",《社会科学》,2008年第12期。

叶浩生:"超越现代主义与后现代主义:走向释义学的心理学",《河南大学学报(社会科学版)》,2009a年第2期。

叶浩生:"西方心理学中的质化研究思潮",《社会科学》,2009b年第11期。

叶浩生:《心理学史》,华东师范大学出版社,2009c年。

叶浩生:"认知心理学:困境与转向",《华东师范大学学报(教育科学版)》,2010a年第1期。

叶浩生:"具身认知:认知心理学的新取向",《心理科学进展》,2010b年第5期。

叶浩生:"当代心理学的分裂与学科的多元化整合",《社会科学》,2011a年第7期。

叶浩生:"社会建构论与质化研究",《自然辩证法研究》,2011b年第7期。

叶浩生:"认知与身体:理论心理学的视角",《心理学报》,2013年第4期。

叶浩生、麻彦坤、杨文登:"身体与认知表征:见解与分歧",《心理学报》,2018年第4期。

叶浩生、王继瑛:"质化研究:心理学研究方法的范式革命",《心理科学》,2008年第4期。

叶浩生、杨文登:"理论心理学:概念与展望",《中国科学院院刊》,2012年第1期。

易芳、郭本禹:"社会建构论:心理学研究的一种新取向",《江西师范大学学报(哲学社会科学版)》,2003年第4期。

翟文杰:"Q技术评介",《科技信息》,2011年第12期。

翟贤亮、葛鲁嘉:"心理学本土化研究中的边际品性及其超越",《华中师范大学学报(人文社会科学版)》,2017年第3期。

张妮:"试论理论心理学的发展与走向",《学理论》,2011年第23期。

张汝伦:"理解:历史性和语言性——哲学释义学简述",《复旦学报:社会科学版》,1984年第6期。

张向葵:《发展心理学》,教育科学出版社,2012年。

张益宁:"'胡塞尔现象学'研究"(硕士论文),西南大学,2007年。

赵德雷、乐国安:"Q方法论述评",《自然辩证法通讯》,2003年第4期。

赵万里:《科学的社会建构》,天津人民出版社,2002年。

赵文山:"试论人本主义心理学的哲学基础及发展趋势",《徐州师范大学学报(教育科学版)》,2011年第2期。

赵晓风:"语言迁移的模因解释",《湖北广播电视大学学报》,2009年第3期。

赵泽林:"联结主义范式的论证及其反思",《科学技术哲学研究》,2011年第2期。

郑荣双、叶浩生:"西方心理学中的现象学还原——基于精神分析的阐释",《自然辩证法通讯》,2011年第5期。

郑祥、福洪伟:"走向衰落的'后经验主义'",《自然辩证法研究》,2000年第11期。

郑雪、岑延远、刘学兰等:《社会心理学》,暨南大学出版社,2004年。

中国大百科全书总委员会:《中国大百科全书:心理学》,中国大百科全书出版社,1991年。

周风华、王敬尧:"Q方法论:一座沟通定量研究与定性研究的桥梁",《武汉大学学报(哲学社会科学版)》,2006年第3期。

周宁、刘将:"当代心理学的解释学转向",《贵州师范大学学报(社会科学版)》,2008年第4期。

朱韶蓁、张进辅:"话语分析理论及其在心理学研究中的应用",《中国组织工程研究》,2006年第14期。

朱智贤:"现代认知心理学评述",《北京师范大学学报》,1985年第1期。

朱智贤:《心理学大词典》,北京师范大学出版社,1989年。

后　　记

　　几年前，在开始申报教育部人文社科项目的时候我萌发了报一项与理论心理学发展史有关的课题的想法，这一想法得到了导师叶浩生先生的鼓励，陕西师范大学霍涌泉教授和我一起梳理思路，讨论框架，确定题目。同时，这一想法得到了湖南师范大学彭运石教授、丁道群教授，江苏师范大学贾林祥教授，兰州大学王光荣教授，南京师范大学杨莉萍教授、郭爱妹教授、肇庆学院张旭东教授、李炳全教授等人的鼓励和支持，这些学者都是理论心理学领域的探究者与先行者，他们给了我完成该项目的精神动力和学术支持。

　　原计划两年时间完成书稿，实际上用了四年时间。其中既有来自任务本身的原因，又有个人的原因。写作过程比预想的艰辛，写作的难度超出预期，甚至没有现成的模板供参考。再加上写作期间身体不适，饱受耳鸣的痛苦与煎熬，写作的计划与进度屡屡受阻。耳鸣不是什么生命攸关的大病，却是世界性的医学难题。我与耳鸣抗争了两年，遍寻了西医、中医，疗效甚微，无奈之下甚至看过游医，用过偏方，最后无功而返，败下阵来。得出的结论是，耳鸣这种病只能适应，不可强攻。期间霍涌泉、郑发祥两位师兄很关心我的身体，给了我很多建议，不胜感谢。

　　适应耳鸣之后，重整旗鼓，抖擞精神，加快了写作进度。我的几位研究生刘秀清、魏秀荣、肖丹妮、魏绮雯、梁筠华、麦哲豪、邝玉冰等人给了我许多实质性的帮助，他们的加盟，保证了写作的进度按计划有序推进，终于在 2018 年年底完成书稿。感谢在任务完成过程中给予我精神鼓励与具体帮助的所有朋友，感谢商务印书馆领导与同仁的大力支持,姚雯、李静婷两位老师做了大量细致入微的工作,可以说这本书是集体智慧的结晶,是学术共同体协作劳动的成果。

　　自我审视书稿,虽然已竭尽全力,但依然感觉未能尽善尽美,其中的疏漏和不足在所难免。聊以自慰的是,这本书在国内是第一本研究理论心理学发展历史的学术著作,通过对理论心理学发展历史的剖析,管中窥豹,有利于洞察心理学发展历史的全貌,抓住心理学发展历史的核心线索。如果这本书能够抛砖引玉,激发学界对理论心理学研究的重视与兴趣,或者能给心理学的学习者或对心理学感兴趣的人带来一点启示,这也许就是我的初心了。